材料科学与工程专业
本科系列教材

摩擦磨损与耐磨材料

Moca Mosun Yu Naimo Cailiao

主　编　杨红娟　邓星桥
副主编　刘　茂　罗　旭　张　林

重庆大学出版社

内 容 提 要

本书主要介绍了固体表面形貌与接触、固体材料的摩擦理论、固体材料的磨损、合金耐磨铸钢、合金耐磨铸铁和复合耐磨材料，并以纳米耐磨材料作为实际案例介绍了纳米材料在微、纳制造业中的抗磨减磨设计过程。

本书可作为高等院校材料科学与工程专业、机械工程专业高年级本科生和硕士研究生的教材及参考用书，也可作为材料科学与工程领域的大专院校教师和科技工作者的参考用书。

图书在版编目(CIP)数据

摩擦磨损与耐磨材料 / 杨红娟，邓星桥主编. -- 重庆：重庆大学出版社，2023.7

材料科学与工程专业本科系列教材

ISBN 978-7-5689-4099-3

Ⅰ.①摩… Ⅱ.①杨… ②邓… Ⅲ.①磨损—高等学校—教材②耐磨材料—高等学校—教材 Ⅳ.①TH117.1 ②TB39

中国国家版本馆 CIP 数据核字(2023)第 140663 号

摩擦磨损与耐磨材料

主　编　杨红娟　邓星桥

副主编　刘　茂　罗　旭　张　林

策划编辑：杨粮菊

责任编辑：谭　敏　　版式设计：杨粮菊

责任校对：邹　忌　　责任印制：张　策

*

重庆大学出版社出版发行

出版人：饶帮华

社址：重庆市沙坪坝区大学城西路 21 号

邮编：401331

电话：(023) 88617190　88617185(中小学)

传真：(023) 88617186　88617166

网址：http://www.cqup.com.cn

邮箱：fxk@cqup.com.cn (营销中心)

全国新华书店经销

重庆恒昌印务有限公司印刷

*

开本：787mm×1092mm　1/16　印张：11.75　字数：304 千

2023 年 7 月第 1 版　2023 年 7 月第 1 次印刷

ISBN 978-7-5689-4099-3　定价：49.80 元

前言

摩擦磨损问题广泛存在于工业、农业、军事等领域，其所引起的材料耗费，占国民生产总值的2% ~7%。世界上使用的能源有1/3 ~1/2消耗于摩擦。因此，研究材料的摩擦磨损性能，并在此基础上进行耐磨材料设计和选用，可为解决当前能源短缺、资源枯竭等可持续发展难题提供有效方案。

摩擦磨损研究已成为当前摩擦学领域的研究热点和难点之一，并列入了我国《机械工程学科发展战略报告（2021—2035）》。随着我国制造业的飞速发展，摩擦磨损作为机械零件最常见的失效形式引起了前所未有的关注。材料的摩擦磨损在很大程度上决定了机械零件的服役寿命，对设备的安全运行具有至关重要的意义。耐磨材料的设计、应用是推动制造业发展的重要途经。近年来，随着新材料尤其是纳米材料的研究开发，使我国在微、纳制造业中取得了一定进步。

本书共分为7章，以固体表面形貌与接触、固体材料的摩擦磨损理论为基础部分，介绍了固体材料的磨损、合金耐磨铸钢、合金耐磨铸铁和复合耐磨材料，并以纳米耐磨材料作为实际案例介绍了纳米材料在微、纳制造业中的抗磨减磨设计过程，为读者提供了全新的设计视角和前沿性理论。

由于材料的摩擦磨损研究及耐磨材料技术飞速发展，加之编者水平有限，书中不当之处希望能得到广大读者的批评指正。谨此，对提供参考资料的作者表示衷心感谢。

编　者

2022年12月

目录

第 1 章
固体表面形貌与接触

摩擦磨损是材料失效的 3 种形式(摩擦磨损、腐蚀和断裂)之一,研究磨损的过程及机理必须着重研究摩擦的过程及其在摩擦过程中发生的各种现象。摩擦学是研究相互运动的固体其表面间发生的作用和变化。由于摩擦磨损是发生在相互接触和相互运动的固体表面间的,因此,固体接触表面及其性能对摩擦磨损性能十分重要。了解和研究固体接触表面的接触状况和表面形态是分析和研究摩擦磨损问题的基础,表面几何特征从某种意义上对摩擦磨损起着决定性作用。任何摩擦表面都是由许许多多不同的凸峰和凹谷组成的。深入研究表面的几何特征,更利于研究固体表面摩擦磨损的微观机理。

1.1 表面形貌参数

材料表面的结构和性能直接影响固体的微观接触、摩擦、磨损等。肉眼看上去十分光滑、平整的接触表面,在显微镜下观察时却是由许许多多不同的凸峰和凹谷组成的,这是在加工过程中造成的,表面形貌轮廓曲线如图 1.1 所示。

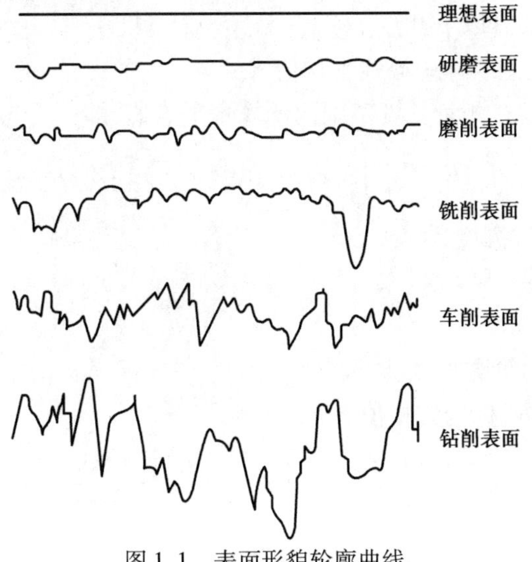

图 1.1　表面形貌轮廓曲线

固体表面的形貌参数由表面粗糙度来描述,它与机械零件的功能有着密切关系,因为材料表面微观几何形状存在误差,所以取表面上某一个截面的外形轮廓曲线来表示表面粗糙度存在一定的局限性。通常采用表面粗糙度轮廓仪测量固体表面粗糙度,这种仪器的工作原理是实验时用探针在有代表性的表面长度上移动,如图1.2所示。图1.2(a)表示探针在被测试表面上运动,由于表面不平整引起探针振动从而导致衔铁倾斜。衔铁支承着磁极片,磁极片上绕着线圈Ⅰ和Ⅱ,每个线圈带有高频电流,衔铁和磁极片间的空气隙随着探针在所测试的表面上移动而发生变化。其结果使线圈上的阻抗发生变动,同时高频电流的大小也发生变化。线圈Ⅰ和Ⅱ如图1.2(b)所示,是交流电桥的一部分。电桥用电子管振荡器O供给高频电流,变幅电流则被放大器A放大。检波器B将输出检波,这样电桥电流不平衡所产生的电流波动推动记录表,且电桥电流不受振荡器电流频率的影响。

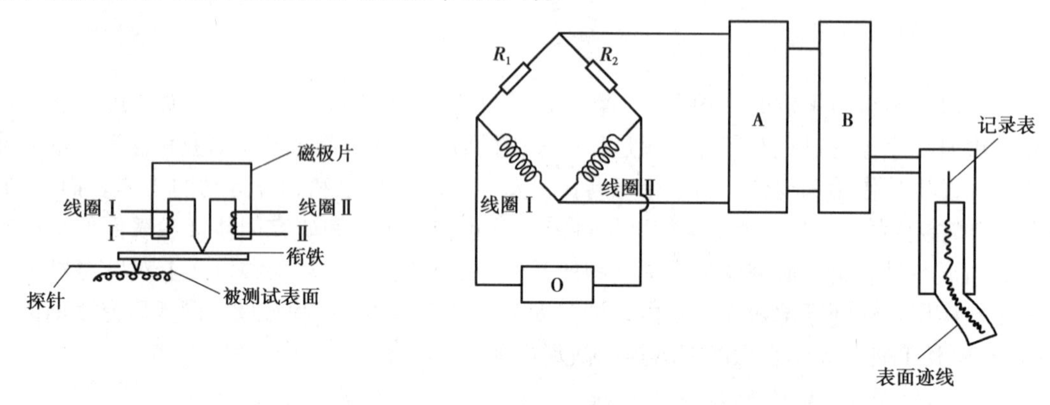

(a)探针与被测试表面接触状态

(b)粗糙度轮廓检测信号输出原理

图1.2 表面粗糙度轮廓仪工作原理

实践中应对表面粗糙度进行全面分析和描述。至今,国内外专家、学者采用了十几种参数来描述表面粗糙度,如轮廓算术平均偏差、轮廓均方根偏差、最大峰谷距、支承面曲线、中线截距平均值、轮廓高度分布的偏态和峰态、自相关函数等。根据表示的方法将表面形貌参数分为一维、二维、三维。

一维的表面形貌主要有以下几点。

(1)轮廓算术平均偏差或称中心线平均值 R_a

它是轮廓上各点高度在测量长度范围内的算术平均值,即

$$R_a = \frac{1}{L}\int_0^L |Z(x)| \mathrm{d}x = \frac{1}{n}\sum_{i=1}^{n} |Z_i| \tag{1.1}$$

式中 $Z(x)$——各点轮廓高度;

L——测量长度;

n——测量点数;

Z_i——各测量点的轮廓高度。

(2)轮廓均方根偏差或称均方根值 σ

$$\sigma = \sqrt{\frac{1}{L}\int_0^L [Z(x)]^2 \mathrm{d}x} = \sqrt{\frac{1}{n}} = \sum_{i=1}^{n} Z_i^2 \tag{1.2}$$

(3)最大峰谷距 R_{max} 或最大凸峰高度 R_p

它是指在测量长度内最高峰与最低谷之间的高度差,即表面粗糙度的最大起伏量。

(4)中线截距平均值 S_{m_a}

它是轮廓曲线与中心线各交点之间的截距 S_m 在测量长度内的平均值。该参数反映表面不规则起伏的波长或间距,以及粗糙峰的疏密程度。

$$S_{m_a} = \frac{1}{n}\sum_{i=1}^{n} S_{m_i} \tag{1.3}$$

其中,峰谷距和中心截距如图1.3所示。

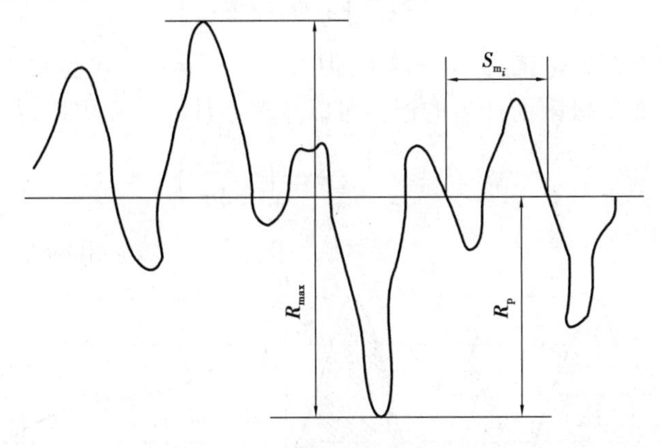

图1.3　峰谷距和中心截距

(5)支承面曲线

支承面曲线是根据表面粗糙度图谱绘制的。实践证明,一维形貌参数不能完整地说明表面几何特征,且不足以表征表面的摩擦学特性。然而摩擦磨损的表面形貌与摩擦磨损特性密切相关,为了更加深入地了解摩擦磨损表面的接触状况,往往采用如下的二维形貌参数:坡度,是表面轮廓曲线上各点坡度的绝对值的算术平均值;峰顶曲率,一般指各个粗糙峰顶曲率的算术平均值。

在实际生产中,二维形貌参数通常也不够全面,故描述粗糙表面最好的方法是三维形貌参数。

①二维轮廓曲线族如图1.4所示,通过一组间隔的二维轮廓曲线来表示三维形貌。

②等高线图如图1.5所示,用表面形貌的等高线表示表面的起伏变化。

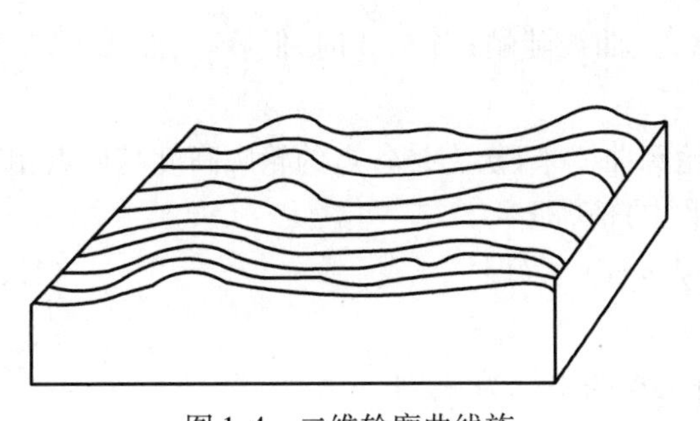

图1.4　二维轮廓曲线族

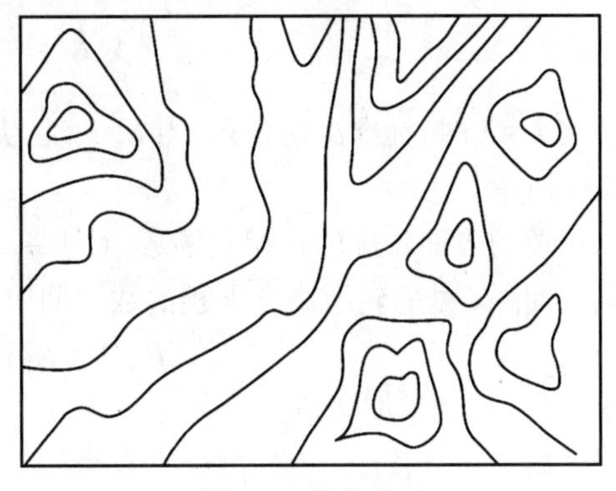

图1.5　等高线图

表面形貌的统计参数对研究摩擦磨损机制具有重要意义。通常主要有高度分布函数、分布曲线的偏差和表面轮廓的自相关函数。

如图1.6所示,设表面沿水平方向滑动,载荷作用在微凸体的顶部,滑动的结果是将阴影部分面积磨损掉。随着滑动的进行,磨损的面积不断增加,最后所有的微凸体都将被磨损掉。若顶部磨至深度 x 处,留下平面的宽度为 a_1 和 c_1,将 a_1 和 c_1 相加,在深度 y 处,留下平面的宽度为 a_2、b_1 和 c_2,将 a_2、b_1 和 c_2 相加,将此法继续下去,直到曲线完成为止。

绝大多数的工程表面轮廓高度接近于高斯分布规律,高斯概率密度分布函数为:

$$\psi(z) = \int_{-\infty}^{+\infty} \phi(z)\,\mathrm{d}z \tag{1.4}$$

理论上高斯分布曲线的范围为$-\infty \sim +\infty$,但实际上$-3\sigma \sim +3\sigma$ 包含了分布的99.9%。因此以$\pm 3\sigma$ 作为高斯分布的极限所产生的误差可以忽略不计。从而可以得到:

$$\psi(\mathrm{z}) = \frac{1}{\sigma\sqrt{2\pi}}\exp\left(-\frac{z^2}{2\sigma^2}\right) \tag{1.5}$$

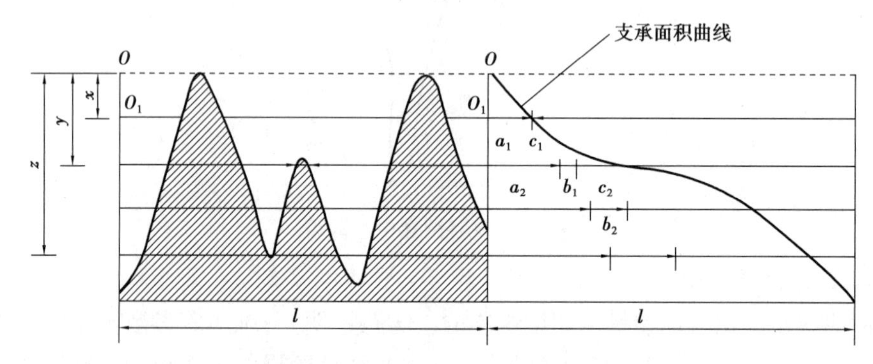

图1.6　支承面积曲线

所谓偏态就是衡量分布曲线偏离对称位置的指标,其定义为:

$$S = \frac{\int_{-\infty}^{+\infty} Z^3 \psi(z)\,\mathrm{d}z}{\sigma^3} \tag{1.6}$$

当 $S=0$ 时,标准高斯分布;当 $S>0$ 时,正偏态(右偏);当 $S<0$ 时,负偏态(左偏),如图1.7所示。所谓的峰态是指分布曲线的尖峭程度,其定义为:

$$K = \frac{\int_{-\infty}^{+\infty} z^4 \psi(z)\,\mathrm{d}z}{\sigma^4} \tag{1.7}$$

当 $K=3$ 时,标准高斯分布;当 $K>3$ 时,尖峰态,曲线陡峭;当 $K<3$ 时,低峰态,曲线平缓,如图1.8所示。

所谓的表面轮廓的自相关函数,对于一条轮廓曲线来说,它是各点的轮廓高度与该点相距一固定间隔 l 处的轮廓高度乘积的数学期望(平均)值,即

$$R(l) = E[z(x) \times z(x+l)] \tag{1.8}$$

式中　E——数学期望值。

如果在测量长度 l 内的测量点数为 n,各测量点的坐标为 x,则

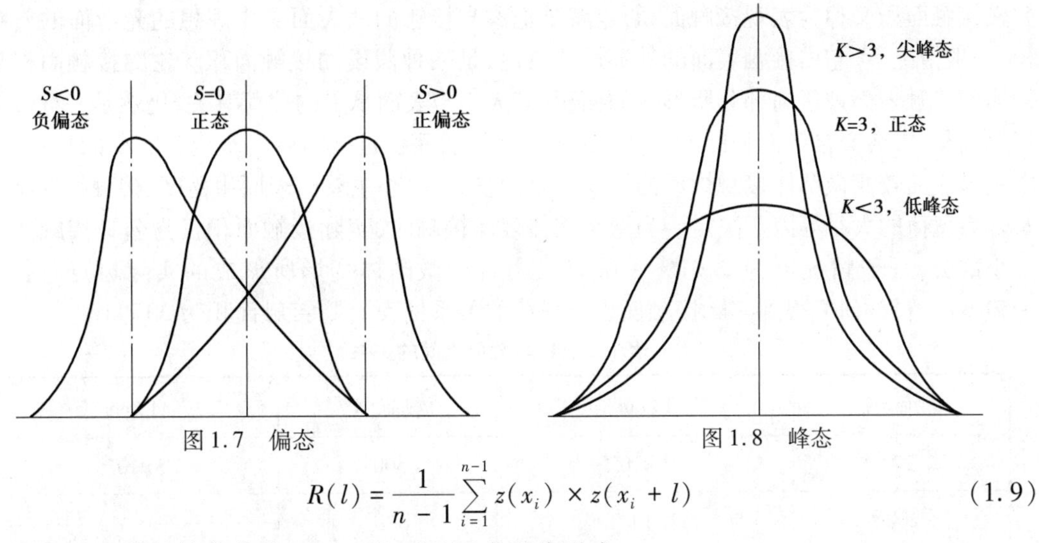

图1.7　偏态　　图1.8　峰态

$$R(l)=\frac{1}{n-1}\sum_{i=1}^{n-1}z(x_i)\times z(x_i+l) \tag{1.9}$$

对连续函数的轮廓曲线，式(1.9)可以写成积分形式：

$$R(l)=\lim_{L\to\infty}\frac{1}{l}\int_{+\frac{L}{2}}^{-\frac{L}{2}}z(x)\times z(x+l)\,\mathrm{d}x \tag{1.10}$$

当$l=0$时，自相关函数记作$R(l_0)$，$R(l_0)=\sigma^2$，因此自相关函数的量纲统一化形式为：

$$R^*(l)=\frac{R(l)}{R(l_0)}=\frac{R(l)}{\sigma^2} \tag{1.11}$$

1.2　点接触

当两个固体表面接触时，由于表面存在粗糙度，假如上表面是光滑的，则载荷加在下表面的少数几个尖峰上，真实的接触面积只在微凸体顶部的几个点上；假如载荷低而且材料具有较高的屈服应力，则该接触是弹性接触。因此，在接触点上会发生塑性流动、黏着、冷焊等现象。这些情况都会发生在多数的摩擦界面上，而且金属材料的摩擦磨损过程均与真实的固体接触密切相关，如图1.9所示。

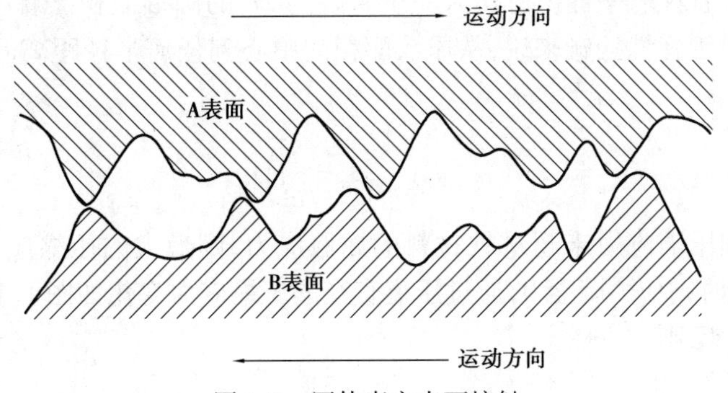

图1.9　固体真实表面接触

为了更深入地了解固体表面接触的详细信息，应着重考虑固体表面接触的实际接触面积。对接触面积，一般有3种定义：名义接触面积(A_n)、轮廓接触面积(A_c)和实际接触面积(A_r)。

名义接触面积又称为表观接触面积,也就是把参与接触的两表面看作理想的光滑面的宏观面积,一般情况下,它由接触表面的外部尺寸决定,是一种假设的接触面积。轮廓接触面积是指物体的接触表面被压扁部分所形成的面积,其大小与表面承受的载荷有关,仍然是一种假设的接触面积,占名义接触面积的5% ~15%。实际接触面积是指物体真实接触面积的总和,它是由粗糙表面较高微凸体接触构成的微观接触面积,其大小主要由表面粗糙度、接触物的刚性以及外界载荷的大小等因素决定。当两个固体表面接触时,实际接触面积仅为名义接触面积的一小部分,一般情况下为 0.01% ~0.1%,由各个微凸体变形所形成的实际斑点直径为 3 ~50 pm。科学研究得到实际接触面积与载荷的关系见表 1.1,接触面积为 20 cm^2。

表 1.1 A_r 与载荷之间的关系

载荷/N	A_r/cm^2	载荷/N	A_r/cm^2
20	2.5×10^{-4}	500	5×10^{-2}
200	2×10^{-3}		

固体表面接触一般分为单点接触和多点接触。如图 1.10 所示,当两个粗糙峰相接触时,在载荷 W 作用下产生法向变形量 δ,使弹性球体的形状由图示的虚线变为实线。实际接触区是以 a 为半径的圆,而不是以 e 为半径的圆。由弹性力学分析得知:

$$a^2 = R\delta \tag{1.12}$$

于是实际接触面积 A 为:

$$A = \pi a^2 = \pi R\delta \tag{1.13}$$

再根据几何关系得

$$e^2 = R^2 - (R - \delta)^2 = 2R\delta - \delta^2 \approx 2R\delta \tag{1.14}$$

因此几何接触面积 A_0 为:

$$A_0 = \pi e^2 = 2\pi R\delta = 2A \tag{1.15}$$

可知,单个粗糙峰在弹性接触时的实际接触面积为几何接触面积的一半。

考虑一半球形硬滑块加载在一软的光滑表面上,如图 1.11 所示。假设滑块和软表面都是绝对光滑的,也就是说,滑块和平面上没有任何微凸体。在载荷的作用下,硬质滑块和软平面之间为弹性接触,并且在软平面上方压入一个直径为 $2a$ 的圆形面积。赫兹于 1896 年在其经典的著作中指出:对于弹性接触来说,从压入面积的中心到任何半径距离 r 处的压缩应力 σ_r,可用式(1.16)得出:

$$\sigma_r = \sigma_{max}\left(1 - \frac{r^2}{a^2}\right)^{\frac{1}{2}} \tag{1.16}$$

也就是说,假如压缩应力未超过软材料的屈服应力,则最大的压缩应力位于接触面的中心,而边缘,即 $r=a$ 时则应力降至 0,通过压痕直径的压缩应力变化如图 1.11 所示。

设所加载荷为 W,则

$$\sigma_{max} = \frac{3W}{2\pi a^2} \tag{1.17}$$

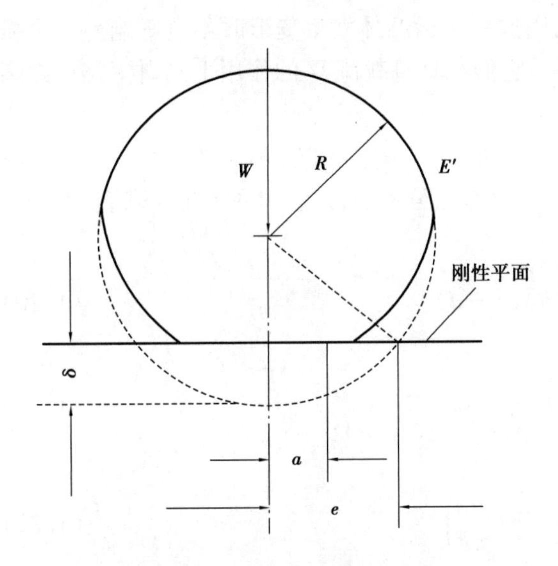

图1.10　单峰弹性接触

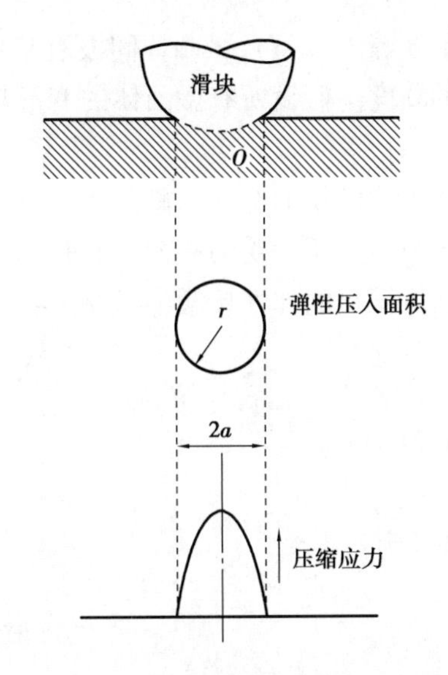

图1.11　半球形硬滑块与软光滑表面接触

赫兹的分析也证明,虽然最大法向应力是在表面上,但最大剪应力则在离表面 $0.5a$ 的材料内部,如图1.11所示的 O 处,并且有

$$\tau_{\max} = 0.31\sigma_{\max} \tag{1.18}$$

然而,在实际的固体表面接触中往往是多点接触,像上述一半球形硬滑块与软光滑表面接触绝对不会是完全的光滑。实际上硬质滑块球上会有许多的微凸体,而这些微凸体又由许多微观的微凸体组成,并非如图1.11所示的那样。鉴于此,著名科学家阿查德认为,在弹性接触的情况下,实际接触面积与所加载荷的关系可用式(1.19)加以描述:

$$A_{\mathrm{r}} = KL^{m} \tag{1.19}$$

式中　m——由固体表面接触的模型决定。

阿查德证明了若考虑微凸体的凸出部分,以后又考虑这些凸出部分本身的粗糙度。这样继续不断地分析考虑下去,如图1.12所示,终能到达一个阶段,此时弹性接触的面积与所加的垂直载荷非常接近于正比的关系。

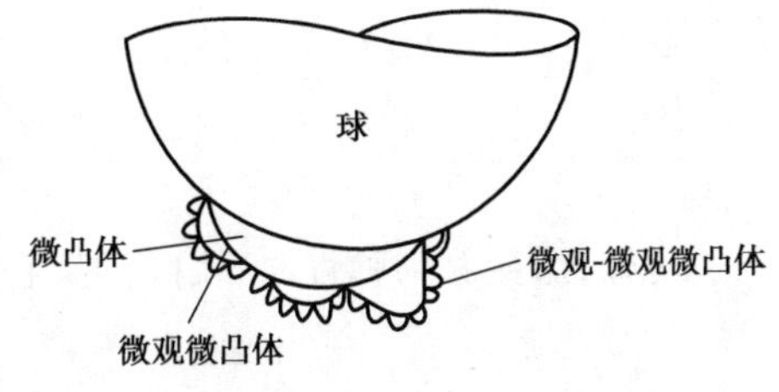

图1.12　具有微观微凸体的球

粗糙峰模型除用球体外,常见的还有圆柱体模型和圆锥体模型。圆柱体模型的接触面积保持不变,这与粗糙表面的接触情况不完全一样;而圆锥体模型比较接近于实际,可用于摩擦磨损的计算。

1.3　理想粗糙表面接触

所谓的理想粗糙表面就是指表面由许多排列整齐的曲率半径和高度相同的粗糙峰组成,同时各峰承受载荷的变形完全一样,而且互相不影响。

如图1.13所示,着重考虑忽略微凸体的存在,设用完全平滑的表面压入这些微凸体,法向

变形量 δ 等于 $(z-d)$，微凸体间没有互相作用，因此一个微凸体发生变形时不会影响另一个微凸体的高度。假设所有微凸体的变形都相同，即它们在垂直载荷 W 的作用下同时下移一距离 $(z-d)$。

若单位面积上有 n 个微凸体，则粗糙表面所支承的均匀分布的总载荷为 nW_i，这里 W_i 为每个微凸体上所承受的载荷，如图 1.13 所示。根据赫兹分析，若以法向变形量 δ 来表示，则每个微凸体压痕的弹性接触半径 a 为：

$$W_{\mathrm{ef}} = \frac{4}{3}ER^{\frac{1}{2}}(z-d)^{\frac{3}{2}} \tag{1.20}$$

接触面积 A_{ei} 为：

$$A_{ei} = \pi R(z-d) \tag{1.21}$$

载荷 W_{ei} 为：

$$W_{ei} = \frac{4}{3}E_n R^{\frac{1}{2}}\left(\frac{A_{ei}}{\pi R}\right)^{\frac{3}{2}} \tag{1.22}$$

或令 $\delta=(z-d)$，有

$$W_{\mathrm{ef}} = \frac{4}{3}ER^{\frac{1}{2}}(z-d)^{\frac{3}{2}} \tag{1.23}$$

而

$$A_{ei} = \pi R(z-d) \tag{1.24}$$

总载荷 W_e 和总的实际接触面积 A_e 可从下式得出：

$$W_e = \frac{4}{3}E_n R^{\frac{1}{2}}\left(\frac{A_{ei}}{\pi R}\right)^{\frac{3}{2}} \tag{1.25}$$

因为实际接触面积 $A_e = nA_{ei}$

$$W_e = \frac{4E}{3\pi^{\frac{3}{2}}n^{\frac{1}{2}}R}\cdot A_e^{\frac{3}{2}} \tag{1.26}$$

则

$$A_e \propto W_e^{\frac{2}{3}} \tag{1.27}$$

可知，当接触为弹性时，实际的接触面积与所加法向载荷的 2/3 次方成正比。

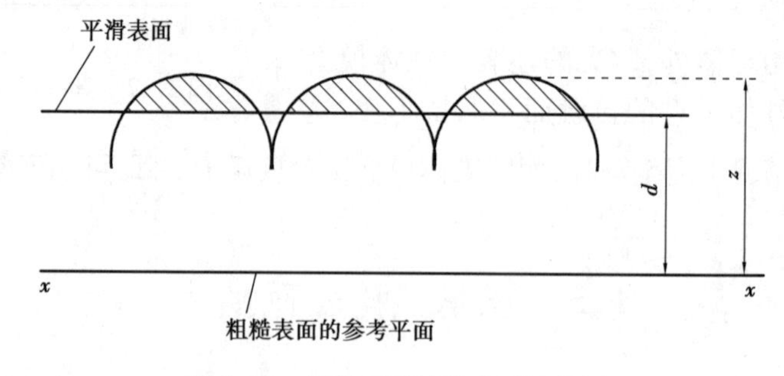

图 1.13　等高球形粗糙表面的接触

1.4　实际粗糙表面接触

理想的粗糙表面接触其实是不存在的,实际中固体接触表面上的微凸体的高度是随机分布的。因为粗糙峰的高度是按照概率密度函数分布的,所以可以通过概率来计算表面接触的微凸体数。

如图1.14所示为两个粗糙表面的接触情况。图1.15所示为表面轮廓高度按正态规律分布的情况。

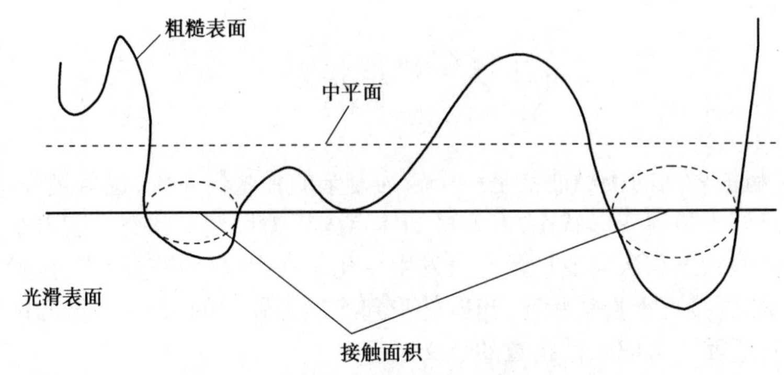

图1.14　实际接触表面与光滑接触表面

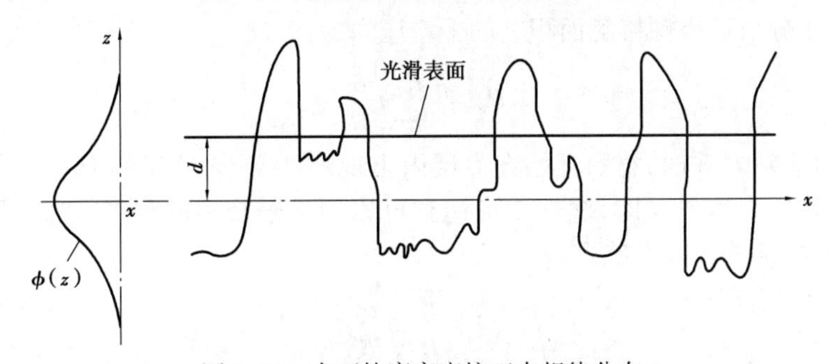

图1.15　表面轮廓高度按正态规律分布

当两个固体在垂直的载荷作用下相互接触,平衡状态时,法向变形量 δ 等于 $(z-d)$,也就是说,只有那些高度大于 d 的微凸体才能够压入对面的固体表面。这样,高度为 z 的微凸体的接触概率为:

$$P(z > d) = \int_d^{\infty} \phi(z)\,\mathrm{d}z \tag{1.28}$$

如果粗糙表面的微凸体数为 n,那么参与接触的微凸体数 N 为:

$$N = n\int_d^{\infty} \phi(z)\,\mathrm{d}z \tag{1.29}$$

由 $\delta=(z-d)$ 和 $A_{ei}=\pi R(z-d)$ 可得实际接触面积 A_{ei} 为:

$$A_{ei} = n\pi R\int_d^{\infty} (z - d)\phi(z)\,\mathrm{d}z \tag{1.30}$$

则接触峰点支承的总载荷量为:

$$W_e = \frac{4}{3}nER^{\frac{1}{2}}\int_d^{\infty} (z - d)^{\frac{3}{2}}\phi(z)\,\mathrm{d}z \tag{1.31}$$

通常实际表面的轮廓高度呈高斯分布,在高斯分布中,接近 Z 值较大的部分近似于指数型分布。若 A 为名义接触面积,σ 为高度分布曲线的标准偏差。令 $h=d/\sigma$ 和 $s=z/\sigma$,则

$$N = nAF_0(h) \tag{1.32}$$

$$A_e = \pi nAR\sigma F_1(h) \tag{1.33}$$

$$W_e = \frac{4}{3}nAER^{-\frac{1}{2}}\sigma^{\frac{3}{2}}F_{\frac{3}{2}}(h) \tag{1.34}$$

$$F_m(h) = \int_h^{\infty}(s-h)^m\phi^*(s)\mathrm{d}s \tag{1.35}$$

式中　$\phi^*(s)$——以标准偏差为单位表示的标准化高度分布。

1.5　塑性接触

实际上两个粗糙表面的接触通常是一个较为复杂的弹塑性系统,也就是说,粗糙表面接触时,有的微凸体点处于弹性变形状态,有的微凸体点处于塑性变形状态。随着载荷等因素的变化,微凸体点处于的状态和法向变形量也会发生变化。在滑动摩擦过程中,接触面积为塑性变形状态的摩擦规律更接近于真实状况,当零件受到冷加工硬化的影响时,微凸体的状态则转化为弹性变形状态,这就要考虑塑性指数的意义。

对塑性指数,格林伍德和威廉姆森对此进行了详细的研究,并对接触问题进行了大量的分析,根据弹性力学分析可得到接触面积上的平均压力为:

$$P_c = \frac{4E}{3\pi}\sqrt{\frac{\delta}{R}} \tag{1.36}$$

当平均压力达到 $H/3$ 时,材料开始在表层内出现塑性变形,这里的 H 是材料的布氏硬度值(HB)。当平均压力达到 H 时,塑性变形达到可以用肉眼观察的程度。通常取 $P_c=H/3$ 作为出现塑性变形的条件。这样就得到:

$$\Omega = \frac{E}{H}\sqrt{\frac{\sigma}{R}} \tag{1.37}$$

式中　Ω——塑性指数。

当 $\Omega<0.6$ 时,属于弹性接触状态;当 $\Omega=1$ 时,一部分微凸体点处于塑性变形状态;当 $1<\Omega<10$ 时,弹性变形和塑性变形混合存在,值越大,塑性变形所占的比例就越大。近代的理论研究强调表面参数,例如表面密度、微凸体的高度分布以及曲率半径等因素对表面作用性质的影响。有的科学家也尝试利用图表来表征表面微观机制,这些图表是根据表面粗糙度轮廓仪测量结果所得到的数据分析而画出来的。

当微凸体点发生塑性变形时,实际接触面积和所承受总的载荷为:

$$A_p = 2\pi nR\int_d^{\infty}(z-d)\phi(z)\mathrm{d}z \tag{1.38}$$

$$W_p = 2\pi nRH\int_d^{\infty}(z-d)\phi(z)\mathrm{d}z \tag{1.39}$$

分析可得,实际接触面积与载荷为线性关系,而与高度分布函数无关。

第2章 固体材料的摩擦理论

我们的祖先从远古时代就开始利用摩擦为自己的生活创造有利的条件,例如,“钻木取火”“摩擦生热”等。《诗经·邶风·泉水》中有“载脂载辖,还车言迈”的诗句,表明中国在春秋时期已使用动物脂肪来润滑车轴。应用矿物油作润滑剂的记载最早见于西晋张华所著《博物志》,书中提到酒泉延寿和高奴有石油,并且用于“膏车及水碓甚佳”。对摩擦研究较早的科学家列奥纳多·达·芬奇(1452—1519年)是第一个对摩擦提出了科学论断的人,他认为摩擦力与载荷成正比而与名义接触面积无关,从而建立了摩擦的基本概念。现在对摩擦的研究已发展成为一门学科——摩擦学。摩擦学是研究物体做相对运动时,相互作用的表面间的摩擦、润滑和磨损,以及三者间相互关系的基础理论和实践(包括设计和计算、润滑材料和润滑方法、摩擦材料和表面状态以及摩擦故障诊断、监测和预报等),是一门边缘学科。

摩擦学研究的主要对象很广泛,在机械工程中主要包括动、静摩擦,如滑动轴承、齿轮传动、螺纹连接、电气触头和磁带录音头等;零件表面受工作介质摩擦或碰撞、冲击,如犁铧和水轮机转轮等;机械制造工艺的摩擦学问题,如金属成形加工、切削加工和超精加工等;弹性体摩擦,如汽车轮胎与路面的摩擦、弹性密封的动力渗漏等;特殊工况条件下的摩擦学问题,如宇宙探索中遇到的高真空、低温和离子辐射等,深海作业的高压、腐蚀、润滑剂稀释和防漏密封等。此外,还有生物中的摩擦学问题,如研究海豚皮肤结构以改进舰只设计,研究人体关节润滑机理以诊治风湿性关节炎,研究人造心脏瓣膜的耐磨寿命以谋求最佳的人工心脏设计方案等。地质学方面的摩擦学问题有地壳移动、火山爆发和地震,以及山、海、断层形成等。在音乐和体育以及人们日常生活中也存在大量的摩擦学问题。

两个相对运动的固体表面的摩擦只与接触表面的相互作用有关,而与固体内部的状态无关,这种摩擦称为外摩擦。而在流体中各部分之间相对移动引起的摩擦称为内摩擦。这两种摩擦的区别在于其内部的运动状况,内摩擦时流体相邻质点之间的运动速度是连续的,且具有一定的速度梯度,而外摩擦则发生速度的突变;内摩擦与相对滑动速度成正比,而外摩擦与滑动速度的关系取决于实际条件。这两种摩擦的共同点就是物体或物质试图将自身的运动传递给另一物体或物质,并使其运动速度趋于一致,且在传递过程中有能量的变化。

2.1　摩擦的基本特性

15 世纪,意大利科学家达·芬奇第一个提出摩擦的基本概念。之后,法国科学家阿蒙顿在大量试验的基础上建立了两个摩擦定律。随后,法国科学家库仑继前人的研究,利用机械啮合理论解释干摩擦,提出了摩擦理论。接着英国科学家鲍登开始使用黏着磨损概念研究干摩擦,提出摩擦理论。而后,英国科学家雷诺根据流体动力润滑现象,建立了流体动力润滑基本方程式。由这些研究得出了 4 个经典的摩擦定律。

定律一　滑动摩擦力的大小与接触面间的法向载荷成正比。

其数学表达式为:

$$F = \mu N \tag{2.1}$$

式中　F——滑动摩擦力;

μ——摩擦系数;

N——正压力。

通常称该定律为库仑定律,也可以认为是摩擦系数的定义。

定律二　摩擦系数的大小与接触面积无关。

该定律适用于具有屈服极限的材料,而对弹性材料和黏弹性材料不适合,如聚四氟乙烯材料等。

定律三　静摩擦系数大于动摩擦系数。

该定律不适合黏弹性材料,尽管对黏弹性材料是否具有静摩擦系数尚无定论。

定律四　摩擦系数与滑动速度无关。

该定律对于金属材料来说基本符合,对于其他材料而言则不适合。

近些年国内外专家学者对摩擦学理论的研究取得了长足的进展,进一步完善了摩擦学基本理论,也对经典的摩擦理论提出了质疑,但在许多工程实际问题上经典摩擦理论仍然被广泛使用。

深入研究表明,摩擦还具有以下主要特性。

(1)静止接触时间

研究发现,静摩擦系数受静止接触时间长短的影响,且静摩擦系数随着接触时间的增加而增大,这一规律对塑性材料更为明显。一般情况下,软钢和黄铜的静摩擦系数随着接触时间的增加总是在增大;而对于磷青铜和杜拉铝来说,静摩擦系数随着接触时间的增加会出现下降的阶段,但总的趋势是增大的。

研究表明,静摩擦系数随着接触时间的增加而增大,主要原因是在法向载荷作用下,粗糙峰在压入的同时产生较高的接触应力和塑性变形,这样致使实际的接触面积增加。接触时间的增加也促使粗糙峰接触应力和塑性变形程度增大,所以静摩擦系数增大。

(2)跃动现象

固体之间的干摩擦运动并非连续的滑动,而是物体之间发生相对断续的滑动,这种现象称为跃动现象。滑动摩擦是黏着与滑动交替发生的跃动过程。由于接触点的金属处于塑性流动状态,在摩擦中接触点可能产生瞬时高温,故使两金属产生黏着,黏着结点具有很强的黏着力。随后在摩擦力作用下,黏着结点被剪切而产生滑动。这样滑动摩擦就是黏着结点的形成和剪切交替发生的过程。在具有弹态和黏弹态性质的聚四氟乙烯材料的摩擦过程中这种现象更为显著。

摩擦过程中产生跃动现象对机器工作的平稳性是不利的,会在机器工作中产生噪声,例如车辆制动时的刺耳声、材料切削过程的振动声、摩擦离合器闭合时的颤动声等。因此降低摩擦过程中的跃动现象是提高机器工作中平稳性的重要途径。

(3)预位移

静止的物体在外力的作用下开始滑动,当切向力小于静摩擦力的极限值时,物体因产生一极小的预位移而达到新的静止位置。预位移的大小随着切向力的增大而增大,物体开始做稳定的滑动时,最大的预位移称为极限位移,此时的切向力就是最大静摩擦力。

研究预位移对机械零件的设计具有重要的意义。预位移状态下的摩擦力对研究制动装置的可靠性具有重要的意义。

(4)摩擦力

摩擦力是黏着效应和犁沟效应产生阻力的总和、摩擦副中硬表面的粗糙峰在法向载荷作用下嵌入软表面中,并假设粗糙峰的形状为半圆柱体。这样,接触面积由两部分组成:一部分为圆柱面,它是发生黏着效应的面积,滑动时发生剪切;另一部分为端面,它是犁沟效应作用的面积,滑动时硬峰推挤软材料。所以摩擦力 F 的组成为:

$$F = T + P_e = A + SP_e \tag{2.2}$$

式中　T——剪切力($T=A\tau_b$);

P_e——犁沟力($P=SP_e$);

A——黏着面积即实际接触面积;

τ_b——黏着结点的剪切强度;

S——犁沟面积;

P_e——单位面积的犁沟力。

(5)摩擦过程会生热,形成温度场

在摩擦过程中,由于表层材料的变形或破断而消耗掉的能量大部分转变成热能,从而引起摩擦副表面温度的升高。摩擦热不仅会影响摩擦零件的工作性能,还会影响接触区内的应力分布。摩擦热的产生和扩散如图 2.1、图 2.2 所示。

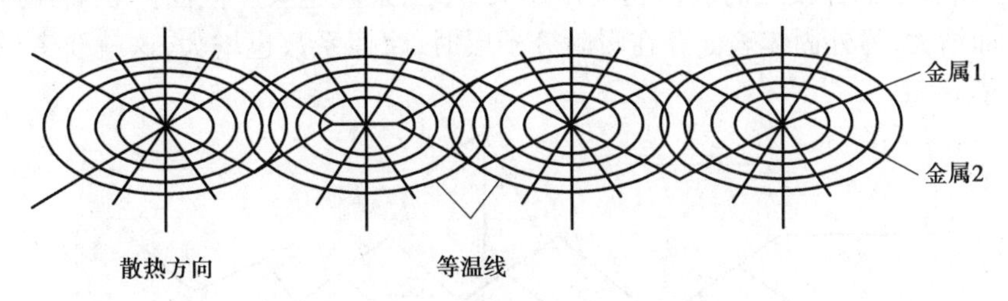

图 2.1　摩擦接触点的温度分布示意图

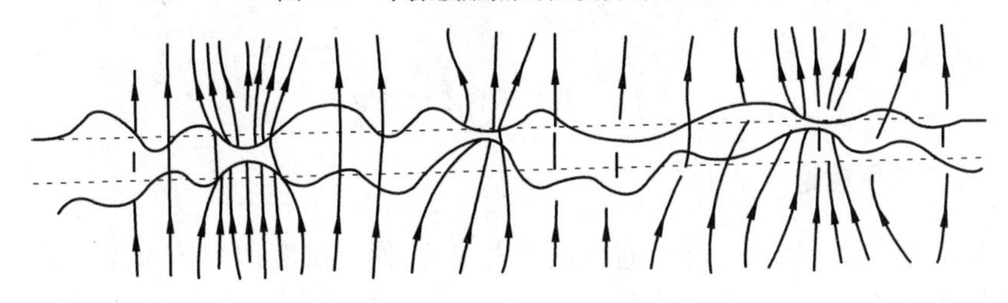

图 2.2　接触界面热流线示意图

从微观上看,摩擦热是由接触区域内许多微凸峰接触而产生的。将摩擦能转换为热能的过程称为摩擦发热,两个运动物体表面所产生的摩擦能量损失,主要是以热的形式表现出来的,实际接触处在很短的时间就能产生相当高的温度,并且很快由表层向内层扩散,在摩擦副中形成一个不稳定的温度场。

2.2 摩擦理论

摩擦是在外力作用下两个固体之间发生相对运动的过程,在这一过程中,固体表面出现的许多现象直接关系到摩擦机制的研究,这些现象受到许多复杂因素的影响,因而专家学者提出了各种不同的摩擦理论,用以了解摩擦机制,主要有以下几种摩擦理论。

2.2.1 机械啮合理论

机械啮合理论又称为机械嵌合理论或机械互锁理论。

阿蒙顿和海亚等的摩擦理论认为,发生摩擦的固体表面是凹凸不平的,当它们相互接触时,凹凸部分彼此相互交错啮合,在发生相对运动时,相互交错的凹凸部分阻碍了固体的运动,凹凸部分发生碰撞、塑性变形,并消耗能量。如图 2.3 所示是最早的机械啮合理论的模型。理论认为,摩擦过程中产生的摩擦力主要是凹凸部分之间的机械啮合力,而机械啮合力与凹凸倾角 θ 有重要的关系。从模型中可以看出,两个摩擦表面由许多具有一定倾角的微凸体组成,这些微凸体移动所需的力 F_i 之和就是摩擦力。这种情况下摩擦系数为:

$$\mu = \frac{\sum F_i}{\sum N_i} = \frac{F}{N} = \tan\theta \tag{2.3}$$

式中 F——摩擦力分量;

N——正压力分量。

式(2.3)解释了固体接触的表面粗糙度越大,摩擦系数越大。但固体表面经过精加工后摩擦系数反而增大,另外固体表面存在吸附分子层时,摩擦系数也增大,这就要考虑分子间的吸附和黏着了。

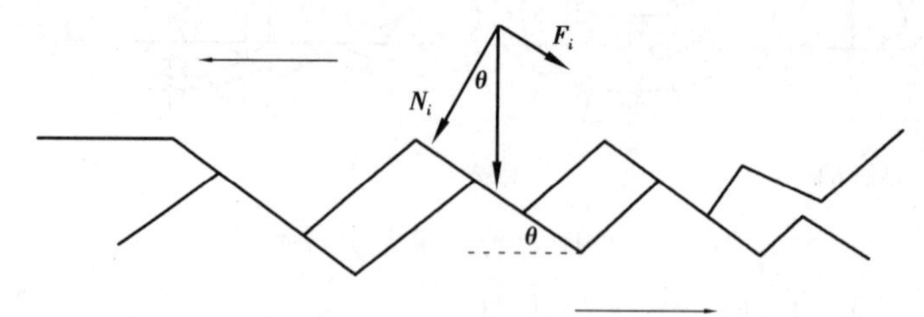

图 2.3 机械啮合理论模型

2.2.2 分子作用理论

分子作用理论是由汤姆林逊和哈迪最先提出来的,他们试图用固体表面上分子之间的作用力来解释滑动摩擦。认为在平衡状态下,固体原子之间的排斥力和内聚力相平衡,但是当两个固体相接触时,一物体内的原子可能与另一物体内的原子非常接近,而一起进入斥力场中,因此当两个固体表面分开时就会产生能量的损失,并以摩擦力的形式出现。

汤姆林逊考虑了在晶体晶格内的原子力的性质,认为分子间的作用力在滑动过程中所产生的能量损耗是摩擦产生的起因,并推导出摩擦磨损的表达式。

设两个物体的表面接触时,一些分子产生斥力 P_a,另一些分子产生引力 P_b,则平衡条件为:

$$W + \sum P_b = \sum P_a \tag{2.4}$$

因为 $\sum P_b$ 数值较小,可以忽略不计。若接触分子数为 n,每个分子的平均斥力为 P,可得:

$$W = \sum P_a = nP \tag{2.5}$$

接触分子转换所引起的能量消耗应当等于摩擦力做功,所以有:

$$fWx = kQ \tag{2.6}$$

式中　x——滑动位移;

　　Q——转换分子平均损耗功;

　　k——转换分子数,且有:

$$k = qn\frac{x}{l} \tag{2.7}$$

式中　l——分子间的距离;

　　q——考虑分子排列与滑动方向不平行的系数。

将以上各式联合可以推出摩擦系数为:

$$f = \frac{qQ}{Pl} \tag{2.8}$$

应当指出的是,根据分子作用理论可以得出这样的结论,即表面越粗糙实际接触面积越小,摩擦系数越小。显然,这种分析不完全符合实际情况。

2.2.3　黏着摩擦理论

黏着摩擦理论又称为黏着-犁沟摩擦理论。

鲍登和泰伯经过大量的实验研究,建立了较为完整的黏着摩擦理论,模型如图2.4所示,这个理论对研究摩擦机制、降低磨损量、设计科学合理的减摩措施具有重要的意义。

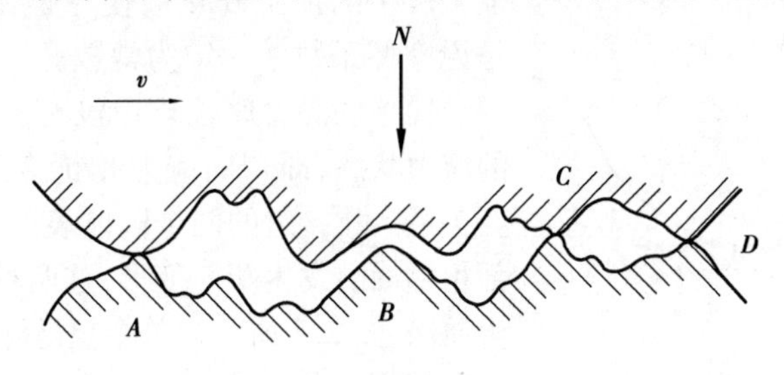

图2.4　黏着摩擦理论模型

黏着摩擦理论认为,当两个固体接触表面相互压紧时,它们只在微凸体的顶部接触,如图2.5所示。当两个固体相接触时,在这个压力 N 的作用下,由于实际接触面积相当小,这样两个固体表面的接触峰必然要发生塑性变形。这样粗糙峰的尖端产生塑性变形后形成新的接触面，而且接触面积明显增大，直到实际接触面积能够支撑外载荷为止。图 2.6 所示为单个粗糙峰塑性变形模型，设粗糙峰实际接触面为 A_r，软材料的平均压缩屈服强度为 σ_y，那么接触点上的总压力 N 为：

$$N = \sigma_y A_r \tag{2.9}$$

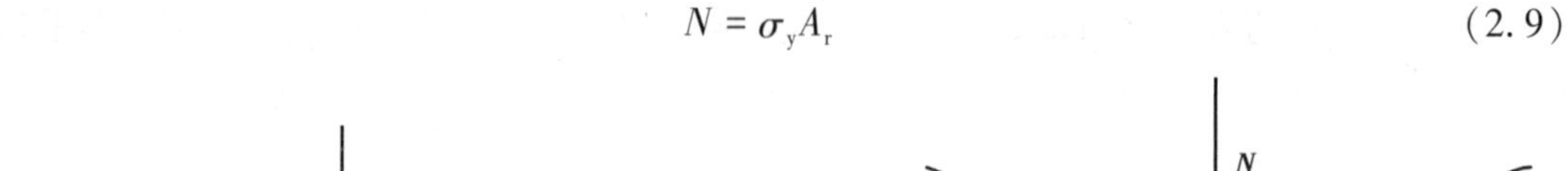

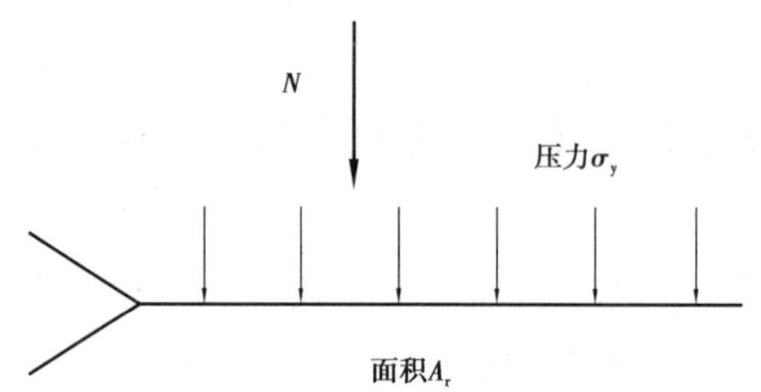

图 2.5　黏着摩擦受力模型

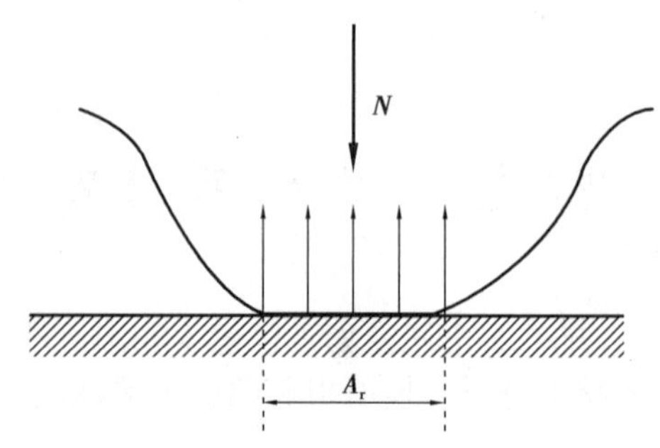

图 2.6　单个峰塑性变形模型

如果接触表面十分洁净，即微凸体顶端相接触的界面上不存在表面膜的情况下，金属与金属在高压下直接发生接触，导致两接触面分子相互吸附而形成连接点（冷焊），使连接点分开的阻力就是摩擦力。这个摩擦力由两部分组成：一部分是剪断固相焊接点的力——黏着分量（剪切分量）；另一部分是克服硬质微凸体在软表面上的犁沟阻力——犁沟分量。假定这两项阻力彼此没有影响，则总摩擦力为此两个分量的代数和，摩擦系数也可看作两部分之和：

$$F = F_b + F_v \tag{2.10}$$

$$\mu = \mu_b + \mu_v \tag{2.11}$$

式中　F、μ——分别为总摩擦力和总摩擦系数；

F_b、μ_b——分别为摩擦力和摩擦系数的黏着分量；

F_v、μ_v——分别为摩擦力和摩擦系数的犁沟分量。

这就是简单的黏着摩擦理论，根据这个理论可以解释经典的摩擦定律，即摩擦力与正压力成正比而与接触面积无关。

2.2.4　修正的黏着摩擦理论

简单的黏着摩擦理论告诉我们，当两个固体接触表面发生相对运动时，剪切一般发生在软金属内，摩擦系数可以表示这种金属材料性质的极限，但是材料在加工过程中的几何条件以及加工产生的加工硬化会使摩擦系数发生改变，这样就是说摩擦系数不一定为常数。

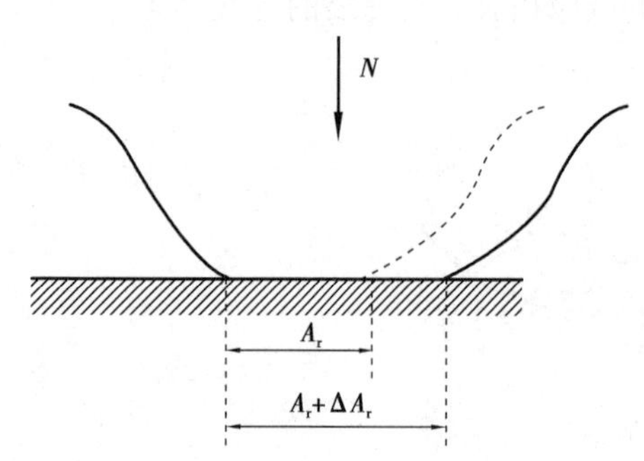

图 2.7　单个粗糙峰塑性变形长大模型

简单的黏着摩擦理论没有着重考虑黏着结点所受的应力状态，即切向应力和正应力，以及它们之间的相互关系。相接触的两个固体表面在外载荷的作用下，局部粗糙峰会发生塑性变形，这两种应力都能够使材料发生屈服，图 2.7 所示为单个粗糙峰塑性变形长大模型。

根据材料发生屈服的条件，粗糙峰发生塑性变形应满足下面的条件：

$$\sigma^2 + \alpha \tau^2 = K^2 \tag{2.12}$$

式中　K——材料变形抗力；

σ——正应力；

τ——剪切应力；

α——系数。

K和α的数值可以根据极端情况来确定。

在理想的无摩擦状态下的剪切应力为零，即静摩擦状态。此时的接触点的应力为σ_s，则有：

$$K = \sigma_s \tag{2.13}$$

所以，

$$\sigma^2 + \alpha\tau^2 = \sigma_s^2 \tag{2.14}$$

另一种情况是剪切应力不断增大，这样实际接触面积也不断增大，则有：

$$\alpha\tau^2 = \sigma_s^2 \tag{2.15}$$

实验表明，材料的塑性流动和应力的共同作用使黏着结点不断长大。固体接触面在润滑和干摩擦两种情况下，初期黏着结点的长大极为相似。但是如果表面存在润滑剂，黏着结点的长大只有当应力达到极限时才能停止，否则将无限地长大下去。

对两个固体接触表面存在污垢膜或者界面膜时，用污垢膜的剪切强度来代替材料本身的剪切强度τ_m，一般来说，$\tau_i<\tau_m$，这样就会有：

$$\sigma^2 + \alpha\tau_i^2 = \sigma_s^2 \tag{2.16}$$

当接触副所承受的切向力低于τ_i时，黏着结点仍旧像洁净表面一样长大；而在切向力达到界面膜的剪切强度时，黏着结点的长大终止，而污垢膜发生剪切。于是，发生宏观位移，真实接触面积增大，则有：

$$\alpha\tau^2 = \sigma_s^2 \tag{2.17}$$

此时假定界面膜的切向强度是金属切向强度的一部分，且有$n<1$，

$$\tau_i = n\tau \tag{2.18}$$

当界面膜开始滑移时，则有：

$$\sigma^2 + \alpha\tau_i^2 = \alpha\left(\frac{\tau_i}{n}\right)^2 \tag{2.19}$$

于是摩擦系数μ为：

$$\mu = \frac{F}{N} = \frac{\tau_i}{\sigma} = \left[\frac{n^2}{\alpha(1-n^2)}\right]^{\frac{1}{2}} \tag{2.20}$$

由式(2.20)可知以下几点。

①当n趋近于1时，界面膜的极限强度与金属本身的极限强度相接近，此时，摩擦系数接近于无穷大。

②当n缓慢降低时，摩擦系数将减小到较低值。

③当$n<0.2$时，界面膜强度很低，比金属本身容易剪切，此时公式中的n^2可以忽略不计，则有：

$$\mu = \frac{\tau_i}{\sigma} = \left[\frac{n^2}{\alpha}\right]^{\frac{1}{2}} \tag{2.21}$$

式中　τ_i——界面膜的剪切屈服强度；

σ——金属本身的屈服强度。

故表达式为：

$$\mu = \frac{\text{界面膜的剪切屈服强度}}{\text{金属本身的屈服强度}}$$

此外,两个固体表面接触发生相对运动时,还会在软金属表面发生犁沟效应,如图 2.8 所示。这样硬表面上的微凸体就会压入软金属表面,并使之发生塑性变形,划出一道犁沟,这时的摩擦力主要是犁沟方向的分量。载荷支撑面积 A_1 和犁沟面积 A_2 可以表示为:

$$A_1 = \frac{1}{8}\pi d^2 \tag{2.22}$$

$$A_2 = \frac{1}{4}d^2 \cot \theta \tag{2.23}$$

假设材料是各向异性的,它的屈服压应力为 σ_y,则:

$$L = A_1\sigma_y \tag{2.24}$$

$$F = A_2\sigma_y \tag{2.25}$$

式中 L——载荷;

F——摩擦力。

由犁沟引起的摩擦系数 μ 可表示为:

$$\mu = \frac{F}{L} = \frac{A_2}{A_1} = \frac{2}{\pi}\cot \theta \tag{2.26}$$

根据式(2.26)同样可以算出圆球和圆柱体所造成的摩擦系数。

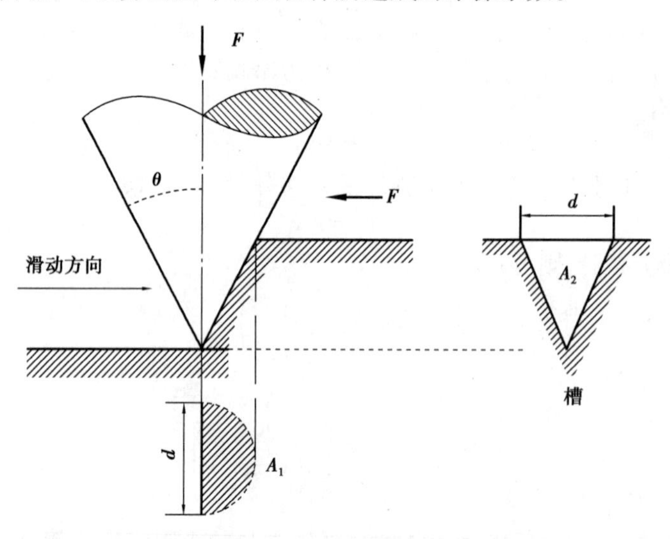

图 2.8 圆锥体在较软金属上滑动

2.3 摩擦分类及影响因素

2.3.1 摩擦分类

为了研究与控制摩擦,须对其加以分类。按摩擦副的运动状态分为静摩擦与动摩擦;按摩擦副的运动形式分为滑动摩擦与滚动摩擦;按摩擦副的表面摩擦润滑状态分为干摩擦、边界摩擦、流体摩擦和混合摩擦。表 2.1 给出了摩擦的分类方法及特点。

表2.1　摩擦的分类

分类方法	摩擦类型	说明
摩擦副运动状态	静摩擦	两物体产生预位移,但无相对运动
	动摩擦	两物体表面间有相对运动
摩擦副运动形式	滑动摩擦	两接触物体接触点具有不同速度
	滚动摩擦	两接触物体接触点的速度大小和方向相同
摩擦副表面润滑状态	干摩擦	既无润滑又无湿气
	边界摩擦	做相对运动的两物体表面被极薄的润滑膜隔开
	流体摩擦	被有体积特性的流体层隔开,有相对运动
	混合摩擦	两摩擦表面处于干摩擦、边界摩擦、流体摩擦的混合状态

(1)滑动摩擦

所谓的滑动摩擦就是当一物体在另一物体表面上滑动时,在两物体接触面上产生的阻碍它们之间相对滑动的现象。滑动摩擦产生的原因非常复杂,国内外专家学者已对其进行了深入研究,但目前尚没有完整的科学定论。然而近代摩擦理论认为,产生滑动摩擦的主要原因有两个:一是关于摩擦的机械啮合理论,认为摩擦的产生是由于物体表面粗糙不平,当两个物体接触时,在接触面上的凹凸不平部分就互相啮合,使物体运动受到阻碍而引起摩擦;二是分子作用理论,认为当相互接触的两个物体的分子间距离小到分子引力的作用范围内时,在两个物体紧压着的接触面上的分子引力便引起吸附作用。

滑动摩擦力是阻碍相互接触物体间相对运动的力,不一定是阻碍物体运动的力。它的大小与施加在物体上的正压力成正比。

(2)滚动摩擦

通常人们将滑动摩擦转换成滚动摩擦,目的是减小摩擦系数,从而减小摩擦带来的危害。而有关滚动摩擦理论的实验数据很少。圆柱或圆球在力矩的作用下沿接触表面运动,当接触点上两接触物体间的相对速度为零时,称为纯滚动,理论上纯滚动应该没有摩擦系数,而在实际中不是这样的。但滚动中产生的滚动摩擦力远远小于滑动摩擦力,齿轮之间的作用、轴承之间的作用、车轮与地面之间的作用等这些都是滚动摩擦的例子。

现假定变形在弹性范围内,不考虑其他因素的影响,我们来计算圆柱-平面、球-平面的滚动摩擦系数 k。根据赫兹理论,在圆柱-平面上的接触应力为:

$$\sigma = \sigma_0\left(1 - \frac{x^2}{b^2}\right)^{\frac{1}{2}} \tag{2.27}$$

式中　σ_0——最大的赫兹压应力;

σ——距压力中心 x 处的正应力,应力呈椭圆曲线分布,如图2.9所示;

b——接触宽度的$\frac{1}{2}$;

L——接触长度(圆柱体的高度)。

取L为单位长度时，根据接触区右半侧材料压力下所受的阻力矩、所做的功以及接触区左半侧回弹消耗的功可得滚动摩擦系数为：

$$K = \varepsilon \frac{4}{3\pi^{\frac{3}{2}}}\left(\frac{1}{E}\right)^{\frac{1}{2}}\left(\frac{N}{R}\right)^{\frac{1}{2}} \tag{2.28}$$

式中 R——圆柱体的直径；

E——弹性模量；

ε——消耗系数。

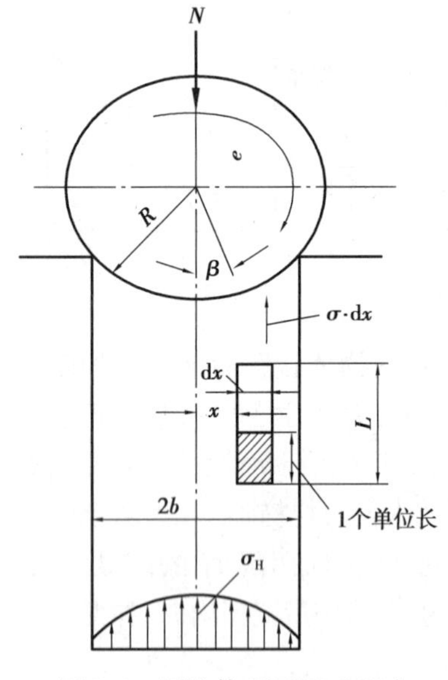

图 2.9 圆柱体-平面滚动阻力

球-平面的滚动摩擦系数的求法与上述步骤相同，只是球在平面上的接触区为圆形。根据式(2.28)则有：

$$K = \frac{3\varepsilon}{16}\left(\frac{3}{4}\right)^{\frac{1}{3}}\left(\frac{1}{E}\right)^{\frac{1}{3}}\left(\frac{N}{R^2}\right)^{\frac{1}{3}} \tag{2.29}$$

滚动摩擦与滑动摩擦不尽相同，一般情况下不存在犁沟效应，剪切阻力也不是滚动摩擦的主要原因。滚动摩擦的阻力主要由以下4个因素组成。

①微观滑动。在实际的滚动摩擦中，固体接触表面在滚动时存在微观的相对滑动。这是滚动摩擦中普遍存在的一种现象。在滚动时，由切向力的作用致使切向位移不完全相同或者在传递功时，切向力以及切向速度不同会造成不同程度的微观滑动。微观滑动造成的摩擦阻力为主要的滚动摩擦力，机理与滑动摩擦一致。在这一情况下，固体接触表面容易造成不同程度的微观磨损，也是一种磨损类型。

②塑性变形。在滚动过程中，随着外向载荷的不断增大，表面接触区的应力不断增大，当增加到一定值时，在距接触表面一定深度下发生塑性变形，形成不同的沟槽。以沟槽形式出现的塑性变形在外向载荷的反复作用下，沟槽宽度不断加宽，表面出现加工硬化效果，有的甚至发展成弹性状态。滚动摩擦力做的功主要消耗在塑性变形上，由弹性力学分析计算发生弹性变形前材料的滚动摩擦力，如图2.10所示。

③弹性滞后。钢球在平面滚动时，如图2.11所示，在外力的作用下，将球体前方的材料压紧并发生凹陷，随之球体后方的材料也将发生凹陷。由于平面是弹性平面，具有回弹作用，此过程伴随着能量的消耗。这种过程称为弹性滞后。金属材料弹性滞后所消耗的能量远小于黏弹性材料。

④黏着效应。在滚动接触过程中，滚动表面受到垂直于黏着结点方向拉力的作用，会向此方向发生分离，黏着结点不断被拉长、剥离，甚至断开，此过程所需的力很小。由于黏着效应，在摩擦力曲线上可以看到阶段性的水平台阶，这种台阶较短，不影响摩擦力的总的趋势。滚动过程中发生的黏着效应与材料本身的物理性质有关，除此之外，还与接触状况、摩擦环境等因素有关。

综上所述，滚动摩擦过程十分复杂，上述几种因素都会影响滚动摩擦阻力的产生，在不同的实际工程中几种因素发挥的作用也不尽相同。

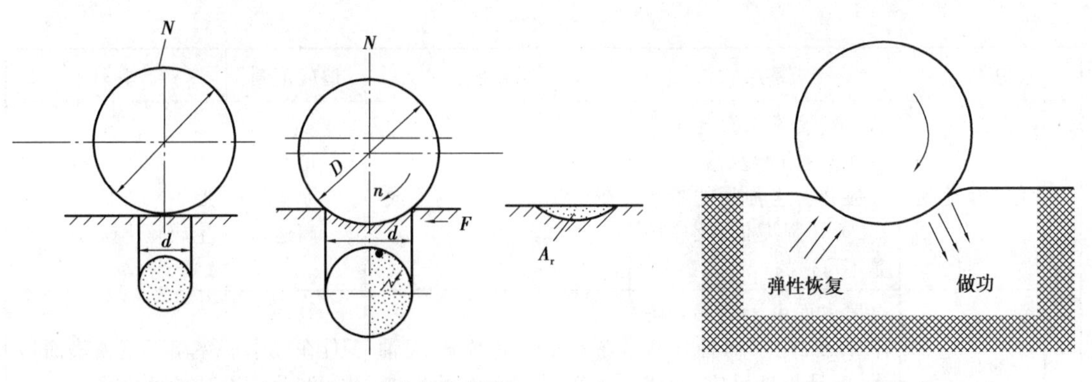

图2.10　球在平面滚动形成的沟槽

图2.11　弹性滞后现象

(3)边界摩擦

如图2.12所示,摩擦界面存在一定不同性质的薄膜介质(厚度为0.01～0.1 μm),并且具有良好的润滑性,这种摩擦称为边界摩擦。这种薄膜称为边界膜,边界膜的润滑性决定边界摩擦的摩擦系数的大小。当润滑剂内含有表面活性物质时,极性分子的极性基团与金属表面发生物理化学吸附,在金属表面形成定向排列,形成吸附膜。例如,脂肪酸分子中的羧基—COOH和金属吸附。而非极性基团远离金属表面,如图2.13所示。这种膜不能承受较大的冲击力,容易破裂。

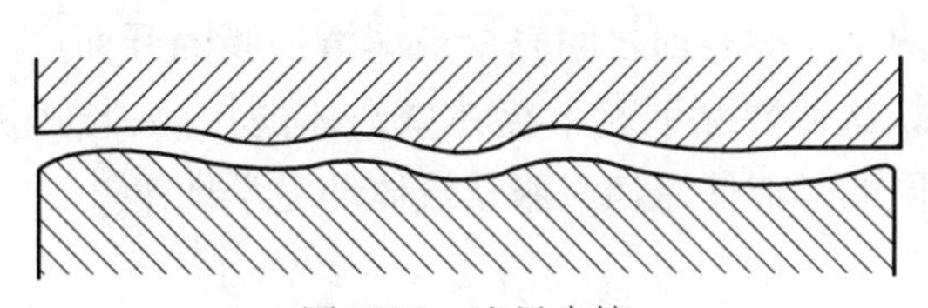

图2.12　边界摩擦

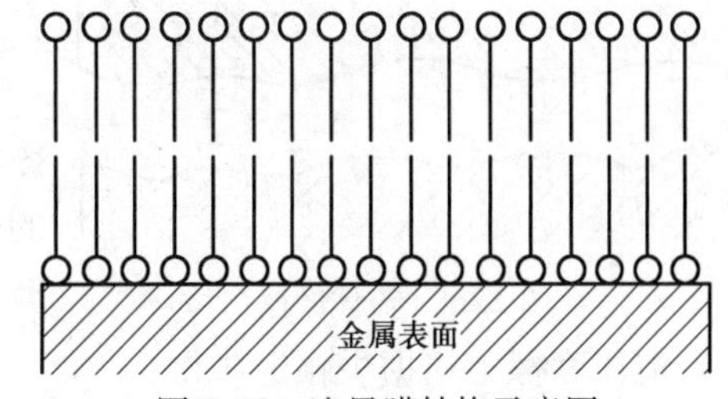

图2.13　边界膜结构示意图

边界膜的分类和适应范围见表2.2。

表2.2　边界膜的分类和适应范围

分类		特点	形成条件	适应范围	举例
吸附膜	物理吸附膜	分子引力的作用使极性分子定向排列,吸附在金属表面上,吸附与脱附完全可逆	在2 000～10 000 cal/mol的吸附热时形成,在高温时脱附	常温、低速、低载	脂肪酸极性分子吸附在金属表面,形成脂肪酸膜
	化学吸附膜	由极性分子的有价电子与基体表面的电子发生交换而产生的化学结合力,使极性分子定向排列,吸附在金属表面上,吸附与脱附不完全可逆	在10 000～100 000 cal/mol的吸附热时形成,高温下脱附,随之发生化学变化	中等温度、速度、载荷	硬脂酸极性分子和氧化铁在有水的情况下反应生成硬脂酸铁膜

续表

分类		特点	形成条件	适应范围	举例
反应膜	化学反应膜	硫、磷、氯等元素与金属表面发生化学反应,生成反应物。这种膜的熔点高,剪切强度低,反应膜是不可逆的	在高温条件下反应生成	重载、高温、高速	十二烷基硫醇的硫原子与铁原子反应生成硫化铁
	氧化膜	金属表面由于结晶点阵不平衡,化学活性比较大,极易与氧反应,形成氧化膜	在大气中室温下,无油纯净金属表面氧化生成	只能在短时间内起润滑作用	室温下钢铁表面形成的氧化膜
固体润滑膜		由软金属、无机固体润滑剂、自润滑塑料等低剪切强度的材料涂覆或转移在摩擦表面上形成薄膜,将金属接触表面隔开	涂覆或固体润滑材料在摩擦过程中转移到金属表面上	重载、低速、高温等特殊环境	PTFE 等薄膜

注:1 cal=4.184 J。

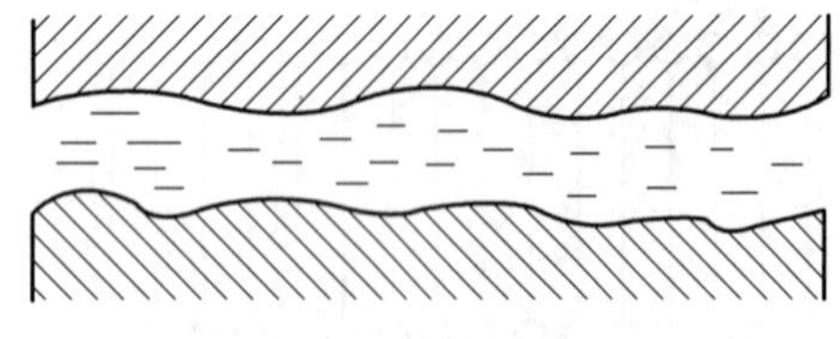

图 2.14　流体摩擦

(4)流体摩擦

如图 2.14 所示为流体摩擦示意图。所谓流体摩擦就是两个摩擦表面之间完全被润滑油膜隔开而产生的摩擦。这种情况下就不存在微凸体的接触,与边界摩擦不同的是流体摩擦只服从流体动力学规律。

流体摩擦力根据牛顿定律得:

$$F = \eta \frac{d_v}{d_y} s \tag{2.30}$$

式中　η——润滑剂动力黏度;

$\frac{d_v}{d_y}$——垂直于运动方向上剪切的速度变化;

s——剪切面积。

流体摩擦的存在会使摩擦变得不稳定,有时会造成表面粗糙度增大。

(5)混合摩擦

混合摩擦就是上述摩擦的混合形式,如图 2.15 所示。

此时的摩擦区域为干摩擦、边界摩擦、流体摩擦 3 种形式的混合,所以摩擦力为:

$$F = \tau_d A_d + \tau_b A_b + \tau_1 A_1 \tag{2.31}$$

式中　τ_d——表面直接接触区的剪切应力;

A_d——表面直接接触区面积;

τ_b——边界润滑油膜剪切应力;

A_b——边界摩擦区面积;

τ_1——流体润滑膜的剪切应力；

A_1——流体摩擦区面积。

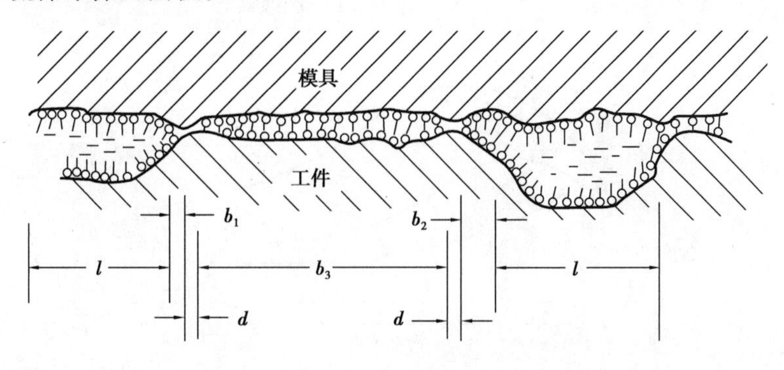

图 2.15　流体摩擦

混合摩擦中 3 种形式的摩擦在金属变形过程中不断发生变化，由于表面微凸体被压平，这样实际接触面积增大，摩擦力增大。

2.3.2　摩擦影响因素

摩擦影响因素主要分为外部因素和内部因素。外部因素主要有载荷、滑动速度、摩擦介质、环境等因素；内部因素主要有材料的结构、物理化学性能及其他特性等因素。在高真空条件下，环境因素主要是原子氧、各种射线、各种辐照等。

(1)载荷

由库仑定律可知，摩擦系数的大小与正压力没有关系。但是实际中摩擦系数随着载荷的变化而发生变化。一般情况下，在干摩擦过程中，摩擦系数随着载荷的增加而降低，因为随着载荷的增加，实际接触面积增加。在边界摩擦中，一般载荷不会影响吸附膜的摩擦系数，当载荷增加时，吸附膜破坏，而具有极压性能的反应膜反而在高载荷时能够使摩擦系数降低。载荷对摩擦过程中产生的磨屑有一定的影响，对于绝大多数的磨屑来说，其质量与所作用的载荷之间存在以下关系：

$$M = CW^{\alpha} \tag{2.32}$$

式中　C——常数，当铜在钢上滑动时，$\alpha=0.3$；

α——分数，表示磨屑质量的增加比载荷增加得缓慢。

载荷对金属材料的摩擦系数和磨屑有一定的影响，也是研究材料摩擦机制必须考虑的一个因素。

(2)滑动速度

滑动速度对摩擦系数的影响主要体现在它引起材料表面层性质的变化上。除此之外，摩擦系数和磨屑几乎与滑动速度无关，然而在通常情况下，滑动速度的变化能够引起表面层急剧升温、变形、磨损、化学变化等，从而影响摩擦系数。

图 2.16 所示为苏联科学家克拉盖斯等提出的实验结果。曲线 2 和曲线 3 表示一般弹塑性接触状态的摩擦副，摩擦系数随滑动速度增加而越过一极大值，并且随着表面刚度或载荷的增加，极大值的位置向坐标原点移动。当载荷极小时，摩擦系数随滑动速度的变化曲线只有上

升部分,而在极大的载荷条件下,曲线却只有下降部分,如图 2.16 中曲线 1 和曲线 4 所示。

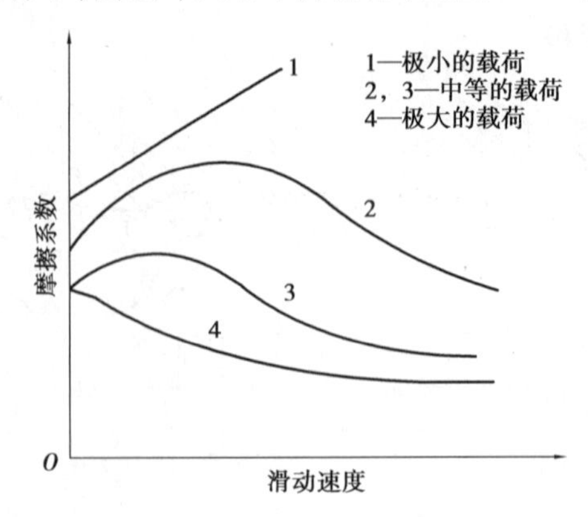

图 2.16　滑动速度与摩擦系数的关系

滑动速度和摩擦系数之间可以归纳为以下关系式:

$$\mu=(a+bU)\mathrm{e}^{-cU}+d \tag{2.33}$$

式中　U——滑动速度;

a、b、c 和 d——材料性质和载荷决定常数,具体参见表 2.3。

表 2.3　a、b、c 和 d 的数值

摩擦副	单位面积载荷/$(\mathrm{N\cdot mm^{-2}})$	a	b	c	d
铸铁-钢	1.9	0.006	0.114	0.94	0.226
	22	0.004	0.110	0.97	0.216
铸铁-铸铁	8.3	0.022	0.054	0.55	0.125
	30.3	0.022	0.074	0.59	0.110

滑动速度影响摩擦力主要决定于温度的状况。随着滑动速度的增加,两个固体接触表面会积聚大量的热量,形成一定的温度场。这种温度的变化能够引起接触表面层的性质变化以及化学变化等,这样必然会影响摩擦系数的变化。例如 GCr15 与 PTFE 相互接触摩擦时,接触表面形成的温度场,促使 PTFE 向黏弹态转变,从而增大磨损量,同时温度升高使磨屑变小,自润滑性降低。

温度场的分布情况与接触物体表面几何形状(表面粗糙度和波纹度)、摩擦副材料的热物理性能(热容量,导热性)、结构尺寸、工艺条件及散热条件有关。在同一热源作用下,热物性不同的物体内部所形成的温度场分布情况有很大的差别。根据热力学理论,摩擦热在摩擦副间的分配根据式(2.34)计算:

$$\frac{q_1}{q_2}=\sqrt{\frac{c_1\rho_1\lambda_1}{c_2\rho_2\lambda_2}} \tag{2.34}$$

式中　c、ρ、λ——分别为比热容、密度、热导率。

温度对摩擦系数的影响与表面层变化密切相关。实验表明,随着温度的升高,摩擦系数增加;当表面温度很高时,材料会发生黏弹态的转变,摩擦系数将降低。但对温度的测定至今还没有太好的办法,目前利用相变判断温度的范围;利用热电偶测温(缺点是测出的数值与计算的数值相差较大);利用电阻传感器测温;利用红外线辐射法测温(只有在测量元件与热源之间没有任何障碍物的条件下才能使用)。

固体接触摩擦时表面产生温度场的现象一直是摩擦学研究的重要领域,对深入研究摩擦磨损机制具有重要的意义。

(3)表面性质

金属的种类、化学成分、表面粗糙度以及表面硬度对接触区的摩擦系数都有一定的影响。

实验表明,一般情况下,同类金属接触的摩擦系数比不同类金属接触的摩擦系数大;不同类接触的摩擦系数比金属-非金属接触的摩擦系数大;能形成合金的金属相摩擦的摩擦系数比不能形成合金的金属相摩擦的摩擦系数大,具体情况见表2.4。

实验测得的平均摩擦系数:钢-钢为0.07~0.10;铜-钢为0.10~0.13;铝-钢为0.10~0.14。这说明金属之间的摩擦系数小于纯金属之间的摩擦系数。

一般情况下,金属材料硬度越高,摩擦系数越小。表面粗糙度对摩擦系数的影响也较大,通常情况下,表面粗糙度越大,摩擦系数越大,由实验可知,表面粗糙度增加到7~8倍,摩擦系数几乎增加2倍。但并不是表面粗糙度越小,摩擦系数就越小,例如,当表面非常光滑时,摩擦系数反而变大,这是因为表面发生了黏着效应。

(4)表面膜

实际上摩擦过程中所处的环境往往存在二氧化碳、污垢、润滑剂等,会导致接触表面形成一些表面膜,这些表面膜直接影响摩擦系数的大小,这些表面膜主要有氧化膜、吸附膜和各种外来的润滑膜等。

表2.4　纯金属之间的摩擦系数

项目	W	Mo	Cr	Ni	Fe	Zr	Ti	Cu	Au	Ag	Al	Zn	Mg	Sn	Pb
Pb	0.41	0.65	0.53	0.60	0.54	0.76	0.88	0.64	0.61	0.73	0.68	0.70	0.53	0.84	0.90
Sn	0.43	0.61	0.52	0.55	0.55	0.55	0.56	0.53	0.54	0.62	0.60	0.63	0.52	0.74	
Mg	0.58	0.51	0.52	0.52	0.51	0.57	0.55	0.55	0.53	0.55	0.55	0.49	0.79		
Zn	0.51	0.53	0.55	0.56	0.55	0.44	0.56	0.56	0.47	0.58	0.58	0.75			
Al	0.56	0.50	0.55	0.52	0.54	0.52	0.54	0.53	0.58	0.57	0.67				
Ag	0.47	0.46	0.45	0.46	0.49	0.45	0.54	0.48	0.53	0.50					
Au	0.46	0.42	0.50	0.54	0.47	0.46	0.52	0.54	0.49						
Cu	0.41	0.48	0.46	0.49	0.50	0.51	0.47	0.55							
Ti	0.56	0.44	0.54	0.51	0.49	0.57	0.55								
Zr	0.47	0.44	0.43	0.44	0.52	0.63									
Fe	0.47	0.46	0.48	0.47	0.51										
Ni	0.45	0.50	0.59	0.50											

续表

项目	W	Mo	Cr	Ni	Fe	Zr	Ti	Cu	Au	Ag	Al	Zn	Mg	Sn	Pb
Cr	0.49	0.44	0.46												
Mo	0.51	0.44													
W	0.51														

由摩擦理论可知,两个摩擦副在没有吸附膜时摩擦系数较高,当存在吸附膜时,因其剪切强度小于材料本身的强度,接触区表面黏着结点的长大受到限制,摩擦系数降低;当没有吸附膜时,接触区表面黏着结点的长大未受到限制,摩擦系数趋于无穷大。可见,吸附膜起到了润滑的作用,改善了接触区黏着结点的长大情况。

除金属金外,所有的金属都能和氧发生化学反应,生成各种金属氧化膜,这种氧化膜的存在一方面限制了金属的进一步氧化,起到了保护的作用;另一方面影响摩擦系数的改变。一般情况下,金属的氧化与金属本身以及周围的环境有关,加热温度和加热时间影响最大,当温度为850~900 ℃时,氧化速度很小;当温度为1 000 ℃以上时急剧上升;当温度为1 300 ℃时,氧化速度急剧增加。同一温度下,随加热时间的延长,氧化速度会逐渐变得缓慢,但氧化的总量越来越多。

由于氧化膜的组成和性质不同,氧化膜起到的作用也不同,有时起到润滑作用,有时起到磨损作用。要想氧化膜起到良好的润滑作用,需具备以下性能。

①氧化膜具有一定的厚度,且是连续的、均匀的。氧化膜的厚度主要是防止在摩擦过程中被对偶摩擦副穿透、剥离,甚至破坏。科学家提出0.01 mm为最小的厚度,然而氧化膜也不能太厚,太厚的氧化膜如果在摩擦过程中被对偶摩擦副部分剥离,剥离的材料会集中在两个摩擦副表面之间,起到第二相粒子的作用,造成更大的磨损。连续、均匀的氧化膜能够保证较低的表面粗糙度,直接影响摩擦系数。不连续、不均匀的氧化膜表面粗糙度较大,提高了摩擦系数。

②氧化膜应具有一定的延展性,并能跟随工件同步变形。这种氧化膜是较为理想的耐磨氧化膜,但很难找到。氧化膜随着摩擦过程的进行,能够发生延展,且和工件同步变形,能够大大降低摩擦系数和磨损量,例如聚四氟乙烯,这种材料在摩擦过程中,形成自润滑膜,具有自润滑性,能够与工件保持较好的同步运动,是理想的润滑材料。

③氧化膜的剪切强度小于材料本身的强度。温度一旦升高,氧化膜会迅速软化,从而起到润滑剂的作用。

④被破坏的氧化膜能够迅速再生。为保证连续起到润滑作用,生成氧化膜的物质氧化速度应该很快,这对成型温度较低的钢很难实现。

事实上,像上述的氧化膜极少,一般的金属氧化物很脆,稳定性较差,自然起到的减磨作用也减低了。

与吸附膜和氧化膜不同的是,为了减小两个接触表面之间发生黏着的可能性,往往在两个接触表面之间涂覆一种金属膜,以起到润滑作用,这种金属膜需具备以下条件:金属膜能够降低接触表面之间发生的黏着效应,这是涂覆金属膜的主要目的;金属膜应具有较低的剪切强度;金属膜能够黏附于金属表面凹处;金属膜具有一定的厚度,可以形成连续、均匀的覆层。

2.4　材料转移

金属在滑动条件下,塑性变形作用是造成摩擦力的主要原因。塑性变形作用会造成金属材料向对偶面摩擦副表面转移,这就是材料转移现象。摩擦学专家对材料转移现象的研究较少,幸运的是现在的摩擦学专家开始关注材料转移现象,并提出材料转移与摩擦磨损机制关系的相关课题。本节用两个例子说明材料转移。

(1)钢在黄铜上摩擦

将钢轴在黄铜轴承上旋转,这样滑动时就会有部分黄铜转移到钢轴上。如果继续滑动,转移到钢轴上的黄铜就会裂成小片变为磨屑,而黄铜继续向钢轴表面转移。这种交替过程持续到轴承磨损为止。

实验表明,钢在黄铜上摩擦,发生材料转移的现象分为两个过程:一是当滑动开始,在短期内部分黄铜转移并涂覆在钢上,但没有自由的磨屑出现。金属的转移量随着时间的增加以指数关系增加,对干摩擦约为 2.75 min 结束,对有润滑剂的摩擦约为 5 min 结束。

(2)钢在钢上摩擦

例如退火的工具钢在淬硬的工具钢上滑动时,转移过去的金属膜先被氧化,然后才不断地脱落。钢的氧化速度直接决定后期产生的磨屑数量,这一点与黄铜在钢上的摩擦不同。钢在钢上摩擦磨屑的形成是多阶段的过程。

涂覆在圆环上的金属不断地脱落,形成最初的磨屑。最初产生的磨屑较大,主要是因为在此阶段垂直载荷只由较少数的微凸体点所支承,实际接触面积较小。随着滑动继续进行,微凸体点不断长大,与此同时金属的转移和磨损仍然进行着,所不同的是在这个过程中磨屑的尺寸却在逐渐变小,主要因为实际接触面积增大了。在最后阶段,磨粒磨损起到了关键作用,磨损过程已与金属的转移毫无关系,但是金属的转移现象仍然存在。

第3章
固体材料的磨损

3.1 磨损概述

3.1.1 磨损的定义

磨损是机械零件失效的3种主要原因(磨损、腐蚀、疲劳)之一。各种机械零件磨损造成的能源和材料的消耗是十分惊人的,据统计,世界工业化发达国家的能源约30%是以不同形式消耗在磨损上的。在美国每年由摩擦磨损和腐蚀造成的损失约1 000亿美元,占国民经济总收入的4%。据美国国会技术评估办公室(OTA)的报告,美国切削机床每年维修费用为750亿美元,飞机由磨损造成的损失为134亿美元,船舶为64亿美元,汽车为400亿美元。2004年末在中国召开的摩擦学科与工程前沿研讨会上,统计数据表明中国每年由摩擦磨损造成的损失近600亿元,仅全国工矿企业在此方面的节约潜能约为400亿元。在全球面临资源、能源与环境严峻挑战的今天,研究摩擦与磨损对节能、节材、环保以及支撑和保障高新技术的发展具有重要的现实意义。

磨损是伴随摩擦而产生的,但与摩擦相比,磨损是一个十分复杂的过程。直到目前磨损的机理还不十分清楚,也没有一条简明的定量定律。对于大多数机器来说,磨损比摩擦显得更为重要,实际上人们对磨损的理解远远不如摩擦。对机器磨损情况的预测能力也是十分差的。对于大多数不同系统的材料来说,其在空气中的摩擦系数大小相差不超过20倍,例如聚四氟乙烯$\mu=0.5$,洁净金属$\mu=1$。而磨损率之差却很大,例如,聚乙烯对钢的磨损和钢对钢的磨损之比可相差105倍。

在有关磨损的著作中对磨损的定义和概念的论述是不完全相同的,克拉盖尔斯基把磨损定义为"由摩擦结合力的反复扰动而造成的材料破坏";1969年,欧洲经济合作与发展组织(Organization for Economic Co-operation and Development,OECD)对工程材料的磨损定义是,构件在与其表面相对运动而在承载表面上不断出现材料损失的过程。1979年的标准(DIN50320)中对磨损定义为,磨损是两个物体由机械的原因,即与另一固体、液体或气体的配对件发生接触和相对运动,而造成表面材料不断损失的过程。泰伯将磨损定义为,物体表面在相对运动中,由于机械的和化学的过程使材料从表面上除掉,即为磨损。

因此,关于磨损的定义,有几点需要指出:

①磨损并不局限于机械作用,伴同化学作用而产生的腐蚀磨损,界面放电作用而引起物质转移的电火花磨损,以及伴同热效应而造成的热磨损等都属磨损范畴。

②定义强调磨损是相对运动中所产生的现象,因而橡胶表面老化、材料腐蚀等非相对运动中的现象不属于磨损范畴。

③磨损发生在摩擦副接触表面材料上,其他非表面材料的损失或破坏,不属磨损范畴。

④磨损是转移和脱落的现象,转移和脱落都是磨损;在表面材料转移过程中,对两个表面磨损的称呼应有所区别,损失材料的一方称为遭到磨损,承受材料的一方称为负磨损。

3.1.2　磨损的分类

磨损是十分复杂的微观动态过程,磨损的分类方法有很多,主要有以下3种分类方法。

①按发生磨损的环境及介质,可分为干磨损、湿磨损、流体磨损。

②按发生磨损的表面接触性质,分为金属-金属、金属-磨粒、金属-流体。

③按磨损机理分为黏着磨损、磨粒磨损、腐蚀磨损、接触疲劳磨损、冲蚀磨损、微动磨损和冲击磨损。其中,前四种磨损机理是各不相同的,但后三种磨损机理常与前四种磨损机理有相似之处,或为前四种磨损机理中几种机理的复合。

如冲蚀磨损与磨粒磨损有类似之处,但也有其自身的特点,微动磨损常由黏着、磨粒、腐蚀及疲劳4种或其中的3种综合而成。应该特别指出的是,材料或工件发生磨损常常不止一种机理起作用,而是几种机理同时存在,只是在不同条件下,某一种机理起主导作用。当工作条件发生变化时,磨损有可能从一种机理转变成另一种机理,例如磨粒磨损往往伴随着黏着磨损,只是在不同条件下,某一种机理起主要作用而已。而当条件发生变化时,磨损也会以一种机理为主转变为以另一种机理为主。图3.1简单地归纳了几种常见的分类方法。

磨损机理与磨损表面的损坏方式有关,在不同条件下,一种磨损机理会造成不同的损坏方式,而一种损坏方式又可能是由不同机理所造成的。图3.2为常见的几种磨损表面的破坏方式和磨损机理间的关系。

3.1.3　磨损的评定方法

关于磨损评定方法目前还没有统一的标准,这里介绍比较常用的方法。

1)磨损量

评定材料磨损的3个基本磨损量是质量磨损量、体积磨损量和长度磨损量。

(1)质量磨损量(W_w)

质量磨损量是指材料或试样在磨损过程中质量的减少量,以 W_w 表示,单位为g或mg。

(2)体积磨损量(W_v)

材料或试样在磨损过程中体积的减少量,是由测得的质量磨损量和材料的密度换算得来的。从磨损的失效性考虑,用体积磨损量比质量磨损量更合理,体积磨损量以 W_v 表示,单位为 mm^3 或 μm^3。

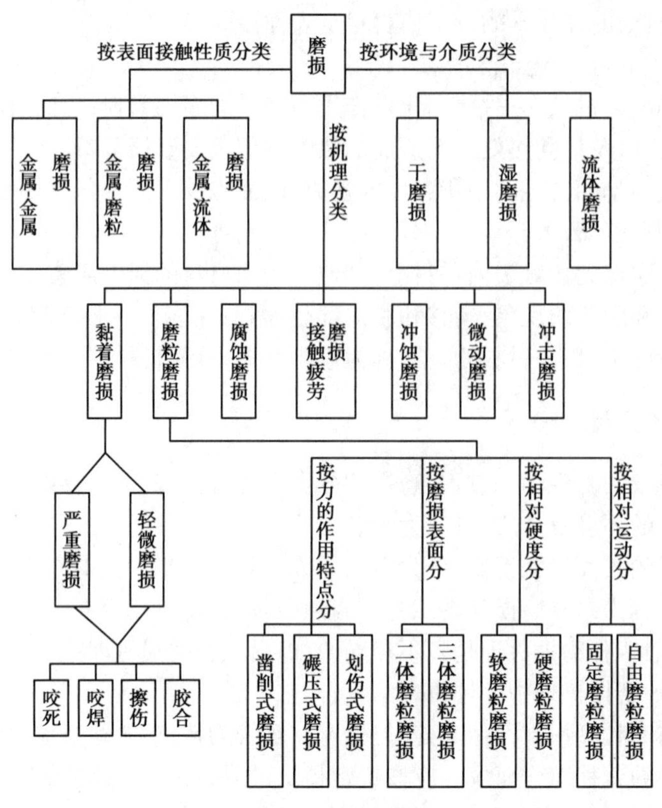

图 3.1　磨损分类图

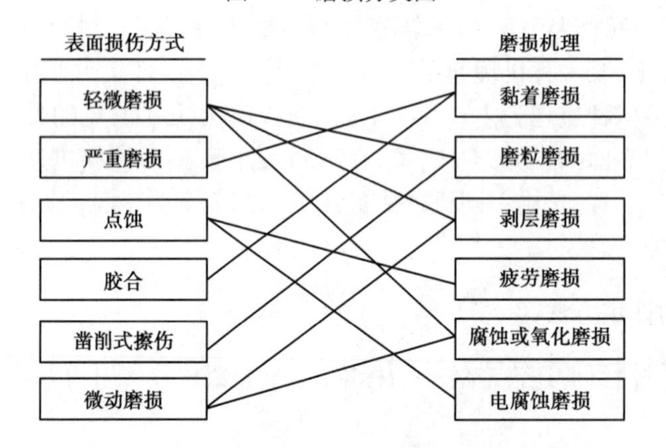

图 3.2　表面的破坏方式和磨损机理间的关系图

(3)长度磨损量(W_1)

在磨损过程中材料或试样表面尺寸的变化量,以 W_1 表示,单位为 mm 或 μm。

2)耐磨性

材料的耐磨性是指在一定工作条件下材料耐磨损的特性。材料耐磨性分为相对耐磨性和绝对耐磨性两种。

(1)相对耐磨性

在相同的工作条件下,某材料的磨损量(以该磨损量为标准)与待测试样磨损量之比称为相对耐磨性,其表达式为:

$$\varepsilon_{相对} = \frac{W_{标准}}{W_{试样}}$$

式中　$\varepsilon_{相对}$——相对耐磨性；

$W_{标准}$——标准试样的体积磨损量，μm^3 或 mm^3；

$W_{试样}$——待测试样的体积磨损量，μm^3 或 mm^3。

磨损量 $W_{标准}$ 和 $W_{试样}$，一般用体积磨损量，特殊情况下可使用其他磨损量。

(2)绝对耐磨性

绝对耐磨性是某材料或试样体积磨损量的倒数，其表达式为：

$$\varepsilon_{绝对} = \frac{1}{W_{试样}}$$

式中　$\varepsilon_{绝对}$——绝对耐磨性，μm^{-3} 或 mm^{-3}；

$W_{试样}$——被测试样的体积磨损量，μm^3 或 mm^3。

耐磨性使用最多的是体积磨损量的倒数，也可用体积磨损率、体积磨损强度或体积磨损速度的倒数表示。

绝对耐磨性和相对耐磨性的关系：

$$\varepsilon_{相对} = W_{标准} \times \varepsilon_{绝对}$$

(3)磨损率

冲蚀磨损过程中常用磨损率，磨损率是指待测试样的冲蚀体积磨损量与造成冲蚀磨损所用磨料的质量之比，其表达式为：

$$\eta = \frac{W_{试样}}{m_{磨料}}$$

式中　η——磨损率，$\mu m^3/g$ 或 mm^3/g；

$W_{试样}$——待测试样的体积磨损量，μm^3 或 mm^3；

$m_{磨料}$——冲蚀磨损所用磨料的质量，g。

这种方法必须在稳态磨损过程中测量，在其他磨损阶段所测量的磨损率会有较大的差别。

上述3种磨损评定方法所得数据均是相对的，都是在一定条件下测得的，因此不同实验条件或工况下的数据是不可比较的。

3.2　黏着磨损

3.2.1　黏着磨损的特点与分类

黏着磨损是最常见的一种磨损形式，当两个物体表面相互滑动或拉开压紧的接触表面时，常会发生这种磨损。黏着磨损的定义是指两个相互接触的物体表面发生相对运动时，由于接触点黏着和焊合而形成的黏着结点被剪切断裂，被剪断的材料由一个表面转移到另一个表面，或脱落成磨屑而产生的磨损。黏着磨损通常以小颗粒状从一表面黏附到另一表面上，有时也会发生反黏附，即被黏附的表面材料又回到原表面上去。这种黏附和反黏附，往往使材料以自由磨屑状脱落，同时会沿滑动方向产生不同程度的磨痕。

在实际的摩擦条件下,界面往往是相互运动着的。例如用一黄铜圆销在旋转的钢制圆盘上滑动时,可以看到钢盘表面被涂抹上一层黄铜。这是由于在接触点发生塑性流动而形成黏着结点。结点在运动方向上长大并被剪断,然后又形成新的结点,新结点又被剪断,如此反复下去,整个表面布满了被剪断的结点和转移过来的黄铜而产生黏着磨损。这种材料的转移是黏着磨损的重要特征。转移过来的黄铜用肉眼看似乎是连续的,但使用中等放大倍数的显微镜便可明显地看到黄铜具有分散转移的特性。黏着磨损除消耗材料外,还会造成表面的严重破坏,而且大多数配对材料都会发生黏着磨损。不仅金属与金属之间会发生黏着磨损,金属与非金属之间也会发生黏着磨损。巴克莱用单晶体碳化硅的(0001)面和(1010)面与各种金属相摩擦。选用两组试验,第一组为球形碳化硅滑块在金属表面上滑动;第二组为球形金属滑块在碳化硅平面上滑动。结果表明,第一组的磨损是由界面上及金属内发生剪切以及金属表面的犁沟引起的;第二组的磨损则是由金属内的剪切引起的。这说明黏着磨损在金属-非金属的接触表面也会发生。

黄铜销在钢盘上滑动时,因为黄铜比钢软,所以黄铜不断地黏附到钢上。但仔细观察发现黏附到钢上的黄铜还会反黏附回到黄铜销上,这样,钢与黄铜的摩擦实际上变为黄铜与黄铜间的摩擦。通过对两种材料界面的摩擦系数进行测量,可以得出,在开始时两界面之间是钢盘和黄铜的摩擦系数,但经过一段时间后,当黄铜涂满钢表面时,界面的摩擦系数则变成了黄铜与黄铜间的摩擦系数。

被转移过去的黄铜经过反复转移及挤压等过程,因加工硬化、疲劳、氧化或其他原因会发生脱落,形成游离的磨屑。需要指出的是,两种材料在相互接触发生黏着磨损时,剪断不一定只发生在较软材料一边,较硬材料也会黏附到较软表面上去。如钢与黄铜发生黏着磨损,不仅黄铜会转移到钢上去,而且钢颗粒也会在黄铜表面上出现,只是数量上比黄铜的转移少很多。

根据零件磨损表面的损坏程度,通常把黏着磨损分为5类,其各自的破坏现象和原因见表3.1。

表3.1　黏着磨损的类型及破坏现象、破坏原因

类型	破坏现象	破坏原因
轻微磨损	黏着结点的剪切损坏基本上发生在黏着面上,虽然此时摩擦系数较大,但表面材料的转移十分轻微	黏着结点强度低于摩擦副基体金属的强度
涂抹	黏着结点的剪切破坏发生在离黏着面不远的较软金属的浅层内,使较软金属黏附并涂抹在较硬金属表面上,从而成为软金属之间的摩擦与磨损	黏着结点的强度比硬金属的强度低,但比软金属的强度高
擦伤(胶合)	黏着结点剪切破坏主要发生在较软金属的浅层内,有时硬金属表面也有擦痕,转移到硬表面上的黏结物又擦削较软表面	黏着结点的强度比两基体金属的强度都高
撕脱(咬焊)	比擦伤更重一些的黏着磨损,其实质是固相的焊合及随后的撕脱,摩擦表面温度低时产生“冷焊”,温度高时产生“熔焊”,此时,黏着结点的剪切破坏发生在摩擦副一方或两方的较深处,表面呈现宽而深的划痕,磨损比较严重	黏着结点的黏结强度大于任一摩擦件基体金属的剪切强度

续表

类型	破坏现象	破坏原因
咬死	摩擦副之间黏着面积较大,不能产生相对运动	黏着结点的强度较高,黏着面积较大,剪切应力低于剪切强度

3.2.2　黏着磨损的实验研究

黏着磨损实际上是相互接触表面上的微凸体不断地形成黏着结点和结点断裂而导致摩擦表面破坏并形成磨屑的过程。黏着磨损的产生和发展主要决定于摩擦表面间的黏着和断裂。因此,首先从黏着实验着手研究影响黏着的主要因素及黏着机理,然后进一步介绍黏着磨损的模型、机理和规律。

1)黏着磨损实验

黏着磨损实验是近代的实验方法,其原理示意图如图3.3所示。该实验是在超高真空中进行的,用扩散泵使真空室内压强在10^{-4} Pa以下,先加热钨丝W_1到接近于玻璃的熔点(627 ℃),抽去吸附在玻璃上的污染物,再加热钨丝W_2,使其接近于铝的熔点(660 ℃),并抽去铝表面上的沾染物。然后加热钨丝W_2以除去金表面的沾染物。移去挡板Ⅰ,将W_2快速升温到2 000 ℃以上,使铝蒸发,真空中残留的微量氧气和铝化合物,在玻璃板上首先形成一层Al_2O_3,其上面是纯铝层。最后移去挡板Ⅱ,使已洁净的金坠落在铝表面上。取出后发现金很牢固地粘在铝上,它们的结合力很强,以至于想从铝表面上拉开金粒时,断裂不发生在铝-金间而是在玻璃内,如图3.3(b)所示。可见两种金属在没有污染的情况下,存在着很强的黏着力,其大小超过了玻璃SiO_2的内聚力。

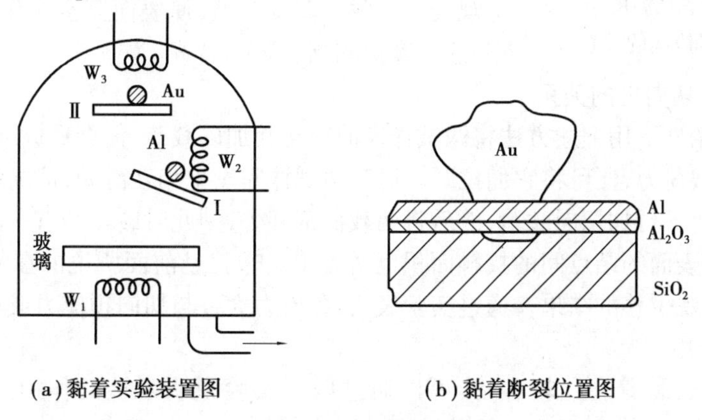

(a)黏着实验装置图　　(b)黏着断裂位置图

图3.3　黏着磨损实验图

麦克法兰、泰伯的实验是首先磨去试件表面的污染物,其次为防止弹性恢复,用易产生塑性变形的铟作为试件材料,将这个试件与钢球组合进行实验。实验必须在空气中进行,首先给予初始滑动,测定其摩擦系数,然后照原样接触,测定黏着系数,研究两者确切的关系,这种方法称为预滑动-黏着法试验。巴克莱采用非预滑动的方法实验,该方法是用氩气离子轰击实现表面净化的物理方法。把试样放入容器中,用非机械真空泵抽取氧气,使容器中的气压达到10^{-8} ~ 10^{-9} Pa的超真空,然后导入氩气至10 ~ 10^{-1} Pa的压力,由离子冲击清除氧化层等表面的污染物。这会使表面十分清洁,即使不进行预滑动,也容易黏着。

有人把离子显微镜和俄歇电子能谱仪联机使用来研究黏着现象,从原子的角度观察元素的黏着和转移。实验是在超真空中进行的,把纯金及钨放在场离子显微镜的真空室中,用离子溅射法清除两金属表面的沾染物,以得到洁净的表面。在两金属接触前先测定其成分,证实各为纯金属。然后将两金属接触后分开,并分别观察其表面,发现有相当数量的微小金属黏附在钨表面,金的晶体结构和钨的晶体结构是不同的,但还是发生了元素的转移,说明洁净表面间原子的作用是十分强烈的,黏着和转移并不困难。

在空气中,机械零件之间在发生相对运动时,零件表面都有一层氧化膜,起到防止纯金属新鲜表面出现黏着现象的作用。在较高的载荷作用下,零件表面的微突体间相互作用,在法向应力或切向应力作用下,使氧化膜破裂,显露出新鲜的金属表面,经过 10^{-8} s 的时间间隔,就可使 98% 以上的新鲜表面因吸附氧而生成氧化膜。但是在运动副中,微突体表面氧化膜的破裂和金属的塑性流动几乎同时发生,纯金属间接触的机会总是存在的,那么纯金属之间的黏着就是不可避免的,黏着磨损也成为不可避免的磨损方式。

2)**影响黏着的主要因素**

(1)完全净化对摩擦和黏着的影响

在真空低温条件下往往很难获得非常洁净的表面,从而达到极大的摩擦系数。对银、铜、铝、铂、金、镍等金属的实验表明,升高脱气温度,则摩擦系数(在室温时测量)随着脱气温度的升高而稳定地增大,如图 3.4 所示。同时发现在某一温度以上(各金属都不相同,相当于接近该金属的蒸发点),随着脱气的加深,摩擦迅速上升,并观察到明显的黏着。在金属大量蒸发之后,摩擦系数急剧上升,此时会发生宏观咬死。脱气温度升高,使表面完全净化,达到纯净的状态,这对摩擦和黏着影响显著。

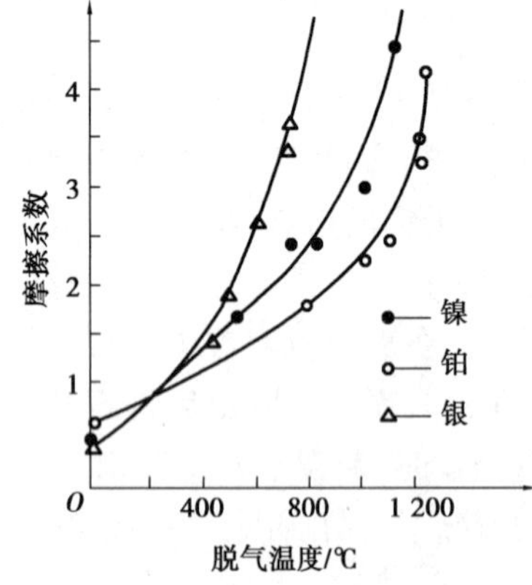

图 3.4 预先脱气温度与摩擦(室温测量)间的关系

(2)黏着力和切向力的关系

如果在室温条件下用上述方法将两试样表面净化并加以载荷,便会形成结点,这种结点一般只要用 1/4 原载荷力,便可将它们拉开。但若两试样间发生相互滑动,情况就不一样。如果两试样在法向载荷下再加切向载荷,然后将两载荷都卸去,则此时破坏结点所需之力就会显著增大,同时被破坏表面的结点间的接触面积也增大了。这就是前面所说的在复合应力下结点的长大,即试样微观位移的结果。通过实验表明,黏着力大致与切向预应力成正比。

(3)延性的作用

材料延性增大,黏着会比较容易,可以通过以下实验说明延性的作用。将两块铂滑块在 0.212 N 的载荷和 730 ℃温度下放置接触 20 min 后卸载,发现须用 0.75 N 的力才能将结点破坏(在 730 ℃进行)。在这样短的时间内和这样的温度下,对于铂来说,扩散不是主要的,而蠕变在此过程中起了显著作用,并且是黏着力大增的原因,所以若施加 0.78 N 的力,几秒钟内就可将结点破坏,而施加 0.36 N 之力,试样就处于拉伸状态,约需 10 min 才能脱开;若用更小的力,如 0.18 N,则 20 min 仍不能脱开,若把力直接增至 0.27 N,则立刻脱开。图 3.5 表示黏着系数(黏着力/法向载荷)和拉力施加时间(以拉力施加时间和黏着施加时间之比来表示)的关系。

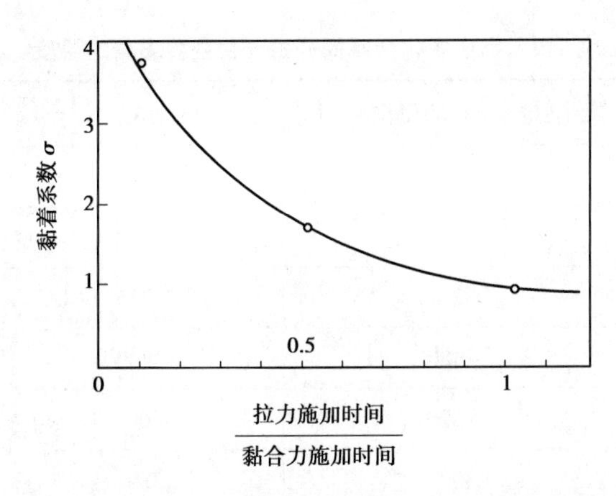

图3.5　温度在730 ℃时，洁净铂表面黏着系数与拉力施加时间的关系

若不在730 ℃时将试样拉开，而让它们先冷却到室温再将其分开，则所需的拉力就要增加1倍以上。说明在冷却过程中结点不仅可以保持它们的完整性而且变得更为牢固。这些实验表明，洁净金属在室温中的低黏着是结点缺乏延性的原因。当载荷卸除后，四周的接点便断开。在730 ℃下加载和卸载的过程可以看作一个退火过程。由于相互作用的表面微凸体间的点阵失配，在室温中形成的结点就含有许多缺陷，所以结合的强度变弱。加热可以促使扩散和消除严重的缺陷，且不易把它们分开。一般来说，沾染会较大辐度地降低黏着作用，但在较高温度下，沾染就显得不太重要了，所以钢和锡在空气中和室温下不那么容易黏着，而在210 ℃时钢和锡在空气中就十分有效地黏着，在300 ℃时，钢与铝能强固地黏着。

(4)开始产生强烈黏着的温度

为了排除黏着和卸载时间的影响，故用室温下卸载的方法，因为室温下黏着受卸载时间的影响较小。即在某一规定温度下，将试样表面加热加载至一定时间，然后冷却到室温，测其黏着力。图3.6(a)所示为铝表面的典型结果，可以看到在20 min固定的加载时间下，当加热温度超过650 ℃时，黏着迅速增大。其他金属也表现出类似的结果。出现强烈黏着的温度 T_a 取决于金属本身。图3.6(b)表示 T_a 温度以上(730 ℃)测得的黏着力(冷却到室温下)与加热加载时间的关系。说明加热时间增加，黏着力增大。表3.2为彻底净化金属发生强固黏着的开始温度，T_a 相当于金属的再结晶温度。

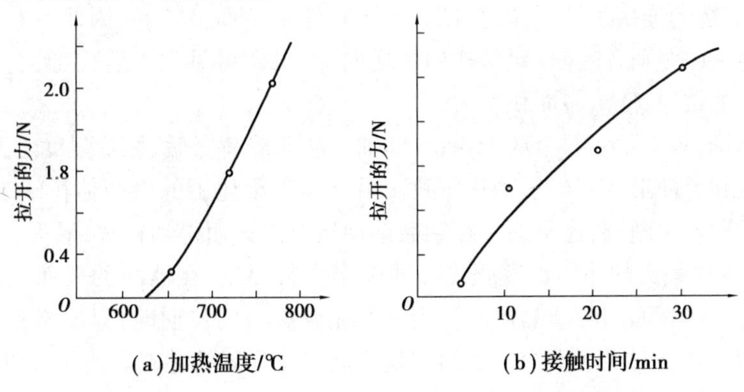

图3.6　法向载荷为0.21 N时洁净铂圆柱间的黏着

表 3.2 彻底净化金属间开始产生强烈黏着的温度

金属	发生强烈黏着的温度 T_a/K	熔点 T_m/K	T_a/T_m
铂	880	2 046	0.44
镍	780	1 728	0.45
金	520	1 315	0.40
银	~480	1 233	0.40
铝	~300	600	0.50
铟	300	329	0.70

3.2.3 黏着磨损的机理

实验表明,当两洁净的金属表面相互接触时,会形成强有力的金属结点。根据齐曼的“胶体模型”,金属中的“自由电子云”类似于黏结液,能够使两金属界面上靠得很近的正离子结合起来,形成金属键,黏着强度基本决定于界面上的电子密度。

表面粗糙的两固体,在法向压力作用下相互接触时,一小部分微凸体的顶峰受到很大的压应力,当达到了流动压力时,就会发生塑性变形。当表面洁净时,两固体表面上的粒子随着距离的缩短,将先后出现物理键与化学键,当两表面上有成片的粒子相结合就形成凸体桥,即结点。根据内聚功和黏着功的概念,如果两个固体的内聚功不同,而黏着功的大小又介于两内聚功之间,则断裂将发生在内聚功较小的固体内。

实际上,固体间的黏着强度受到两个主要因素的影响而被大大地削弱,一个是表面上的氧化膜或其他沾染膜。但这些表面膜往往会被表面变形特别是剪切应力所破坏,显露出新鲜的表面而被黏着。另一个因素是弹性应力恢复效应,即使完全净化的表面,在同一金属的半球体和平板试样间所观察到的黏着面积比预计的值要小。这是由卸去载荷后的弹性应力恢复效应所造成的。在接触区内,结点在其形成过程中被强烈地加工硬化,当载荷卸除后,界面发生了弹性变形,此时周边的连接桥处于拉力状态,由于延性不足而被拉断,因此只有一小部分结点被保留下来。当法向载荷存在时,对试样施加切向应力,便可见到黏着面增大,这是由于法向和切向应力复合的结果,使接触面积增大。

根据以上结论,对于大多数金属来说,在施加了法向载荷之后,黏着强度之所以不大,是微凸体桥缺乏延性和界面形状发生了变化所致。由于加工硬化了的微凸体桥缺乏延性,使得它们在略微延展时即发生断裂,这可通过在卸载前使接点退火而得到补救,退火温度约为其熔点的1/2。退火可获得很大的法向黏着强度。西蒙诺夫曾提出,在洁净的表面上影响黏着强度的另一个因素是结晶表面间的结晶位向。当具有完全配合的位向时,界面材料很容易发生黏着;在位向失配时,必须对界面供给一定的能量才能保持强固的黏着。能量可以是热量也可以是塑性变形功,低温比高温时需要更多的塑性变形来造成界面上强固地黏着。

金属的塑性变形产生于晶体滑移,即重叠原子平面间的剪切。滑移是各向异性的,滑移的方向总是沿着原子密排的方向,滑移面也是在金属原子最多的面上。因此滑移的方向按照晶体的结构而变化。面心立方金属是<110>,体心立方金属沿<111>滑移,而密排六方金属的滑移方向为$\langle 2\bar{1}\bar{1}0\rangle$。面心立方和密排六方的滑移面各为{111}及(0001)。体心立方结构的滑移面为{110}、{112}和{123}。上述平面都是原子密度较大的晶面。滑移还受温度影响,例如密排六方金属高温时会在$\{10\bar{1}\bar{1}\}$及$\{10\bar{1}2\}$面上滑移,因此界面上的塑性受晶体结构影响很大,故对黏着也有很大的影响。例如,在10^{-9} Pa的真空中,半球形的钴制滑块在钴制圆盘上滑动。钴为密排六方结构,实验时用单晶体钴以消除其他变量及晶界的影响。滑动时滑块的基本平面(0001)和圆盘同一平面相接触,测得摩擦系数为0.35。若将实验温度提高,则得到如图3.7所示的结果,两个接触面在417 ℃时几乎焊死。当用单晶体的铜滑块在铜盘上滑动而且用{111}为摩擦平面,这和钴所选的(0001)面一样,都是原子密度最高的面,但摩擦系数为21.0。这是由于钴在常温时为密排六方结构,只有3个滑移系,而到417 ℃时转变为面心立方结构,有12个滑移系之故。同样,铜为面心立方金属,有12个滑移系,使得在切应力作用下滑移的概率增加。但滑移是位错运动所致,而这些位错运动在交叉的滑移面上形成位错结点,它就起了壁垒作用而阻碍了进一步的滑移。因此,开始时容易滑移,微凸体也容易焊在一起,然而由于晶体结构的特性,当这些结点加工硬化后就变得难以断开,使黏着强度增大。

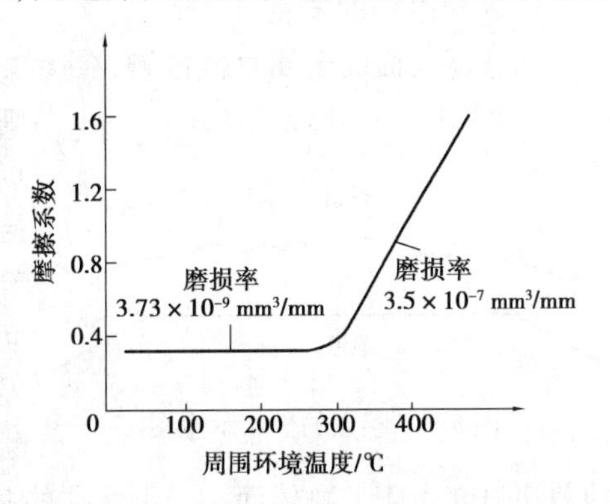

图3.7　在10^{-9} Pa真空中,钴在钴制圆盘上滑动时,不同温度下的摩擦系数
滑动速度:198 cm/s;载荷:10 N

材料间的溶解度或互溶性也是影响黏着强度的一个重要因素。有人用38种金属对钢在真空中进行了试验,发现钢在铁中溶解度极小或者和铁组成金属化合物的材料不易黏着。因为结点的形成和生长与在原子范畴之内发生扩散的过程有关,虽然时间比较短暂,但在微凸体接触时,温度可能很高,这是造成结点生长的原因。上面介绍的金属间的黏着,其实非金属材料之间以及金属与非金属材料之间同样有类似的特性。例如,将两片刚刚劈理出来的正方形岩盐,沿其(100)轴相平行的方向贴合并加以压缩,直到面积变大到原来的2倍,然后取下,发现两片岩盐黏得很牢固,如将它们拉开,发现需4 Pa强度的拉力,相当于岩盐晶体的抗拉强度。这就有力地表明两片岩盐产生了塑性变形与黏着。若结晶方向相互倾斜,黏着就不显著。

我们来讨论一下黏着的本质,当一片洁净的铜被压紧在另一片洁净的铜表面上时,一个微凸体上的原子靠近,甚至于靠近到铜本身内部原子间的距离程度,此时无法区分界面上的原子是属于哪一边,所以界面间的力就和金属整体中铜原子间的力具有完全相同的性质。然而由于相遇铜晶格间的错配,界面总是有缺陷的,使接触区的黏着变弱。塑性流动可以使这些缺陷消除一些,但最有效的方法还是热扩散,若缺陷完全被消除了,则界面就没有存在的意义了。此时两块试样变成一块试样,接触区的黏着强度相当于材料本身的强度。对异类金属可应用同样的推理,若有可能形成合金,则相互作用的性质就比较复杂。若不形成合金,则界面力可能为两金属各自原子间的平均值。因此,可以设想像铟那样比较“弱”的金属和像金那样比较“强”的金属发生黏着时,要比铟-铟原子间的结合力强。所以要把铟-金表面拉开往往断裂发生在铟试块中,实验结果也是如此。可以看出,强固的黏着是原子间力的结果,可以很自然地当作存在于整个固体内部的内聚力。如果在实践中看不到强固的黏着，可能是因为沾染膜或弹性应力的恢复效应。

3.2.4　黏着磨损的模型

1）黏着磨损的发生

两摩擦表面的金属直接接触，在接触点上产生固相焊合（黏着），若两摩擦表面相对运动，则黏着点被剪切，同时又形成新的黏着点。这样黏着点被剪切，然后再黏着，再剪切，最后形成磨屑。这种接触表面黏着是由于两材料表面原子间的吸引力。黏着磨损的发生过程如图3.8所示，它是两接触材料界面的示意图，其中一个物体受到切向的位移，若从材料界面断裂所需之力大于从其中内部断裂所需之力，则断裂从后者内部发生，同时发生磨屑和移附。若结点的剪切强度大于上物体而小于下物体的基体强度，则剪切沿通道2剪断，并产生磨屑依附在下物体上，那么在洁净的金属结点附近的断裂可能存在4种情况：

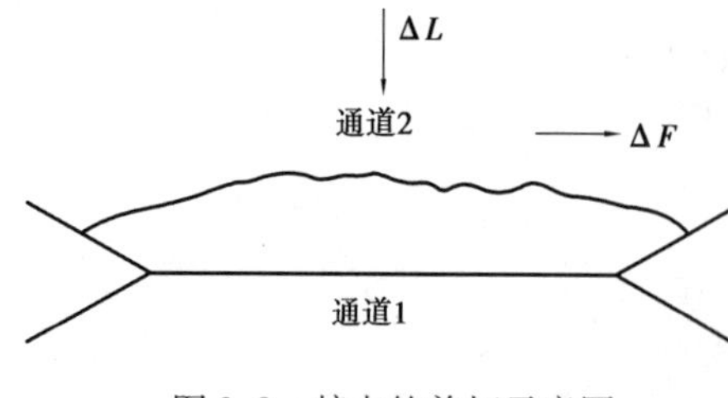

图3.8　接点的剪切示意图

①界面比滑动表面中任一金属都弱，则剪切发生在界面上，并且磨损极小，例如锡在钢上滑动。

②界面比滑动中的一金属强而比另一金属弱，这时剪切发生在较软金属的表层上，并且磨屑黏附到较硬金属表面上去，如铝与钢滑动。

③界面比滑动中的一金属强，偶尔也比另一金属强，这时较软金属明显地转移到较硬金属上去，但偶尔也会撕下较硬金属，铜在钢上滑动往往出现这种情况。

④界面比两金属都强，这时剪切发生在离界面不远的地方。同种金属相互滑动时会发生这种情况。

从这些简单的情况可以看出，这4种情况之间磨损量可能相差很大，可达1～100倍。前面已经指出，由于接触材料的界面常为断面积最小处，且有大量缺陷如空隙等存在，故强度较低，断裂很可能发生在界面上。根据实验统计的结果，材料副在滑动时在其切断的结点中能形成较大磨屑的不到结点总数的5%。图3.9是格林伍德和泰伯的磨屑形成过程模型的图解说明。他们用不同金属与塑料的两维模型说明微凸体及其剪切，在某些情况下，特别是当结点的平面和滑动方向不平行时，黏附磨屑将会形成。不平行性肯定是存在的，因为原始表面是粗糙的，或是在滑动过程中变粗糙的。另外，芬恩曾指出，若结点与滑动方向平行，则通过滑动使结点变得粗糙，使切屑容易形成。

考虑图3.9所示的磨屑形成模型，提出所有的断裂不发生在界面上而只发生在较软材料的内部，这是较软材料机械性能较低之故。其实并非如此，即较硬材料也会形成磨屑，只是在多数情况下较软材料形成较多的磨屑，且所形成的磨屑通常也较大。事实证明，在所有研究过的两种不同材料在滑动或法向应力接触下，较硬材料也形成磨屑，这是因为较硬材料内部也有局部的低硬度区。结点上也有较软材料的高硬度区，这样较硬材料就会形成磨屑，如图3.10所示。

2）黏着磨损的原子模型（汤姆林逊模型）

由于金属以及许多非金属材料滑动时亚表面的复杂性，想用一种简单的方程式来表达磨

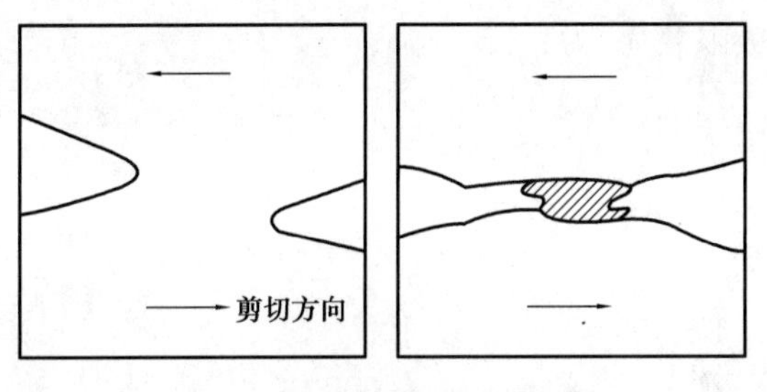

图 3.9　铜形成磨屑的两维模型

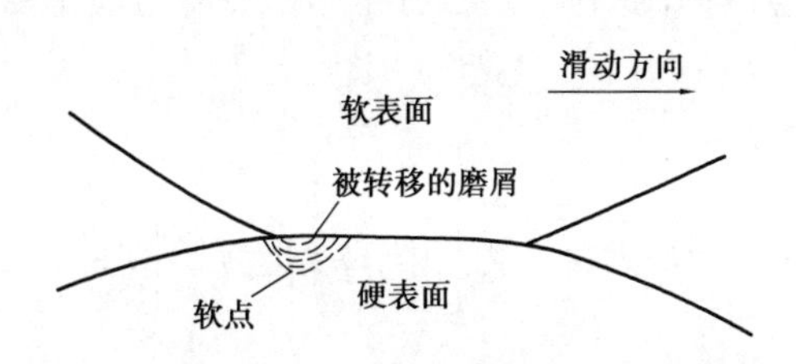

图 3.10　硬表面的低强度点磨屑形成示意图
（硬材料所生成的磨屑一般比结点小）

损是很难的。但人们常用某些工程变量如载荷、速度以及金属与非金属材料的某些机械性能，如屈服应力或硬度来表达磨损。硬度是容易测量的参量，并有助于设计时材料和工艺的选择。但是较硬材料不一定耐磨，原因是相互作用时亚表层发生了复杂的变化。亚表层的变化只能用 X 射线和电子衍射等方法研究。

汤姆林逊的黏着理论认为，当摩擦两表面十分接近时，原子将相互排斥，被排斥的原子将回到原来的位置上去，不仅如此，另一方面一个原子可能会从其平衡位置上被驱逐出来并黏着在另一表面的原子上，而不回到原来平衡的位置上去。这就是由于原子俘获而生的磨损。滑动时，金属磨损由于原子从表面上被俘获的理论可用俘获过程中形成原子配对的能量消耗推导出。若一原子对的能量消耗为 $E_c l$，E_c 为原子间内聚力，l 是一个自由状态原子所走的距离，则原子质量 m 为：

$$m = \rho\left(\frac{\pi}{6}\right) d^3$$

式中　ρ——被磨损金属的密度；

　　　d——原子直径。

若在滑动中有 n 个原子对发生相互作用的能量消耗值为 E，则有：

$$n = \frac{E}{E_c l}$$

在此过程中被磨损原子的总质量为：

$$M = nm$$

代入 n，求得：

$$M = \frac{Em}{E_e l} = \frac{E\rho\pi d^3}{6E_c l} \tag{3.1}$$

按摩擦原子理论

$$\mu = \frac{aE_c l}{dp}$$

式中　μ——摩擦系数；

　　　p——平均排斥力；

　　　a——原子分开概率。

将 $E_c l$ 代入式(3.1)，得

$$M = a\,\frac{\pi}{6}\cdot\frac{E\rho d^2}{p\mu} \tag{3.2}$$

金属的流动应力 σ_y 就是晶格点阵所能承受的极限载荷，为：

$$\sigma_y = \frac{p_{max}}{\frac{d^2}{4}}$$

p_{max} 为最大排斥力，由于 $p=p_{max}/2$，故

$$\sigma_y = \frac{8p}{d^2}$$

代入方程(3.2)中，得

$$M = a\frac{3\pi}{3}\cdot\frac{E\rho}{\mu}\cdot\frac{1}{\sigma_y} = a\frac{3\pi}{H}\cdot\frac{E\rho}{\mu} \tag{3.3}$$

式中　H——金属的硬度。

式(3.3)表明总磨损量和金属的硬度成反比，这是合理的，但错误的是磨损和摩擦系数成反比。

3)磨损定律

摩擦表面的黏着现象主要是界面上原子、分子结合力作用的结果。两块相互接触的固体之间相互作用的吸引力可分为两种，即短程力(如金属键、共价键、离子键等)和长程力(如范德瓦耳斯力)。任何摩擦副之间只要当它们的距离达到几纳米以下时，就可能产生范德瓦耳斯力作用；当距离小于1 nm时，各种类型的短程力也开始起作用。如两块纯净的黄金接触时，在界面之间形成的是金属键，界面处的强度与基体相似。净化的钨和金在高真空中接触再分开时，发现有相当数量的金黏着转移到钨的表面，这表明清洁表面原子间的作用力是非常强的。实际中，黏着现象也受许多宏观效应，如表层弹性力、表面的结构与特性、表面污染等的影响。

关于黏着磨损的机理和模型，荷姆、阿查德、鲍登、泰伯、伯克莱等人虽然都作过深入的研究，但至今对许多基本问题还没有得出统一的、准确的结论。这里主要介绍得到各国许多学者承认的阿查德黏着磨损模型及黏着磨损方程式。

阿查德用屈服应力 σ_y 与滑动距离来表达金属体积磨损 W_v 固体的表面是凹凸不平的，因此即使在十分微小的载荷下，表面至少有3点接触。当载荷逐渐加大，则接触点沿径向增大，同时邻近的接触点数也增多了。即载荷增大使真实接触面积 A_t 通过两个途径增大，一是原有接触点的接触面积增大；二是新的接触点增多。

阿查德模型示意图如图3.11所示，设球冠形的微凸体在载荷 L 的作用下压在另一相同的微凸体上。若上半球十分坚硬，而磨损只发生在无加工硬化的下半球体上。由于载荷 L 的作用，首先使上半球体压入下半球体中，并使下半球体发生塑性流动，如图3.11(a)、(b)所示。设接触区圆平面的直径为 $2a$。

当相对滑动至图3.11(c)时，真实接触面积达最大值 πa^2，若有几个同样的接触点，则真实接触面积为 $A_t=n\pi a^2$，可以认为每个接触面积的半径并不完全相等，但可把 a 当作平均半径。当然接触面也不完全是圆形的，但为了计算方便起见，作此假设。当为塑性接触时，塑性变形由真实接触面积支承 $L=n\pi a^2\sigma_y$，其中 L 为法向载荷，σ_y 为被磨损材料的屈服应力。随着滑动过程的进行，两表面发生如图3.11(d)、(e)所示的位移。只要滑动 $2a$ 的距离，在载荷的

作用下就会发生黏着点的形成、破坏,磨屑就会在微凸体上形成,并在较软材料上产生一定量的磨损。在此过程中,有 n 个微凸体被剪切,故单位滑动距离所剪切的微凸体 $n_0 = n/(2a)$。假定当微凸体被剪切时,形成半球形磨屑。

$$\Delta V = \frac{2\pi a^3}{3}$$

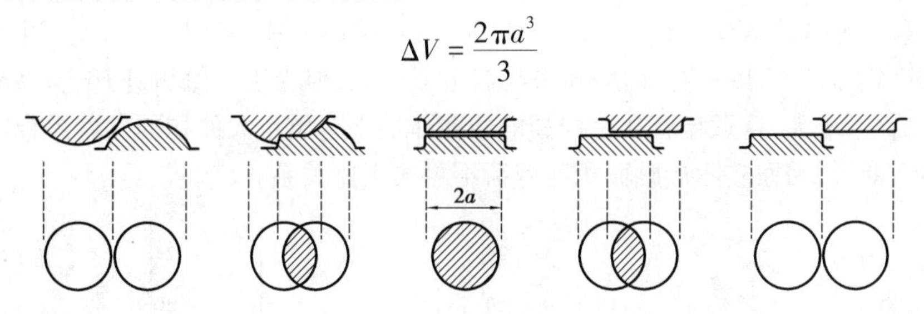

图 3.11　黏着磨损模型

由于在滑动过程中结点的形成和剪断是连续不断地随机分布在整个表观面积上,不能说下表面的微凸体在每次接触中总是永远损耗掉相当体积的材料;实际上微凸体经过长期接触后,要塑性变形和加工硬化,而黏附到上表面的材料也会反黏附到下表面上来。这时下表面不仅不损耗材料反而增加材料,故要计算有多少结点发生磨损是不可能的。只有假设有一概率为 K,K 为单位滑动距离的 n_0 个接点中发生磨损的概率。

设 S 为总滑动距离,W_v 为较软材料上的总体积磨损,则

$$W_v = K \times n_0 \times S \tag{3.4}$$

将 n_0 代入,得磨损率为:

$$\frac{W_v}{S} = K\frac{L}{3\sigma_y} \tag{3.5}$$

由于 σ_y 近似等于 $H/3$,H 为较软材料的硬度,可求得:

$$\frac{W_v}{S} = K\frac{L}{H} \tag{3.6}$$

这就是著名的阿查德方程。在此以前汤姆林逊和荷姆都有类似的公式。即体积磨损量和载荷与滑动距离成正比,与材料的硬度成反比。量纲为一常数 K 通常称为黏着磨损系数,一般情况下 $K \ll 1$,决定于摩擦条件和摩擦材料。

现在若设一圆锥形的微凸体与硬平面接触,剪切后圆锥体顶尖磨损,并留下一直径为 $2a$ 的表面,用上述同样的方法,微凸体的体积损失为$(\pi a^3 \tan\theta)/3$(θ 为圆锥体的基角),则磨损率为:

$$\frac{W_v}{S} = K\frac{L}{H}\cdot\frac{\tan\theta}{2} \tag{3.7}$$

由上可知,磨损率与材料的硬度成反比,而与法向载荷成正比。式(3.3)把磨损率与工程变量及零件材料的机械性能联系起来,这是阿查德方程的意义之处。

从阿查德磨损方程可以得出,磨损体积与滑动距离成正比,这已被实验所证实。然而,磨损率与法向载荷呈严格的正比关系却很少见。人们常常发现,随载荷增加,磨损率会从低到高发生突然变化。如图 3.12 所示,黄铜销与工具钢环磨损时,黄铜的磨损率服从式(3.6);然而铁素体不锈钢销在载荷小于 10 N 时,与式(3.6)很好吻合,但载荷超过 10 N 时,则磨损率迅速增加。

阿查德模型简单明了地阐明了载荷、材料硬度和滑动距离与磨损量之间的关系。其不足之处在于,这个模型忽略了摩擦副材料本身的某些特性,如材料的变形特性、加工硬化、摩擦热对材料的影响等。图3.13所示为钢制销钉在钢制圆盘上滑动摩擦时的结果。图中表示钢的黏着磨损系数与硬度比 K/H 和平均压力(载荷/表观接触面积)的变化曲线。当压力值小于 $H/3$ 时,磨损率小而且保持不变,即磨损率与载荷成正比,但当压力值超过 $H/3$ 时,K 值急剧增大,磨损量也急剧增大,这意味着在这样高的载荷作用下会发生大面积的黏着焊合。此时整个表面发生塑性变形,因而实际接触面积与载荷不再成正比关系。

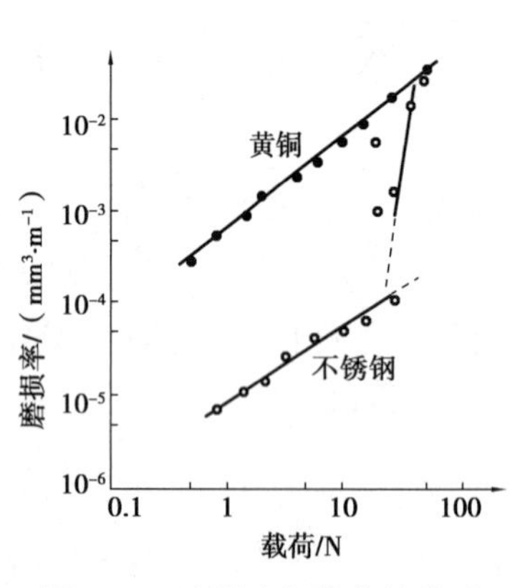

图3.12　磨损率与载荷的关系

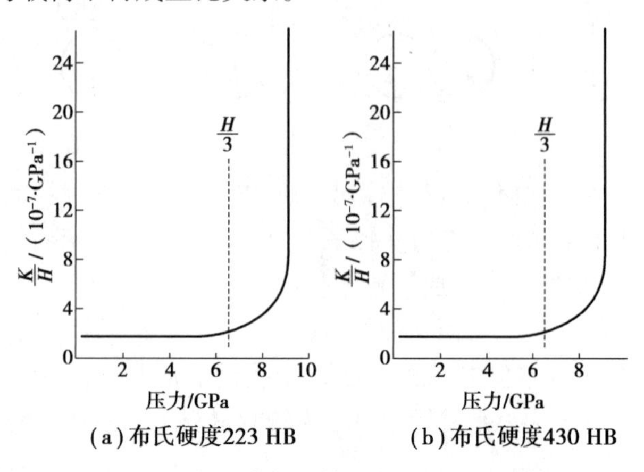

图3.13　钢的磨损系数随表观压力变化曲线

3.2.5　磨屑的形成过程

1)黏着与转移

黏着与转移的原因是固体原子间存在结合力,即所谓黏着分子理论。当软表面和硬表面摩擦时,软表面的材料将黏附到硬表面上。将表面净化的钨与金在高真空中接触后分开,发现有相当数量的金黏着转移到钨上。金与钨的晶体结构是不同的,但能发生转移,也不需加载荷,说明清洁表面原子间的作用力是十分强烈的,黏着和转移是完全可能的。

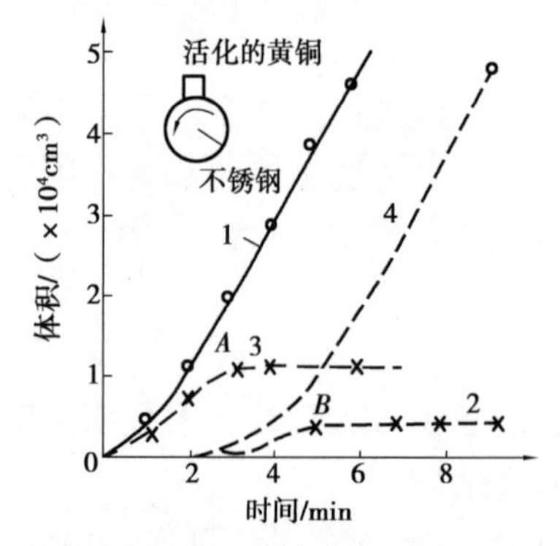

图3.14　黄铜销在不锈钢圆盘上滑动时金属转移和磨损与时间的关系

1,3—无润滑,载荷50 N;

2,4—十六烷润滑,载荷225 N,∘—磨损;

×—转移

克列其和兰卡斯特用一个经放射处理的黄铜销在无放射性的不锈钢盘上滑动,用盖格-弥勒计数管记录下金属的转移量和磨损量与时间的关系,如图3.14所示。

在滑动开始时,黄铜往不锈钢圆盘转移得很快,所以黄铜销的磨损率很大,但是当金属转移量到一定值时,就达到了稳定状态。在润滑条件下,即使在225 N的很高载荷时,由于润滑剂的作用,金属转移量小于无润滑情况下的磨损,但转移和磨损都与低载荷干摩擦状态下所观察到的情况相类似,而且体积磨损曲线的斜率相同,意味着磨损率相同。从曲线的特性可见,黄铜对钢的磨损有两个明显不同的阶段:黄铜转移沉积到钢表面和沉积层形成磨屑。当金属的转移量和磨屑形成量相等时，则达到了平衡状态。即当滑动开始时，短时期内的效果是黄铜销将一定量的黄铜涂覆在钢上，但没有自由磨屑出现，金属的转移量随时间的增长以指数关系增加，而且摩擦约持续2.75 min，有润滑时摩擦约持续5 min。然后接着为第二阶段，转移过去的黄铜层形成自由磨屑。继续滑动的结果，使屑片的尺寸增加，且涂覆上的黄铜的表面粗糙度也增加。金属是以不连续的颗粒状被转移过去的，而且界面上脱落的磨屑片的面积约为转移过去颗粒的8倍，而厚度约为6倍。

退火钢在淬火钢上滑动时，情况则与上述有些不同，转移过去的金属在脱落以前先被氧化，而且磨屑产生的速度决定于钢的氧化速度，这与铜对钢的摩擦不同。磨屑是由1 pm大小的颗粒聚成，且有氧化物存在。所以钢对钢的磨损机理比较复杂，可能是黏着磨损、氧化磨损与磨料磨损同时存在。

2)磨屑的形成过程

1979年，日本的研究人员加藤等对扫描电镜内对接点的形成、剪切和磨屑脱落过程进行了动态研究，观察微凸体的接触形状和它们的相互接触情况，提出了黏着磨损的两种模型。

(1)片状屑形成过程

图3.15所示为舌状屑形成过程模型。

①施加法向载荷，使两微凸体静止接触，如图3.15(a)所示。

②施加切向载荷，使黏着点的塑性变形增长到开始滑移的极端状态，塑性区为*ABC*，如图3.15(b)所示。

③在滑移线*AC*上发生滑移并形成舌状物*ABCB'*，形成新的接触面*AA'*，如图3.15(c)所示。

④由于剪切作用使滑移舌状物*ABCB'*弯曲，同时第二个塑性区*A'B'C'*也形成，接触面为*A'B'*，如图3.15(d)所示，而③、④几乎是同时发生的。

⑤滑移舌以同样方式连续形成，并在滑移舌状物的根部出现裂纹，如图3.15(e)所示。

⑥滑动发生的接触面上，形成转移的片状屑，如图3.15(f)所示。

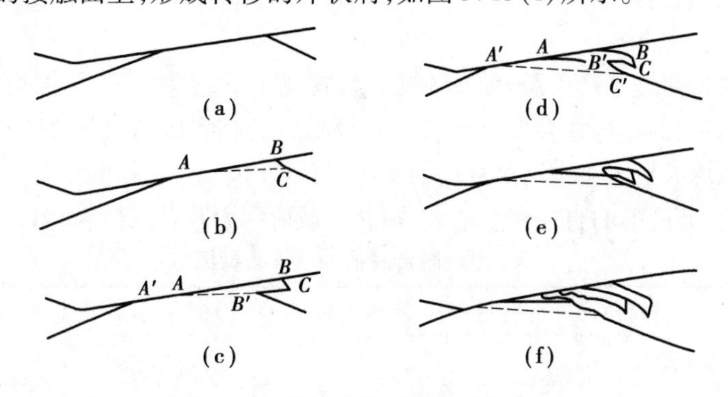

图3.15　滑移舌状屑形成过程模型

(2)黏着楔形屑形成过程

黏着楔形屑形成过程如图3.16所示。

①施加法向载荷，使两微凸体静止接触并形成黏着点，如图3.16(a)所示。

②施加切向载荷，使黏着点塑性变形到达极限程度，并产生塑性区*ABC*，如图3.16(b)所示。

③在 AD 部位产生裂纹,塑性变形使 BC 外凸,如图 3.16(c)所示。

④第二个塑性区 $DC'E$ 从裂纹尖端相应的接触面 DC' 以下形成,如图 3.16(d)所示。

⑤剪切裂纹扩展,微观滑动在第二滑移线上产生,并形成第三个塑性变形区,如图 3.16(e)所示。

⑥以同样方式继续下去,最后形成楔形黏着屑,如图 3.16(f)所示。

上述磨屑的形成过程都与塑性变形有关,只是具体磨屑的形成过程不同。黏着转移磨屑形成过程使磨屑断面上具有剪切波纹和剪切撕裂的特征。尖锐的微凸体比圆钝的微凸体更易形成这两种类型的磨屑。图 3.17 为扫描电镜下观察到的片状磨屑。

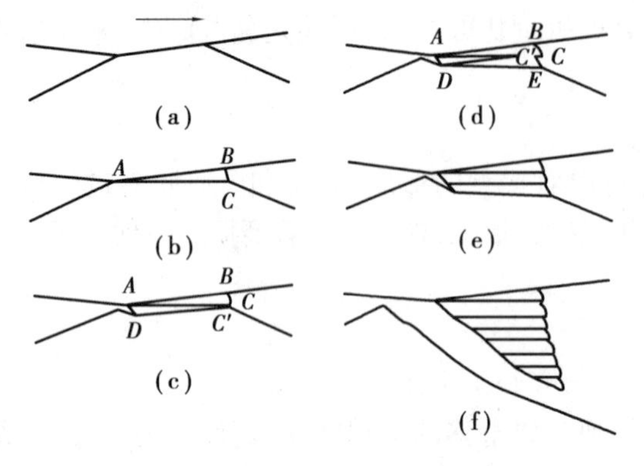

图 3.16　楔形黏着屑形成过程模型

图 3.17　铍青铜/工具钢在环-块磨损试验机上干摩擦形成的片状磨屑

3.2.6　影响黏着磨损的因素

影响黏着磨损的因素很多,也十分复杂,概括起来,主要包括两个方面:一是工作条件,包括载荷、滑动速度及环境因素(如真空度、湿度、温度及润滑条件等);二是材料因素,如材料的成分、组织及机械性能等。

1)载荷

苏联学者系统地研究了产生胶合的影响因素,发现在一定速度下,当表面压力达到一定临界值时,需经过一段时间的运行才会发生胶合。几种材料的临界载荷值如表 3.3 所示。观察另外几种材料的试件在球磨机实验中磨痕直径的变化,可以发现胶合磨损的情况。在一定速度下,当载荷达到一定值时,若磨痕的直径骤然增大,则这个载荷称为胶合载荷,如图 3.18 所示。

表 3.3　胶合磨损的临界载荷值

摩擦副材料	临界载荷	胶合发生时间/min
钢/青铜	170	1.5
钢/GCr15	180	2.0
钢/铸铁	367	0.5

但是根据实验发现各种材料的临界载荷值随滑动速度的增加而降低,这说明速度也对黏着磨损(特别是胶合)的发生起着重要作用。因此,仅载荷或者速度本身并不是直接导致黏着磨损的唯一原因,它们两者的影响是相关的。

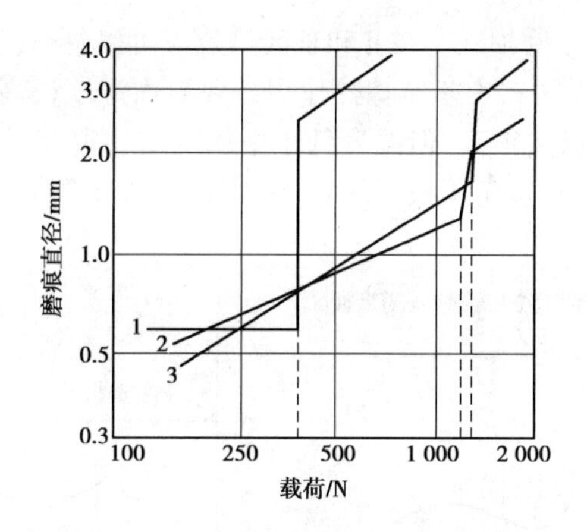

图3.18　四球试验机上的胶合载荷试验

1—钢-钢;2—钢-铸铁;3—钢-黄铜

2)滑动速度的影响

当载荷固定不变时,黏着磨损随着滑动速度的增加而降低,然后又出现第二个高峰,接着又下降,图3.19为含2%铅的60/40黄铜销与硬钢环在不同速度和温度下摩擦时的磨损率。

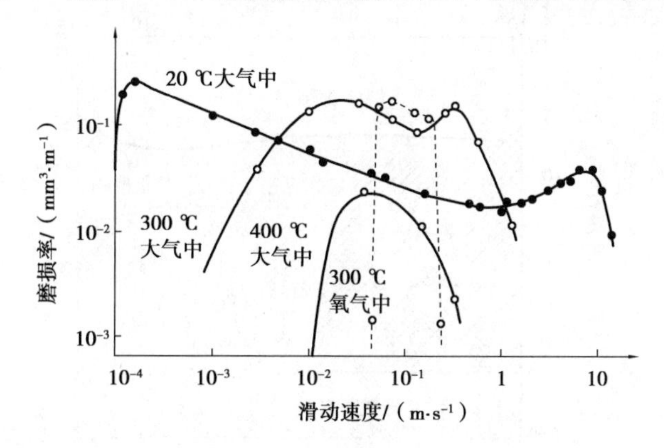

图3.19　含2%铅的60/40黄铜销与硬钢环在不同速度和温度下摩擦时的磨损率

随滑动速度的变化,磨损机理也发生变化。图3.20(a)为钢铁材料的磨损量随滑动速度的变化规律。当滑动速度很小时,磨损粉末是红褐色的氧化物(Fe_2O_3),磨损量很小,这种磨损是氧化磨损。当滑动速度增大时,则产生颗粒较大并呈金属色泽的磨粒,此时磨损量显著增大,这一阶段为黏着磨损。如果滑动速度继续增大,则又出现了氧化磨损,这时产生的磨损粉末是黑色的氧化物(Fe_3O_4),磨损量又减小。再进一步增加滑动速度,则又出现黏着磨损,磨损量又开始增加。图3.20(b)为钢铁材料磨损量随载荷的变化规律。当载荷低于临界载荷时产生氧化磨损,高于临界载荷时产生黏着磨损。

图3.21为利姆等人提出的空气中钢/钢无润滑滑动情况下的磨损模式图。图中的归化压力定义为法向载荷除以法向接触面积与较软材料的压入硬度,归化速度定义为滑动速度除以热流速度。上方横坐标是典型钢种的代表性滑动速度值,从磨损模式图可以大致预测出磨损程度。该磨损图分为8个区域,Ⅰ区为高接触压力区,表面发生大面积咬死,真实接触面积等于表观面积。Ⅱ区为高载荷和相对低的滑动速度区,在微凸体接触区处钢表面薄的氧化膜被

压破，金属磨屑形成，属严重磨损区。在Ⅱ和Ⅲ区热效应可以忽略，但在Ⅳ和Ⅴ区热效应则非常重要。在高载高速下（Ⅳ区），由于摩擦热作用导致界面温度很高，金属发生熔化。在低载高速下（Ⅴ区），界面温度仍然很高，但温度低于金属的熔化温度，因此金属表面发生氧化磨损，形成氧化磨屑。在滑动速度范围很窄的Ⅵ、Ⅶ和Ⅷ区，发生等温状态（低速时）和绝热状态（高速时）的转变。

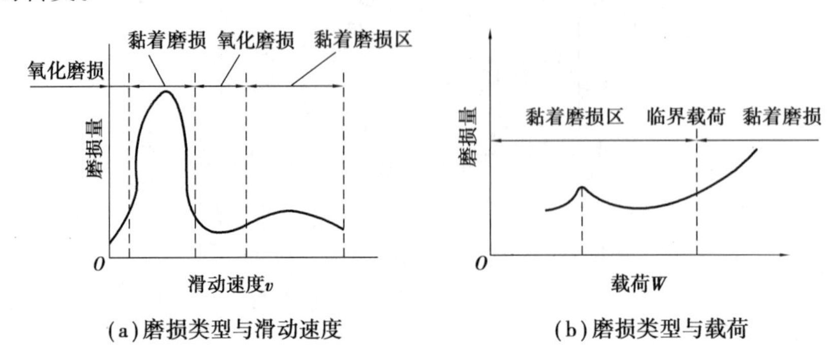

图 3.20　磨损量与滑动速度和载荷的关系曲线

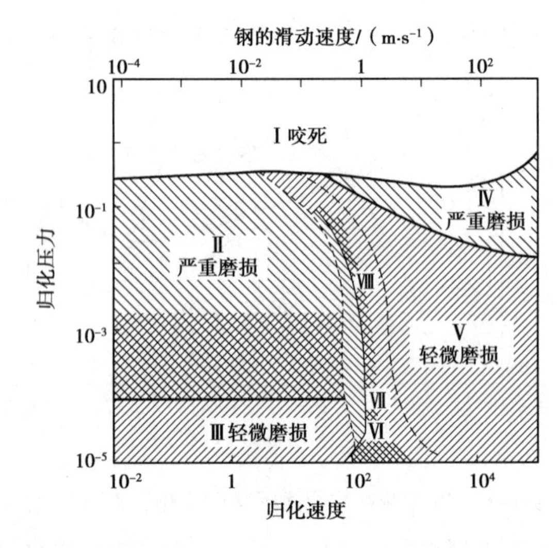

图 3.21　空气中钢/钢无润滑滑动情况下的磨损模式图

3）温度的影响

在摩擦过程中，特别在局部微区中所产生的热量，可使温度达到“闪温”。摩擦副表面局部微区（微凸）所产生的热量，可使瞬时温度达到很高，称为“闪温”。摩擦副表面温度的升高会引发一系列的化学变化和物理变化，会导致表面膜破坏，表面强烈氧化、相变、硬化和软化，甚至使表面微区熔化。但表面的瞬间局部温度是难以准确测定的，目前仍是摩擦学中的一个难题。

摩擦表面温度与载荷和滑动速度密切相关，实验表明：当滑动速度与载荷的乘积（即 pv 值）达到一定值时，就会产生黏着磨损，如果它们的乘积很大，则会发生严重的黏着磨损——胶合。载荷与速度的乘积与摩擦副间传递的功率成正比，也就是与摩擦损耗的功率成正比。pv 越大，摩擦副间耗散的能量就越多，因此摩擦过程中这些能量产生的热使表面温度升高。但是，产生的热量在接触表面间并不是均匀分布的，大部分的热量产生在表面接触点附近，形成了半球形的等温面。在表层内一定深度处各接触点的等温面将汇合成共同的等温面，如图3.22所示。

图3.23为温度沿表面深度方向的分布。由图可知，摩擦热产生于最外层的变形区，此时表面温度 θ_s 最高，又因热传导作用造成变形区出现非常大的温度梯度。变形区以内为基体温度 θ_v，变化平缓。

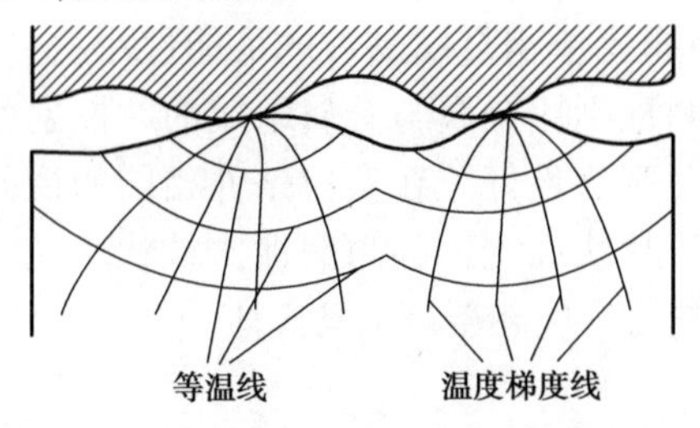

图3.22　表层内的等温与梯度线

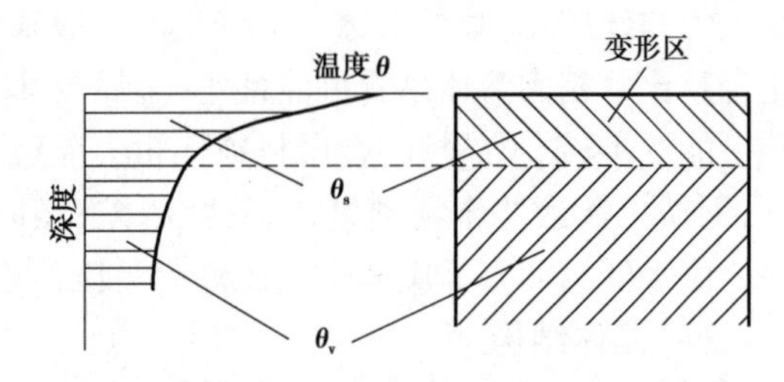

图3.23　温度沿表面深度的分布

摩擦表面的温度对磨损的影响主要有3个方面。

(1)使摩擦副材料的性能发生变化

金属的硬度通常与温度有关，温度越高则硬度越低，由于微凸体间发生黏着的可能性随着硬度的降低而增加，因此在无其他影响时，磨损率随着温度升高而增加。为了抵消这种影响，在高温下工作的零件材料（如高温轴承材料），必须选择热硬性高的，如工具钢和以钴、铬、铝为基的合金等。当工作温度超过850 ℃时，必须选用金属陶瓷及陶瓷，因为温度会引起摩擦表面材料强烈的形变及相变，使磨损率发生极大的变化。

(2)使表面形成化合物薄膜

大多数金属表面在空气中都覆有一层氧化膜，氧化膜的形式和厚度都取决于温度，克拉盖尔斯基用工业纯铁在不同速度下（即在不同界面温度下）相互摩擦的实验表明，低速度下磨损率很高，表面黏着很多，但在较高速度下，磨损率几乎降低了3个数量级，而且表面变得光滑发亮。据估计，在转变速度下，界面温度约为1 000 ℃，故滑动速度对磨损率的变化，往往可用温度的变化来解释。

(3)使润滑剂的性能改变

如用油润滑的零件，温度升高后，润滑油的黏度下降，先氧化而后分解，超过一定极限后，润滑油将失去润滑作用。因此在高温下必须使用其他润滑剂，如石墨、二硫化钼等固体润滑剂。油的氧化和分解会使其润滑性能发生不可逆的变化。一般来说，在边界润滑状态下，固体润滑剂能起最大的保护作用。

4)材料性能的影响

(1)摩擦副的互溶性

摩擦副的互溶性大时，当微凸体相互作用时，特别在真空中容易形成强固的黏着结点，使黏着倾向增大。相同金属或相同晶格类型、晶格常数、电子密度和电化学性能相近的金属则互溶性大，容易黏着。

(2)材料的塑性和脆性

脆性材料比塑性材料抗黏着能力强。塑性材料形成的黏着结点的破坏以塑性流动为主，黏着结点的断裂常发生在离表面较深处，磨损下来的颗粒较大，有时长达3 mm，深达0.2 mm。而脆性材料的黏着结点的破坏主要是剥落，损伤深度较浅，同时磨屑容易脱落，不堆积在表面上。根据强度理论可知,脆性材料的破坏由正应力引起,而塑性材料的破坏取决于切应力。而表面接触中的最大正应力作用在表面,最大切应力却出现在离表面一定深度之处,所以材料塑性越高,黏着磨损越严重。

(3)金相组织

金属材料的耐磨性与其本身的组织结构有密切的关系,材料在摩擦过程中由于摩擦热和摩擦力的作用,显微组织会发生变化。一般来说,多相金属比单相金属黏着的可能性小;金属化合物比单相固溶体黏着可能性小;金属与非金属组成摩擦副比金属与金属组成的摩擦副黏着可能性小;细小晶粒的金属材料比粗大晶粒的金属材料耐磨性好。在实验条件相同的情况下,钢铁中铁素体含量越多,耐磨性越差;相同含碳量时,片状珠光体的耐磨性比粒状珠光体好。由于低温回火马氏体组织比淬火马氏体稳定,因而其耐磨性高于淬火马氏体。

(4)晶体结构

一般条件下,密排六方晶体结构的金属比面心立方的金属抗黏着性能好,这是由于面心立方金属的滑移系数大于密排六方金属。在密排六方晶体结构中,元素的 c/a 比值越大,则抗黏着性能越好。图 3.24 为钴在不同温度下的摩擦系数和磨损率的变化情况。从该图可知,在 417 ℃以下,钴为密排六方晶体结构,而到 417 ℃时转变为面心立方晶体结构。由于晶体结构的变化,摩擦系数和磨损率都发生了很大的变化,400 ℃以上的磨损率比 300 ℃以下的磨损率约大 100 倍。

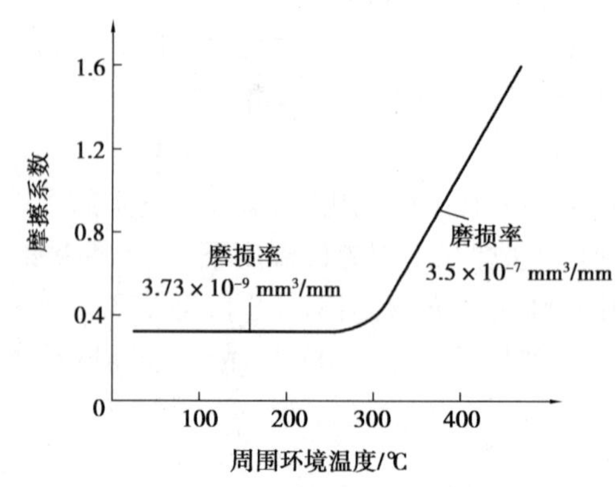

图 3.24　钴在不同温度下的摩擦系数和磨损率

5)表面粗糙度的影响

一般来说,降低摩擦副的表面粗糙度会提高抗黏着磨损能力,但表面过分光洁可使润滑油在表面的储存能力下降,反而容易造成黏着磨损。

6)表面膜的影响

实际零件表面在空气中都会有表面覆盖膜,表面覆盖膜虽不能防止两摩擦副金属的直接接触,却能减少黏着结点的生长,减少摩擦。在真空中,由于黏着结点的生长并没有受到表面膜存在的阻碍,因此焊合容易发生,导致摩擦系数增大。

(1)氧化膜

大多数金属表面都覆有一层氧化膜,经切削加工后表面洁净的金属在空气中会立即覆盖上一层单分子层的氧化膜。在载荷很小时,氧化膜并不防止金属的接触,并且在切向力作用下容易破裂。在轻载荷下,氧化膜能减轻摩擦和磨损,这时接触电阻高,磨屑很细,且主要由金属氧化物组成,而摩擦表面被磨得很光,即轻微磨损。当载荷增大后,氧化膜阻碍作用减小,这时接触电阻降低,微凸体黏着结点增加,焊合面积增大,磨屑为较粗的金属粒,磨损表面粗糙,为严重磨损。氧化膜的性质也很重要,脆而硬的氧化膜如氧化铝,通常不能防止严重磨损,反而使磨损增加,而坚韧并能牢固黏附在基体上的氧化膜,则有利于减少摩擦和磨损。

(2)边界润滑膜

所谓边界润滑是指两摩擦面间存在着油膜,但油膜的厚度不足以防止微凸体穿过油膜发生接触。有些机械虽然设计在完全流体动力润滑状态下工作,但由于油膜厚度为速度的函数,故在启动和制动时也会出现边界润滑状态。边界润滑膜与氧化膜的作用有类似之处,既能限制金属微凸体的接触,抑制接点生长,同时也能限制腐蚀性气体或液体的侵蚀,以减轻磨损。但边界润滑剂的主要效果不是由于其流变性能而是由于其化学性能。脂肪酸比链长的酒精润滑剂更佳,是活性较强的脂肪酸化学能吸附在金属上的缘故,1 ~2 个分子层就能使磨损减小 1/10,所以若金属表面能形成一层金属皂,就可使边界润滑效果提高。

(3)固体润滑膜

应用树脂一类的黏结剂将固体润滑剂(石墨、二硫化钼、一氧化铝等)黏着在摩擦表面,或将它们制成粉末状放在承受轻载的两表面之间,这时它们就能黏附在金属表面,最后形成一层覆盖层并黏附得很牢。固体润滑剂还可制成粉末渗入液体润滑剂中,从而使摩擦表面最后获得一固体润滑膜。固体润滑膜能减少金属接触点的数量,并抑制黏着结点的生长。特别在高真空和高温中,因为常规润滑剂失效,所以必须用固体润滑剂来减轻磨损。

摩擦表面的滑动速度和载荷,以及表面温度与黏着磨损是直接相关的,因此选用稳定性适当的零件材料、润滑材料和润滑方法,加强冷却措施,是防止产生黏着磨损的有效方法。

3.3　磨粒磨损

3.3.1　磨粒磨损的定义与分类

1)磨粒磨损的定义

所谓的磨粒磨损是因物料或硬凸起物与材料表面相互作用使材料产生迁移的一种现象或过程。物料或硬凸起物通常指非金属,如岩石、矿物等,也可以是金属,如轴与轴承之间的磨屑。同时,物料或凸起物尺寸的变化范围也是很大的,它可以是几个微米的小磨屑,也可以是几十千克甚至几吨的岩石或矿物。磨粒磨损在许多资料上也称磨料磨损,但其实磨料与磨粒是两个概念。磨料是指参加磨损行为的所有介质,如空气、水、油、酸、碱、盐和各种磨粒,即硬颗粒或硬凸出物等。而磨粒则指参加磨损行为的具有一定几何形状的硬质颗粒或硬的凸出物,如非金属的砂石和金属的微屑和金属化合物,以及非金属化合物颗粒。从而可以看出,磨料磨损应计入磨料的物理化学作用及机械作用的综合结果,而磨粒磨损只计入颗粒机械作用。所以磨料磨损是包括磨粒在内的与外界介质有关的磨损,磨粒只是磨料的一组元;磨粒磨损是磨粒本身性质而与外界无关的机械作用结果。

磨粒磨损在大多数机械磨损中都能遇到,特别是矿山机械、农业机械、工程机械及铸造机械等,如破碎机、挖掘机、拖拉机、采煤机、运输机、砂浆泵等,它们有些是与泥沙、岩石、矿物直接接触，也有些是硬的砂粒或尘土落入两接触表面之间，造成各种不同程度和类型的磨粒磨损，机器和设备的失效分析表明，其中80%是由于磨损引起的，因此提高机器的耐磨性是延长机器寿命的有效措施。如果不能建立在工程中使用的磨损和耐磨性计算方法，就不可能很好地使相互摩擦的机器零件间的耐磨寿命得到延长。目前对于磨损的计算只有简单的数学模型，这种模型离正确的计算方程还很远，因为实际的磨损条件是十分复杂的，我们必须考虑两个磨损表面材料的物理化学性能和机械性能、摩擦工况、介质、磨粒条件，以及摩擦件的结构特点等。

2)磨粒磨损的分类

由于磨损的复杂性使得磨粒磨损的分类也比较困难，目前分类方法比较繁多，归纳起来有以下几种。

(1)工业中常见的磨粒磨损的分类

①高应力碾碎式磨粒磨损(图3.25)。磨粒在两个工作表面间互相挤压和摩擦，磨粒被不断破碎成越来越小的颗粒。也就是说，当磨粒与机械零件表面材料之间接触压应力大于磨粒的压溃强度时，有些金属材料表面被拉伤，塑性材料产生塑性变形或疲劳，而后由于疲劳产生破坏，脆性材料则发生碎裂或断裂，如滚式破碎机中的滚轮、球磨机的磨球和衬板等。

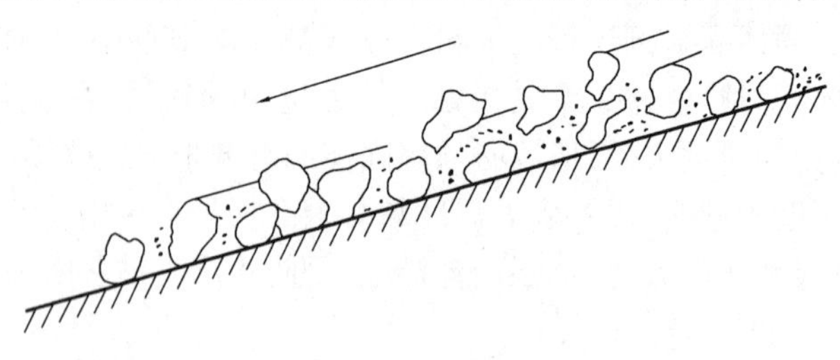

图3.25　高应力碾碎式磨粒磨损示意图

②低应力划伤式磨粒磨损。松散磨粒自由地在表面上滑动，磨粒本身不产生破碎，也就是说，磨粒与材料表面之间的作用力不超过磨粒的压溃强度，材料表面被轻微划伤(图3.26)。这种磨损多发生在物料的输送过程中，如溜槽、漏斗、料仓、犁铧、料车等。

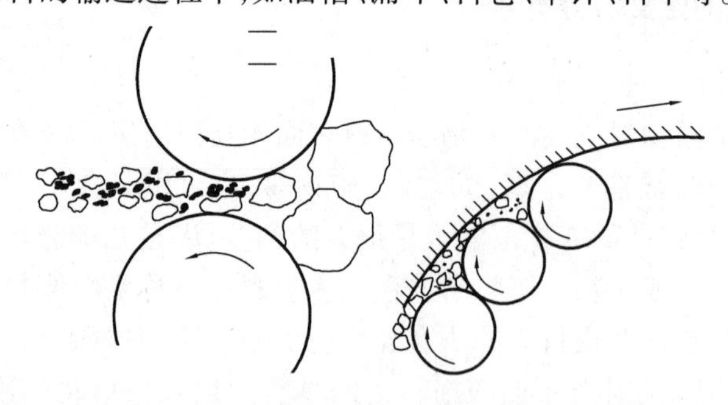

图3.26　低应力划伤式磨粒磨损示意图

③冲击磨粒磨损。磨粒(一般为块状物料)垂直或以一定的倾角落在材料的表面，工作时局部应力很高，如破碎机中的滑槽或锤头(图3.27)。

④凿削型磨粒磨损。磨粒对材料表面有高应力冲击式运动，从材料表面撕下较大的颗粒或碎块，从而使被磨材料表面产生较深的犁沟或深坑(图3.28)，如挖掘机斗齿，颚式破碎机中的齿板、辗辊等。

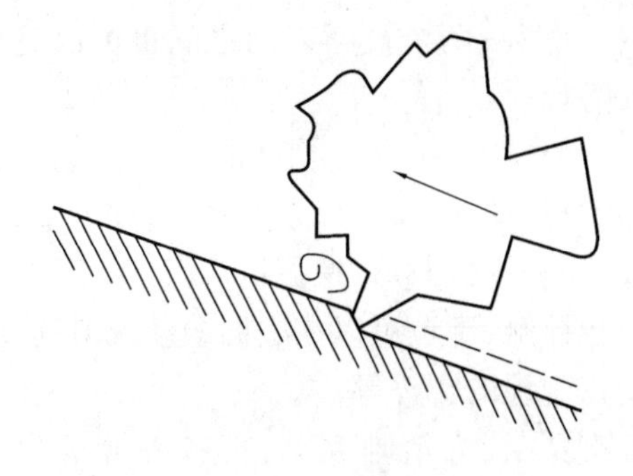

图3.27　冲击磨粒磨损示意图

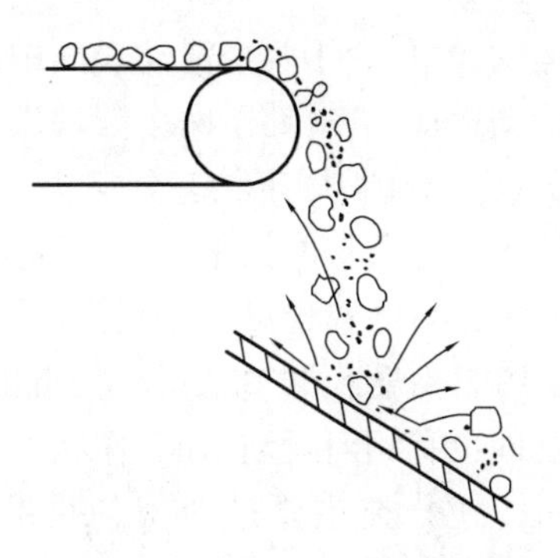

图3.28　凿削型磨粒磨损示意图

⑤腐蚀磨粒磨损。与环境条件发生化学反应或电化学反应相比,磨损是材料损失的主要原因,如含硫或有水介质环境的煤矿设备、选矿及化工机械等。

⑥冲蚀磨粒磨损(图3.29)。气体或液体带着磨粒冲刷零件表面,在材料表面造成损耗,如泵中的壳体、叶轮和衬套。

⑦气蚀-冲蚀磨损(图3.30)。固体与液体做相对运动,在气泡破裂区产生高压或高温引起磨损,并伴有流体与磨粒的冲蚀作用,如泥浆泵中的零件。

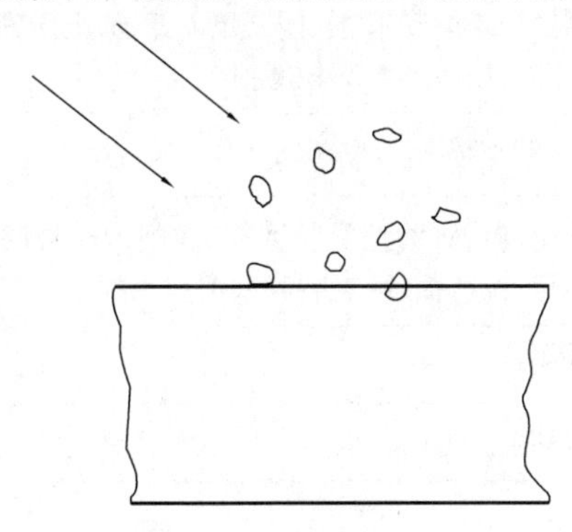

图3.29　冲蚀磨粒磨损示意图

图3.30　气蚀-冲蚀磨损示意图

(2)以工作环境分类

①一般磨粒磨损是指正常条件下的磨粒磨损。

②腐蚀磨粒磨损是指在腐蚀介质中发生的磨粒磨损。

③热磨粒磨损是指高温下的磨粒磨损,高温和氧化加速了磨损,如燃烧炉中的炉篦、沸腾炉中的管道等。

(3)以磨粒的干、湿状态分类

①干磨粒磨损使用的磨粒是干的。

②湿磨粒磨损使用的磨粒是湿的。

(4)以磨粒和材料的相对硬度分类

①硬磨粒磨损是指金属硬度 H_m/磨粒硬度 $H_a<0.8$,如一般钢材受石英砂的磨损。

②软磨粒磨损是指金属硬度 H_m/磨粒硬度 $H_a>0.8$,如煤或其他软矿石对钢零件的磨损。

(5)以磨损接触物体表面分类

①两体磨粒磨损是指硬质颗粒直接作用于被磨材料的表面上,如犁铧、水轮机叶片。

②三体磨粒磨损是指硬质颗粒处于两个被磨表面之间,两个被磨表面之间可以是相对滑

动运动,磨粒处于两个滑动表面中,如活塞与气缸间落入磨粒;两个被磨表面之间也可以是相对滚动运动,磨粒处于两个滚动表面中,如齿轮间落入磨粒。

(6)以磨粒固定状态分类

①固定磨粒磨损是指磨粒固定,并和零件表面做相对滑动,磨粒可以是小颗粒,如砂纸、砂轮、锉刀等;磨粒也可以是很大的整体,如岩石、矿物等,如采煤机截齿、挖掘机斗齿。

②自由磨粒磨损是指磨粒自由松散地与零件表面相接触,磨粒可以在表面滚动或滑动,磨粒之间也有相对运动,如工作状态中的输送机溜槽、正在犁地的犁铧等。

上述分类主要是介绍各种磨粒磨损的定义,比较复杂,为清晰起见,把各种分类列于表3.4中。

表3.4　根据不同系统特性磨粒磨损的分类

系统特性	磨粒磨损类型
使用条件	低应力磨粒磨损、高应力磨粒磨损、冲击磨粒磨损、气蚀-冲蚀磨粒磨损、腐蚀磨粒磨损
接触条件	两体磨粒磨损、三体磨粒磨损
磨粒条件	滑动磨粒磨损、滚动磨粒磨损、开式磨粒磨损、闭式磨粒磨损、固定颗粒磨粒磨损、半固定颗粒磨粒磨损、松散颗粒磨粒磨损
磨粒和材料的相对运动	软磨粒磨损 $H_a/H_m>0.8$、硬磨粒磨损 $H_a/H_m<0.8$
表面损坏形貌	擦伤型磨粒磨损、刮伤型磨粒磨损、研磨型磨粒磨损、凿削型磨粒磨损、犁皱型磨粒磨损、微观切削型磨粒磨损、微观裂纹型磨粒磨损
磨粒磨损机理	塑性变形磨粒磨损、断裂磨粒磨损
特殊环境	普通型磨粒磨损、腐蚀磨粒磨损、高温磨粒磨损

3.3.2　磨粒磨损的简化模型

拉宾诺维奇在其《材料的摩擦与磨损》一书中提出简单的磨粒磨损模型,现以两体磨粒磨损为例推导以切削作用为主的磨粒磨损的定量计算公式。

如图3.31所示,假定单颗圆锥形磨粒在载荷力 F 的作用下,压入较软的材料中并在切向力的作用下,在表面滑动了一定的距离,犁出了一条沟槽,则

$$F = H \times \pi r^2 \tag{3.8}$$

式中　F——法向载荷;

H——被磨材料的硬度;

$2r$——压痕直径。

设 θ 为凸出部分的圆锥面与软材料表面间的夹角,当摩擦副相对滑动了 l 长的距离时,沟槽的截面积为:

$$A_g = \frac{1}{2} \times 2r \times t = r^2 \times \tan\theta \tag{3.9}$$

式中　t——沟槽深度。

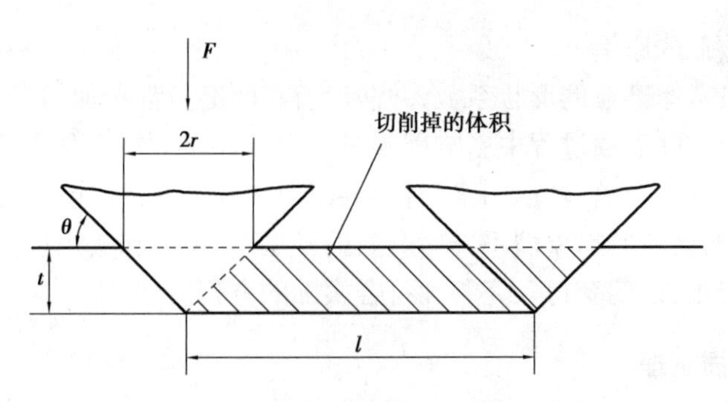

图3.31　磨粒磨损示意图

将式(3.8)代入式(3.9),得

$$A_g = \frac{F \times \tan\theta}{\pi H} \tag{3.10}$$

由此可知被迁移的磨沟槽体积,即磨损量为:

$$\Delta W_v = A_g \times l = \frac{F \times l \times \tan\theta}{\pi H} \tag{3.11}$$

单位滑动距离材料的迁移为:

$$\frac{\Delta W_v}{l} = A_g = K_1(2r)^2 = K_2 t^2 \tag{3.12}$$

式中　K_1、K_2——磨粒的形状系数。

式(3.12)表明单位滑动距离体积迁移与磨沟的宽度平方或深度平方成正比。假如把所有作用的磨粒加起来,则可得磨损率:

$$W = \frac{W_v}{l} = \frac{\overline{\tan\theta}}{\pi} \times \frac{F}{H} \tag{3.13}$$

式(3.13)即简化的磨粒磨损方程式,式中 $\overline{\tan\theta}$ 为各个圆锥形磨粒 $\tan\theta$ 的平均值。

式(3.13)与阿查德的磨损方程式基本相同,即磨损量与载荷及滑动距离成正比,而与被磨损材料的硬度成反比。但式(3.13)的推导只是基于简化模型,并未考虑微凸体的高度、形状分布和微凸体前方的材料堆积等因素。

根据阿查德方程

$$\frac{W_v}{S} = K\frac{F}{H}$$

可以得到一种适用于较大范围的磨粒磨损的情况,其表达式为:

$$W_v = K_{abr}\frac{F}{H} \tag{3.14}$$

式中,K_{abr} 是磨粒磨损系数,它包括微凸体的几何形状和给定微凸体的剪切概率,因此表面粗糙度对磨损体积的影响十分明显。

两体磨粒磨损的 K_{abr} 值为 $2\times10^{-1} \sim 2\times10^{-2}$,而三体磨粒磨损的 K_{abr} 通值为 $10^{-2} \sim 10^{-3}$,比两体磨粒磨损的数量级要小。由于两种磨损方式所用的磨粒是一样的,因此可能在三体磨粒磨损时,磨粒大约90%的时间处于滚动状态,其余时间产生滑动并磨削表面,故磨损较小。这也可以解释拉宾诺维奇测得的三体磨粒磨损的摩擦系数为0.25,而两体磨粒磨损为0.60,即三体比两体摩擦系数低的原因。

磨粒磨损方程只考虑磨粒的形状系数,并假设所有的磨粒都参加切削,同时犁出的沟槽体积全部成为磨屑。而实际磨损过程中影响因素是十分复杂的,外部的载荷大小、施力情况、磨粒的硬度、相对运动情况、迎角、环境因素、材料的组织和性能等都对磨损有较大的影响。虽然如此,但是这个简化的磨粒磨损模型不失为有效的模型,有理论和实用价值。目前许多研究者都在此基础上加以修正,以期获得较完善和符合实际的方程。

3.3.3 磨粒磨损机理

磨粒磨损机理是指零件表面材料和磨粒发生摩擦接触后材料的磨损过程,亦即材料的磨屑是如何从表面产生和脱落下来的。零件磨损的机理,目前可对磨损表面、亚表面及磨屑进行光学显微镜、电子显微镜、离子显微镜、X 射线衍射仪、能谱、波谱仪以及铁谱仪、光谱仪等综合分析,以及把磨损试验放到电镜中进行直接观察与录像,用单颗粒试验机进行试验等方法,来寻求揭示磨粒磨损的机理。现将目前提出的关于磨粒磨损机理综合论述如下。

1)微观切削磨损机理

磨粒在与材料表面发生作用产生的力,可以分为法向和切向两个方向上的分力。法向力垂直于材料表面使磨粒压入表面,由于磨粒有一定的硬度,在材料表面上形成压痕。切向力使磨粒在材料表面向前推进,当磨粒的形状、角度与运动方向适当时,磨粒就像刀具一样,对材料表面进行切削,从而形成切屑。但是这种切削的宽度和深度都很小,由它产生的切屑也很小,在显微镜下观察这些切屑形貌,与机床上的切屑形貌很相似,即切屑的一面较光滑,而另一面有滑动的台阶,有些还产生了卷曲的现象,由此称为微观切削,如图 3.32 所示。

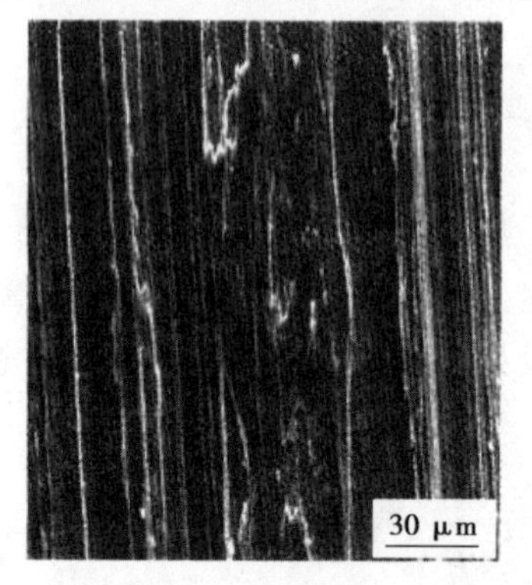

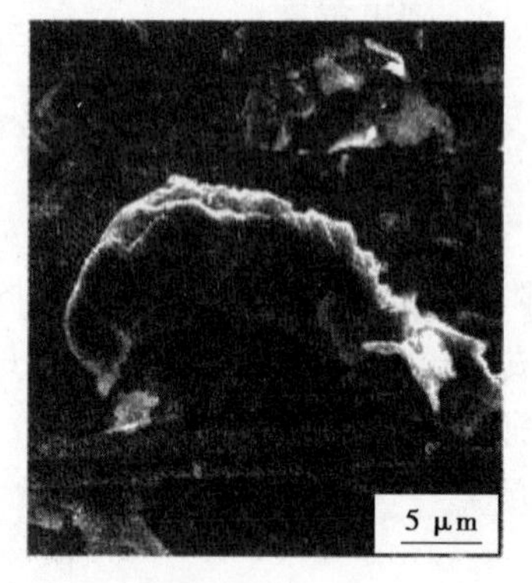

图 3.32　微观切削与产生的磨屑

微观切削磨损在生产和实验中是经常遇到的一种磨损,尤其是在固定磨粒磨损和凿岩式磨损中,微观切削磨损是材料表面磨损的主要机理。苏联学者赫鲁晓夫当年曾在固定磨粒的 X-4B 实验机上进行过多次实验,并指出微观切削在整个磨损中起主要作用,同时估算出了它的概率。尽管在某种条件下切削磨损量占总磨损量的比例较大,但磨粒在和材料表面接触时发生切削的概率并不是很大。当磨粒或材料表面具备下列条件之一时发生微观切削磨损的概率就更小了。

①磨粒和被磨材料表面间夹角太小时。

②在犁沟的过程中磨粒的棱角而不是棱边对着运动方向时。

③磨粒形状较圆钝时。

④冲击角较大的冲蚀磨损以及球磨机磨球对磨粒进行冲击时，经常在表面形成压坑和在压坑四周被挤压出唇状凸缘，只能使表面发生塑性变形而切削的分量很少。

⑤表面材料塑性很高时，磨粒在表面划过后，往往只是犁出一条沟来，而把材料推向两边或前面，不能切削出切屑来，尤其是松散的自由磨粒，可能有90%以上的磨粒发生滚动接触，这样只能是压出印痕来，而形成犁沟的概率只有10%，这样切削的可能性就更小了。

2）多次塑变导致断裂的磨损机理

表面材料塑性很高，当磨粒滑过表面时，除了切削外，大部分磨粒只把材料推向两边或前面，虽然这些材料的塑性变形很大，但它仍没有脱离母体，在沟底及沟槽附近的材料也同样受到较大的塑性变形。产生犁沟时可能有一部分材料被切削而形成切屑，而另一部分则未被切削，在塑变后被推向两边或前面。如果犁沟时全部的体积被推向两边和前面而不产生任何切屑时，就称为犁皱。犁沟或犁皱产生后堆积在两边和前面的材料以及沟槽中的材料，当再次受到磨粒的作用时，可能会出现两种情况：一种可能是把堆积起的材料重新压平，另一种可能是使已变形的沟底材料遭到再一次的犁皱变形。这个过程的多次重复进行，就会导致材料的加工硬化或其他强化作用，最终剥落而成为磨屑。

在磨粒磨损过程中，材料表面的塑性变形主要表现为犁削、堆积和切削，如图3.33所示，由于较软材料产生塑性流动，犁沟在表面形成一系列沟槽，当表面产生犁沟时，材料从沟槽向侧边转移，但并未剥离表面，如图3.33(a)所示。但当表面受到多次犁削作用后，低周疲劳作用使材料剥离表面。一旦表面形成犁沟，无论是否产生磨粒，沿沟槽侧边都形成脊缘，经过反复加载和卸载，这些脊缘被滑动的微凸体碾平并最终断裂，如图3.34所示。这种犁削过程同时引起亚表面的塑性变形，形成表面和亚表面裂纹形核点，后续的加载和卸载过程导致这些裂纹在表层内扩展并与邻近裂纹相连，最终扩展到表面形成磨损碎片。

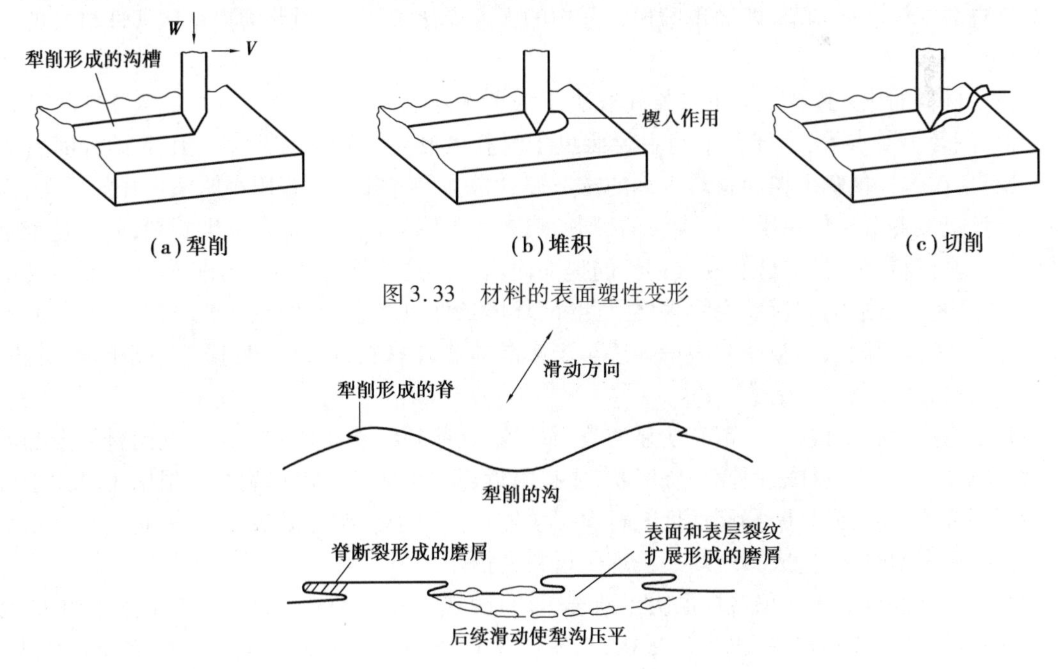

图3.33　材料的表面塑性变形

图3.34　犁沟的形成、碾压和表面裂纹扩展产生磨粒示意图

由于多次塑变而导致断裂的磨粒磨损在球磨机的磨球和衬板、颚式破碎机的齿板以及圆锥式破碎机的壁上所造成的磨损更具典型性。当磨粒的硬度超过零件表面材料的硬度时，在冲击力的作用下，磨粒压入材料表面，使材料发生塑性流动，形成凹坑及其周围的凸缘。当随后的磨粒再次压入凹坑及其周围的凸缘时，又重复发生塑性流动，如此多次地进行塑性变形和冷加工硬化，最终使材料产生脆性剥落而成为切屑。

通过进一步地分析磨损机理可知，材料多次塑性变形造成的磨损是因为：多次变形使材料产生残余畸变，虽然材料分子间的联系未被破坏，但其形状无法再被改变且不能再吸收能量，在这种极限状态下，外部力量造成的塑性变形就会导致磨损。

3）疲劳磨损机理

曾有人指出："疲劳磨损机理在一般磨粒磨损中起主导作用。"这里的疲劳一词是指由重复作用应力循环引起的一种特殊破坏形式，这种应力循环中的应力幅不超过材料的弹性极限。疲劳磨损是因表层微观组织受周期载荷作用产生的。

标准的疲劳过程常有发展的潜伏期，在潜伏期内表面不出现任何破坏层，材料外部发生硬化而不会发生微观破坏。当进一步发展时，在合金表层出现硬化的滑移塑变层和裂纹。

近年来研究发现在超过弹性极限的周期性重复应力作用下有破坏现象，这种现象被称为低应力疲劳，因而扩大了疲劳的含义。尽管如此，当前对疲劳磨损的机理依然存在着不同的观点，比如，疲劳磨损与剥层理论以及多次塑变理论之间存在的共性和差异；它们的破坏形式及条件等都在不断讨论之中。

4）微观断裂磨损机理

由于磨损时磨粒压入材料表面具有静水压的应力状态，因此大多数材料都会发生塑性变形。但是有些材料，特别是脆性材料，断裂机理可能占主导地位。当断裂发生时，压痕四周外围的材料都要被磨损剥落，即简单磨损方程中的 K_{abr} 要比 1 还大，因此磨损量比塑性材料的磨损量大。

脆性材料的压入断裂，其外部条件取决于载荷大小、压头形状及尺寸（即磨粒形状及尺寸）和周围环境等参量，内部参量则主要取决于材料的硬度与断裂韧性等。压入试验时若为球形压头，在弹性接触下伸向材料内部的锥形裂纹常会形成断裂。若用小曲率半径的压头，常会变成弹塑性变形。如果压头是尖锐的，则压痕未达到临界尺寸前不会发生断裂，而且这个临界尺寸随着材料硬度的降低和断裂韧性的提高而增大。这些静态压痕现象同样适合于滑动情况，但产生断裂压痕的载荷要变得多些。此外，环境条件也有影响，像在玻璃磨粒作用下，假如有水和酸性溶液存在，则会使断裂增强。至于多晶体脆性材料，即使压痕尺寸小于临界尺寸，也会发生次表面断裂。

对于脆性材料来说，压痕带有明显的表面裂纹，这些裂纹从压痕的四角出发向材料内部伸展，裂纹平面垂直于试样表面而呈辐射状，压痕附近还有横向的无出口裂纹。根据压痕大小可粗略计算裂纹长度，而且断裂韧性低的材料裂纹较长。对于磨粒磨损来说，当横向裂纹互相交叉或扩散到表面时，会造成微观断裂机理的材料磨损。

实际上脆性材料的体积磨损取决于断裂机理、微观切削机理和塑性变形机理所产生的磨损。这种有关材料磨损各种机理的平衡，取决于平均压痕深度和产生断裂的临界压痕深度。尖锐的压头在压入材料表面时，弹塑性压入深度随着载荷增大而逐渐增加。在达到临界压痕深度时，因压入而产生的拉伸应力使裂纹萌生并围绕压入的塑性区扩展。在滑动时，产生裂纹的临界压入深度比静态压入时要浅得多,这大概是由滑动作用而使拉伸应力提高所致。劳恩等人提出临界压痕深度与断裂韧性和硬度之间的关系为:

$$t \propto \left(\frac{K_c}{H}\right)^2 \tag{3.15}$$

式中　t——临界压痕深度;

K_c——材料的断裂韧性;

H——材料的硬度。

莫尔的试验证明了磨粒的压痕深度和材料的断裂临界压痕深度的相对值对材料断裂机理在磨粒磨损中所造成的影响,并指出高的 K_c/H 值趋向于低的磨损。

由此可见,磨粒磨损可能出现的有些机理及其细节还有待于进一步深入研究。有人曾提出不同的理论,如克拉盖尔斯基提出的磨屑分离是由重复变形、原子磨损及疲劳破坏所导致。其中没有包括断裂破坏,那是脆性材料或硬化过程脆化材料所出现的现象。至于原子磨损机理,盖拉库诺夫提出原子从一个物体的晶体点阵中扩散到另一个物体的晶体点阵中。这种机理的研究不充分,并且没有基础,它还不能作为磨损的基本机理。磨粒磨损过程中不只有一种机理而往往有几种机理同时存在,由于磨损时外部条件或内部组织发生了变化,磨损机理也相应地发生了变化。

3.3.4　磨粒及其磨损性能

磨料分为天然和人造两类,天然磨料系指自然地质构成的岩石、泥砂、土壤等;人造磨料又分为金属磨料制品和非金属磨料制品。前者有各种形状的钢粒和铁砂,后者有刚玉、碳化硅和碳化硼等。这些磨料为粒状或无定形固体,大小从微米或亚微米级到很大尺寸的矿岩;硬度从很软的石膏(30 HV)到很硬的金刚石(10 000 HV)。磨粒的磨损性能和磨粒的机械性能(如硬度、强度等)、存在状态、结合状态及其大小、形状和运动条件等有关。其中磨粒的硬度是决定磨粒磨损性能的关键因素,在实际应用中常以它来判定磨粒磨损性能的大小。除硬度外,其他如磨粒的大小、形状、破碎后的角度等因素对磨粒磨损性都有一定的影响。

1)磨粒的形状

尖锐的、多角形的磨粒比圆而钝的磨粒磨损得快,尖锐的磨粒在同一载荷下压入深度大,容易造成金属表面的微观切削,增加磨损量;圆而钝的磨粒压入深度小,大多数产生浅的犁沟或压坑,使材料发生弹塑性变形或甚至只在弹性变形范围内,不发生切削,且在自由状态时圆钝形磨粒容易发生滚动,使磨损量变得很小。从介绍的简单模型的公式可知,单位滑动距离的磨损量为:

$$\frac{W_v}{l} = \frac{\overline{\tan\theta}}{\pi} \times \frac{L}{H}$$

当载荷与材料表面硬度等条件相同时,磨损率取决于磨粒与材料表面夹角的正切平均值,即磨粒越尖,则 θ 角越大,$\overline{\tan\theta}$ 也越大,磨损率也越大。

但式(3.13)只表示沟槽的体积,并不是磨损的体积,除非从沟槽中排出的材料都成为切屑。但实际上并非如此,只有一部分沟槽体积成为磨屑,而其余的只是推向两边与前缘。

2)迎角

迎角 α 是指磨粒与材料表面接触时和表面间的夹角,如图 3.35 所示。在实际磨粒磨损中,磨粒的形状一般接近于角锥体。当用角锥的棱面去切削时,能否产生一次切削与迎角 α 有关,当迎角超过临界迎角 α_c 寸,才能产生切屑,否则,若 $\alpha<\alpha_c$,则只能产生塑性犁沟,将金属排向两边及边缘。图 3.35(b) 中的曲线 A 和 B 是根据切削力和切削断面计算出来的,而曲线 C 是根据鲍登的黏附和犁沟理论计算出来的。图中的黑点是实验所得数据,说明理论和实际基本相符。不同材料的临界迎角是不同的,一般在 30°~90°变化,摩擦系数增大,钢的硬度增大,会使临界迎角减小,即容易产生切屑。固定磨粒和自由磨粒的迎角分布是不同的,根据迎角分布的概率和临界迎角,可以计算出切屑形成的概率。

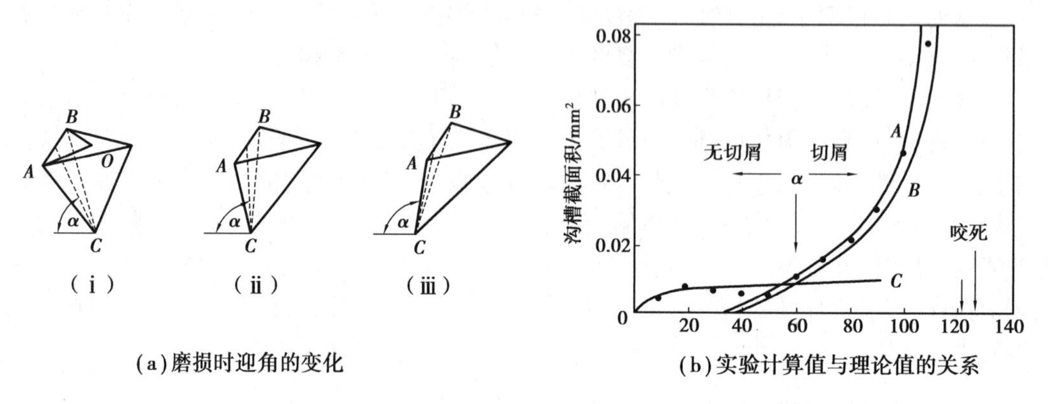

图 3.35　迎角 α 及其对磨损的影响

3)磨粒尺寸与形状

磨粒磨损与磨粒尺寸有关,一般是随着磨粒直径的增大而增大,当达到某一临界尺寸后就不再增大,如图 3.36 所示。金属材料性能不同,磨损情况也不同。若载荷增大,粒径超过临界尺寸后,磨粒的大小对磨损仍有影响,不过影响略小。磨粒的临界尺寸大约为 80 μm,并与材料的成分、性能、速度与载荷等因素有关。

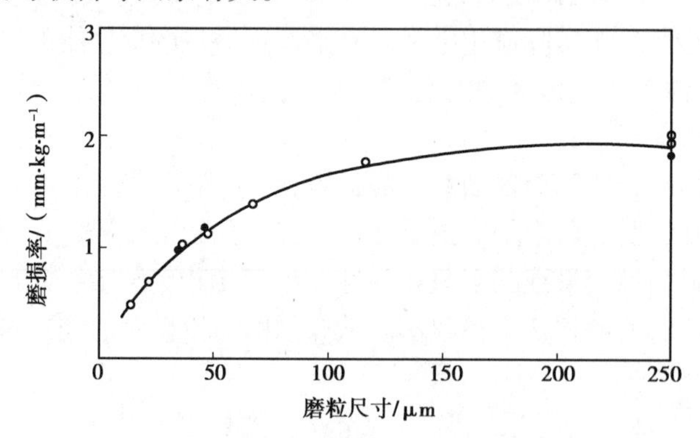

图 3.36　磨粒尺寸与磨损率的关系

克拉盖尔斯基提出,半径为 R 的球形微凸体在金属表面滑动并压入深度 h,根据 h/R 的值不同,可以得出各种微凸体和表面的相互作用。对于铁金属来说,当 $h/R<0.01$ 时发生弹性变形;当 $0.01<h/R<0.1$ 时发生塑性变形;当 $h/R>0.1$ 时发生切削。

克拉盖尔斯基粗略地估计,磨粒尺寸在 1 μm 以下,只会产生弹性变形,成为磨损极微的滑动磨损。故润滑油中只要将 1 μm 以上的磨粒过滤,就会使机器的磨损减至极小。

磨粒尺寸和形状可使磨损由滑动磨损转变为磨粒磨损,也可以从弹性变形转变到塑性变形以至于切削。所以磨粒的尺寸、形状和位向对磨粒磨损有很大的影响,因为它们影响到从弹性接触到塑性接触的载荷和应力,以及引起临界断裂压痕尺寸与沟槽尺寸的变化。图3.37为不同载荷下磨粒尺寸与磨损量的关系。

在实际工作条件下要想根据磨粒的形状和大小对磨损率作定量计算,难度很大,因为任何环境中磨粒的尺寸总在某一范围内,大小不一、形状不一、位向不一,而且在磨损过程中磨粒还有碎裂,而磨粒的接触面积通常只有表观总面积的10%～30%,加之磨损率不仅取决于磨粒的形状、大小、位向,其本身还与材料表层的性能、摩擦系数等有关,因此使问题变得更为复杂。有些研究者曾提出用能量来表达磨损量的模型。如认为材料的磨粒磨损系数可用下式表达:

$$K_{abr} = W_c/(W_c + W_p + W_s) \tag{3.16}$$

式中　W_c——切削能量;

W_p——犁皱能量;

W_s——次表层变形能量。

从式(3.16)可以看出磨损时总能量消耗中,各分量决定着磨损系数。图3.38为能量分配与磨粒尺寸间的关系,由图可知,在磨粒磨损中大部分能量用于次表层变形,约在70%以上,而用于切削的能量却很小,而且磨粒越细、越圆,越能自由滚动,则切削量就越小。

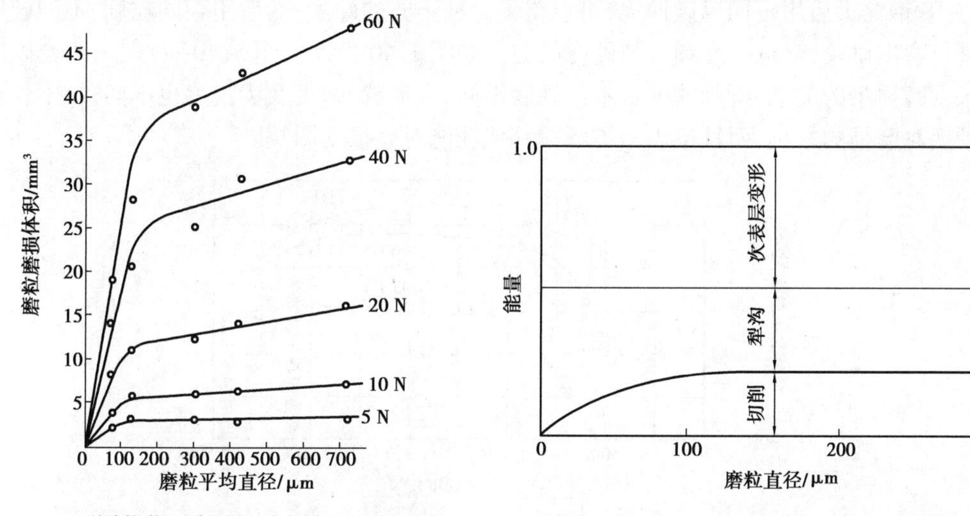

图3.37　不同载荷下磨粒尺寸与磨损量的关系　　图3.38　磨粒直径与磨损能量的分配关系

4)磨粒硬度

一般情况下,材料的硬度越高,耐磨性越好,图3.39为材料硬度与耐磨性的关系,其基本规律有两点。

一是纯金属及未经过热处理的钢,耐磨性与硬度成正比关系,如图3.39(a)所示;二是经过热处理的钢,其耐磨性随硬度的增加而增加,但变化的斜率较低,如图3.39(b)所示,图中每条直线代表一种钢材,随含碳量的增多,直线的斜率增大,相对耐磨性增加。

通常情况下磨粒磨损是指磨粒的硬度比材料表面硬度高得多,但当磨粒的硬度比材料硬度低时,也会发生磨损,只是磨损量很小而已。故材料的耐磨性不仅取决于材料的硬度H_m,而且更主要的是取决于材料硬度H_m和磨粒硬度H_a的比值。当H_m/H_a超过一定值后,磨损量便会迅速降低,即$H_m/H_a \leqslant 0.5 \sim 0.8$时为硬磨粒磨损,此时增加材料的硬度$H_m$对其耐磨性增加不大。

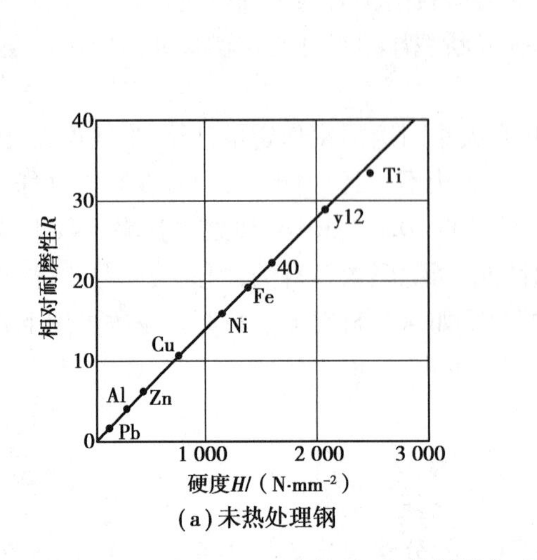

(a)未热处理钢

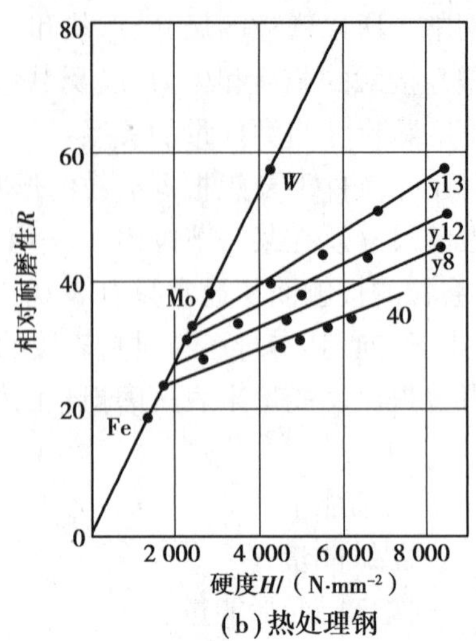

(b)热处理钢

图 3.39　材料硬度对耐磨性的影响

当 $H_m/H_a>0.5\sim0.8$ 时为软磨粒磨损，此时增加材料的硬度 H_m 便会迅速地提高耐磨性。

将 T8 钢淬火后用不同温度回火，可以得到 3 种不同的硬度，然后用相同粒度、不同硬度的磨粒进行磨损试验，磨粒硬度和材料硬度的关系如图 3.40 所示。图 3.40(a)表示磨粒硬度和试样长度磨损量的关系，所用的磨粒不仅硬度不同，且形状、强度及尖锐度也不同，故不仅代表磨料硬度对磨损的影响，而且也表示了磨粒其他性能对磨损的影响。

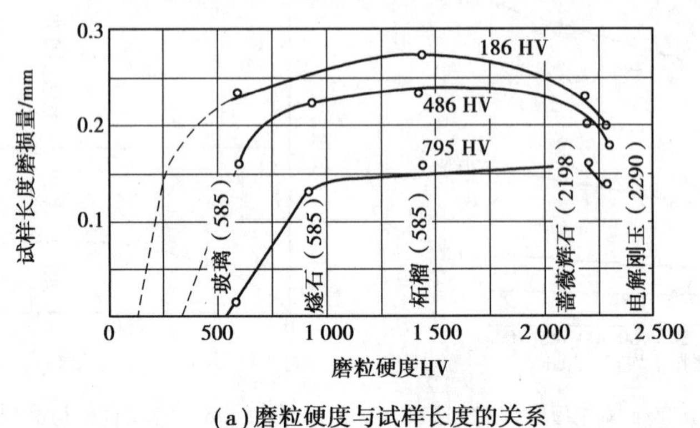

(a)磨粒硬度与试样长度的关系

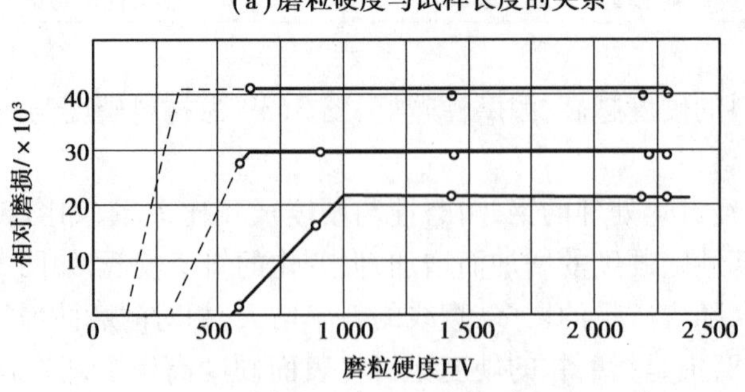

(b)相对磨损与磨粒硬度的关系

图 3.40　三种硬度的 T8 钢与磨粒硬度的关系

图3.40(b)表示相对磨损与磨粒硬度间的关系。

由图3.40可知，曲线右侧，表示当磨粒硬度比材料硬度大很多时，材料相对磨损与磨粒硬度无关；但较软材料的相对磨损比较硬材料要大些，亦即随着材料硬度的下降相对磨损量增大；而在曲线的左侧，当磨粒硬度接近于材料硬度或比材料硬度更低些时，则材料的相对磨损急剧下降到某一定值时，相对磨损接近于零。

图3.41为磨粒硬度与材料硬度比值对相对磨损和相对耐磨性的影响，该图是用17种金属和非金属材料及7种不同硬度的磨粒（从玻璃到碳化硼）进行磨损试验的结果。由图可知，当$H_m/H_a \leqslant K_2$时，几乎不发生磨损，这种情况下耐磨性接近于无穷大；如果$H_m/H_a \geqslant K_1$，则相对耐磨性有一最大值，并且大小一定，且与H_m/H_a值无关。一般情况下，$K_1 = H_a/H_m = 1.3 \sim 1.7$（即$H_m/H_a = 0.77 \sim 0.59$）；$K_2 = H_a/H_m = 0.7 \sim 1.1$（即$H_m/H_a = 1.4 \sim 0.9$）。当$H_a/H_m$在$K_1$与$K_2$之间时，若材料的硬度略有增加，则相对耐磨性增加迅速，这在选择耐磨材料时十分重要。

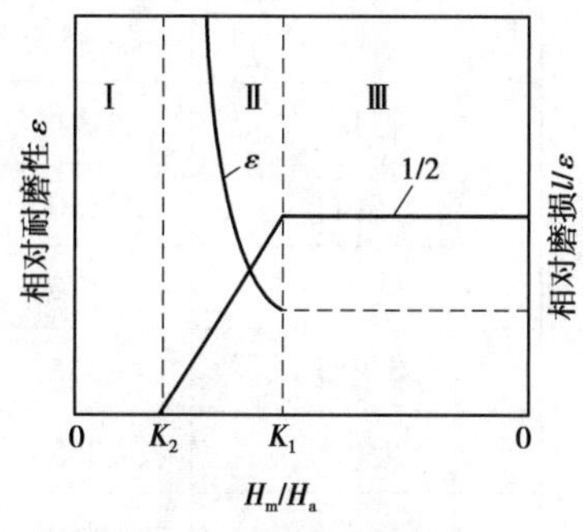

图3.41　相对耐磨性和相对磨损与H_m/H_a的关系

最近的研究表明，直接决定材料耐磨性的是金属材料表面经磨损后（材料表面在不断地塑性变形和加工硬化后）的最大硬度H_u，而不是材料的本身硬度H_m。图3.42为铸铁和钢在磨损试验前后材料硬度和磨损量的关系，磨损前材料硬度和磨损量不完全存在明显的关系（白口铁除外），但磨损后，材料表面硬度与磨损量间却存在着明显的关系。

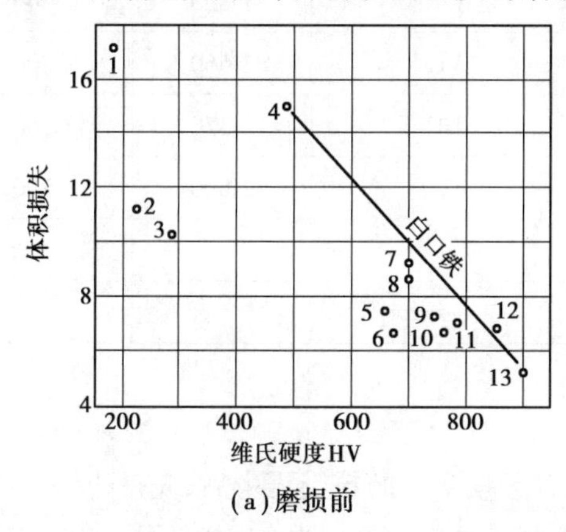

(a)磨损前

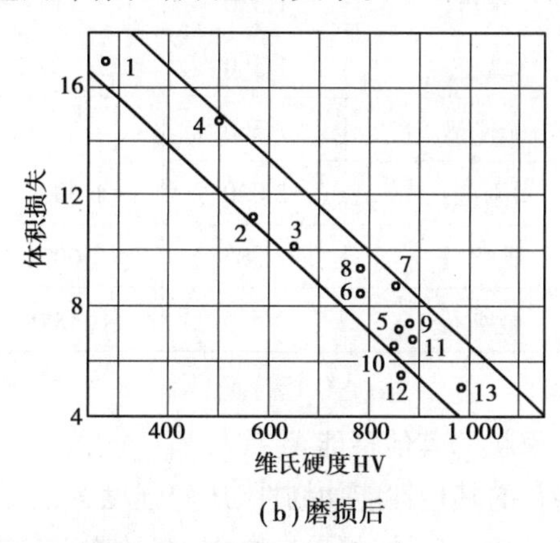

(b)磨损后

图3.42　磨料磨损与硬度间的关系

1—钢(100 HV)；2—高锰钢(217 HV)；3—奥氏体球铁(290 HV)；4—低合金白口铸铁(385 HV)；5—高铬铸铁(661 HV)；6—Mn-Mo马氏体球铁(703 HV)；7—马氏体球铁(709 HV)；8—白口铁(镍硬1号,719 HV)；9—白口铁(镍硬3号,733 HV)；10—共析钢(761 HV)；11—13% Cr白口铁(780 HV)；12—Ni-Cr白口铁(835 HV)；13—Cr-Mo白口铁(895 HV)

但磨损后表面硬度不易准确测量，且磨损前后的硬度存在一定的关系，故用磨损前的硬度来估计耐磨性还是有一定可取性的。表3.5为一些矿物、铁相和碳化物的硬度。

表 3.5　矿物、铁相和碳化物的硬度

矿物	硬度		材料或相	硬度	
	K_{noop}	HV		K_{noop}	HV
滑石	20				
碳	35				
石膏	30	36	铁素体	235	70～200
方解石	130	130	珠光体		250～320
萤石	176	190	珠光体		300～360
磷灰石	335	530	奥氏体,12% Mn	305	170～230
玻璃	355	500	奥氏体(低合金)		250～350
长石	550	600～750	奥氏体(高合金)		300～600
磁铁矿	575		马氏体	500～800	500～1 010
正长石	620		渗碳体	1 025	830～1 100
燧石	820	950	(Fe,Cr)7C3	1 735	1 200～1 600
石英	830	900～1 280	Mo2C	1 800	1 500
黄玉	1 330	1 330	WC	1 800	2 300
黄玉	1 360		VC	2 660	2 800
金刚砂	1 360		TiC	2 370	3 200
刚玉	2 020	1 800	B3C	2 800	3 700
碳化硅	2 585	2 600			
金刚石	7 575	10 000			

5)磨粒的其他性能

磨粒的其他性能如韧性、压碎强度等也影响着磨损率。磨粒受压力后,先是边缘受力处发生少量的塑性流动,接着就断裂,塑性变形和断裂都使磨粒变质。磨粒压碎后形成小的切削刃面,增加磨损性能,故磨粒断裂比边缘尖角处塑性变形后剥落对磨粒的磨损性影响大。由塑变而衰退变质的细磨粒因表面变钝而成为弹性接触,不易形成沟槽。因此,磨粒碎裂和变质后,其材料表面的磨损量是增加还是减小取决于磨粒的性质和磨损条件。

6)磨粒的磨损性

磨粒的磨损性一般是指磨粒破坏零件或刀具的能力,这种能力与磨粒本身的特性以及其与零件表层接触应力的大小及方向有关。应用到矿山工作方面,必须了解岩石特殊的物理-化学性质,表明其在摩擦过程中对接触零件或刀具的磨损能力。磨粒磨损性的定量测定,从概念上至少应当表征为对表层破坏的大小(磨损量或磨损体积)。磨粒磨损性不只是包括磨粒的内在性质,因为磨粒对零件或工具的破坏,既取决于磨粒的物理和机械性能及结合状态(结合强度、湿度等)，也取决于磨粒和零件相互作用特性及环境条件等，因此磨粒磨损性也取决于被磨材料的相对性能。

(1)矿物和岩石磨粒磨损性的测定方法

磨粒磨损性的评定方法，应当根据摩擦的接触条件和模拟的实际情况进行，目前对磨粒磨损性的研究用类似于材料耐磨性研究的方法进行。因此，所有研究材料耐磨性的方法都用于磨粒及其结合体的磨粒磨损性研究。这两种研究方法的区别在于，一个是磨粒不变而材料改变，一个是材料不变而以不同磨粒的性能函数表示其磨粒磨损性，同时磨粒的结合状态应当全部固定不变。矿物和岩石是在开采和掘进工作中，工具和机械经常遇到的磨粒，对这种整体磨粒的磨损性测定通常是用任何的结构和工具材料与所测定的岩石或矿物试样相摩擦。几种试验方法如图3.43所示。

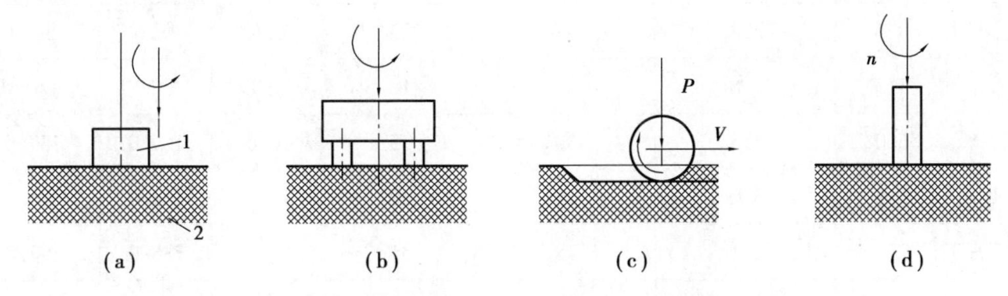

图3.43　矿物和岩石的磨粒磨损性实验方法

1—金属或硬质合金试样;2—岩石与矿物试样

这4种方法中(c)方法比较合理，它是用在岩石试样上旋转着的钢或硬质合金圆盘的磨损量来测定磨粒磨损性。该实验中的圆盘是瑞列涅尔教授用Y8(相当于我国的T8)钢制成，显微硬度895 HV和用20XH3A(20CrNi3A)渗碳钢(950 HV)及Pϕ1(W18CMV)高速钢(975 HV)制成，外径30 mm，厚度2.5 mm，最大载荷300 N，转盘在载荷下以500 r/min转速并以4 r/min的慢速移动切割试样表面，根据磨粒磨损性的不同，每个试验圆盘旋转4 000 ~ 10 000 r，实验结束时测定圆盘和岩石的磨损体积。岩石的磨粒磨损性按单位滑动距离的圆盘磨损量来测定，即

$$W = \omega L$$

式中　W——钢圆盘单位滑动距离的体积磨损；

ω——磨粒磨损性系数；

L——载荷。

邵荷生等人用T8钢所得的实验数据如表3.6所示。由此得到矿物和岩石的显微硬度与T8钢磨损率的关系，如图3.44所示。这些数据基本上显示出随着矿物和岩石显微硬度的增高而磨粒磨损性有增高的倾向。同时，也有许多不对应的地方，说明磨粒的硬度是其强度的间接指标，不能单一地表征其磨粒磨损性。

表3.6　相对于T8钢的矿物和岩石的磨粒磨损性

材料	显微硬度 HV	单位滑动距离磨损/(10^7 cm · m^{-1})		磨粒磨损性系数	相对磨粒磨损性	相对岩石磨损性	修正后的相对磨粒磨损性
		T8, W_m	岩石矿物				
石膏	30	0.35	373	3.5	1.0	0.73	1.0

续表

材料	显微硬度HV	单位滑动距离磨损/(10^7 cm·m^{-1})		磨粒磨损性系数	相对磨粒磨损性	相对岩石磨损性	修正后的相对磨粒磨损性
		T8, W_m	岩石矿物				
大理石	110	2.5	260	25	7.5	9.6	13.0
重晶石	120	1.2	222	12	3.5	5.3	7.1
石灰石	135	1.9	103	19	5.5	18.5	25.0
石灰石	180	2.2	93	22	6.5	23.6	32.0
天水石膏	200	0.35	137	3.5	1.5	3.3	3.35
白云石	325	2.2	57	22	6.5	38.6	52.0
白云石	315	1.8	37	18	5.0	38.7	66.0
玉石	600	3.5	32	35	10.0	109.0	137.0
微晶黏土	695	3.0	29	30	12.0	138.0	186.0
正长石	720	3.1	28	31	12.0	136.0	197.0
石髓	925	3.2	13	32	9.0	228.0	308.0
燧石	1 000	2.9	12	29	8.5	232.0	327.0
石英	1 080	5.3	17	53	15.0	312.0	122.0
石英岩	1 130	6.2	21	62	18.0	295.0	398.0
黄玉	1 500	9.0	—	90	26.0	—	—
刚玉	2 300	17.0	—	170	170	—	—

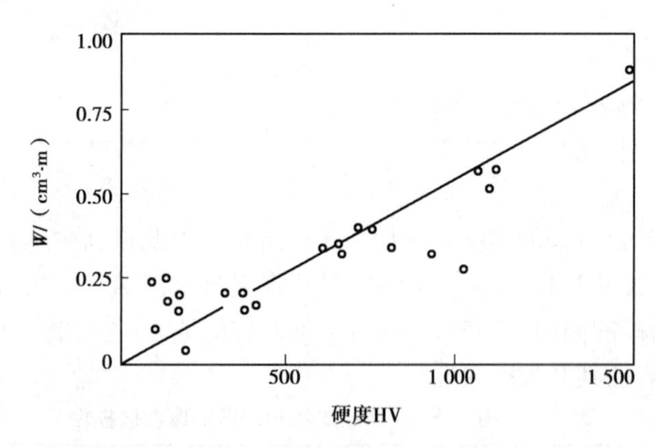

图 3.44　矿物和岩石的显微硬度与 T8 钢磨损率的关系

(2)各种矿物和岩石的磨粒磨损性

表3.6后两列是计算得出的T8钢相对岩石的体积磨损值,以及按此得出的岩石相对磨粒磨损值。从表上数据可知,岩石与矿物的磨粒磨损性经重新计算后其值迅速增加且相对于原

来的排列次序也有所变化,但不能补偿试验方法所带来的误差。

巴龙用图3.43(d)的方法对矿物和岩石的磨粒磨损性作了广泛的试验研究,其磨粒磨损性数据如表3.7所示。巴龙指出,磨粒的结合状态对磨损性有很大的影响,不同地方采掘出来的砂岩其磨粒磨损性相差很大,根据磨粒磨损性的大小,他把矿物和岩石分为8类,如表3.8所示。

表3.7　岩石与矿物的磨粒磨损性

岩石与矿物	磨粒磨损性/mg	岩石与矿物	磨粒磨损性/mg
石灰岩	0.3~17.0	石英砂岩	16.8~33.5
黏土板岩	0.52~1.3	石英岩	17.6~25.9
煤质黏土页岩	0.61~8.3	黄铁矿	18.1
岩盐	2.0	闪长岩	19.3~82.0
氟石	3.0	赤铁矿	20.1~22.5
磷灰石	3.58	辉绿矿	20.6~30.0
大理石	3.1	碧玉铁页岩	21.5~26
细粒砂岩	6.1	斑状碧玉铁页岩	21.5
磁铁矿石	6.6~15.0	辉岩	21.7
黄铁黏土页岩	7.8~11.6	磷灰石霞石岩	25.8
石英	8.5~35.1	正长岩	31.1
凝灰岩所成砂岩	9.7	细粒砂岩	32.3
花岗岩	10.1~73.5	辉长岩	31.6
黄铁	10.5~26.8	霞石	32.3~61.0
碧玉铁页岩	11.8	正长石	32.1~63.8
花岗岩质砂岩	15.8~37.3	黄玉	36.2
褐铁矿	15.9	刚玉	103.0

表3.8　矿物和岩石按磨粒磨损性分类

类别	矿岩的磨粒磨损性	磨粒磨损性指标/mg	属于本类的特征性矿岩
Ⅰ	磨粒磨损性极小	<5	石灰岩、大理石、软硫化物矿、磷灰石、岩盐、黏土页岩
Ⅱ	磨粒磨损性小	5~10	硫化物和硫酸钡矿、泥页岩、软页岩
Ⅲ	磨粒磨损性中下	10~18	碧玉铁页岩、角岩、岩浆细粒岩石、铁矿石

续表

类别	矿岩的磨粒磨损性	磨粒磨损性指标/mg	属于本类的特征性矿岩
Ⅳ	磨粒磨损性中等	18～30	石英质和花岗岩中等和大粒砂岩,辉绿岩、大粒黄铁、石英、石英石灰石
Ⅴ	磨粒磨损性中上	30～35	中等和大粒石英质和花岗岩质砂岩、小粒花岗岩、玲岩、辉长岩、片麻岩
Ⅵ	磨粒磨损性较高	35～65	花岗岩、闪长岩、玲岩、霞石正长岩、辉岩、石英页岩
Ⅶ	磨粒磨损性高	65～90	斑岩、花岗岩、闪长岩
Ⅷ	磨粒磨损性极高	>90	金刚玉的岩石

磨粒的磨损能力不仅取决于其硬度,而且还取决于其与被磨材料硬度的比值,以及磨粒的大小、形状、尖度、强度、脆性、固定状态,磨粒与被磨表面接触的角度等,而砂纸的磨损能力还取决于砂粒与基体的黏结强度,摩擦重复次数等。

3.3.5 外部摩擦条件对磨粒磨损的影响

磨粒磨损过程是一个非常复杂的摩擦学系统,利用系统分析方法可知磨粒磨损结构受到诸如摩擦面材料、磨粒、工况和环境等一系列条件的影响。图 3.45 为影响磨粒磨损的各种参数。设计性能常与工作情况不符合,在相当大的范围内磨粒磨损取决于磨粒的性能与材料的组织与性能。

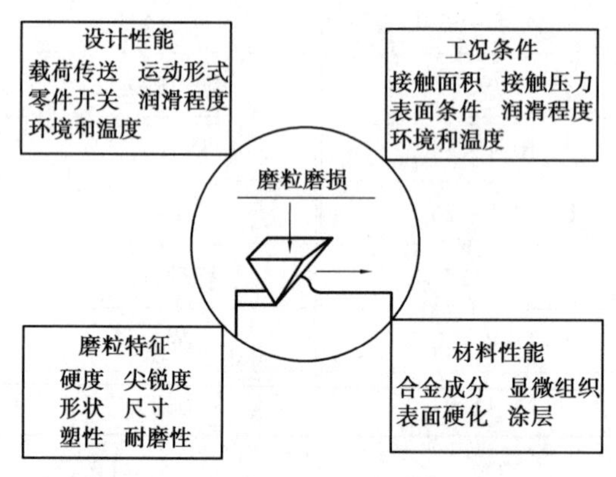

图 3.45 影响磨粒磨损的各种参数

影响磨粒磨损的因素可分为外部因素与内部因素。外部因素即磨损时的工作条件,包括载荷、速度、温度、相对运动及受力状态、磨粒、介质与环境因素等;内部条件包括受磨材料的化学成分、组织和机械性能等。

1)载荷

根据磨粒磨损的简单模型可知,磨损量与载荷成正比。

在单位面积载荷很大的变化范围内,对有色金属和钢与氧化铝相摩擦时进行固定磨粒磨损试验,结果如图 3.46 所示。从图可知,在到达某一临界载荷之前,磨损量与载荷成正比。

内森等人在回转式磨粒磨损试验机上以不同大小的磨粒,不同载荷(5~60 N),用黄铜和铁进行试验,结果如图3.47所示。由图可知,用125 μm和70 μm大小的磨粒做试验时,当载荷小于20 N时,体积磨损与载荷成正比;当载荷大于20 N时,则磨损量随载荷增高的增量逐渐下降;但直径较大的磨粒,载荷到达60 N时,磨损量与载荷仍为正比关系。

实际上,在任何试验条件下,磨损率和载荷的线性关系一般都有临界值,当到达此极限载荷时,线性关系开始破坏。但原因是多种多样的,主要的如磨粒被压碎,砂纸破裂,相互作用表面的摩擦热使温度升高并发生一系列的组织和性能变化,材料表面加工硬化,磨粒受摩擦热的影响而变质,以及三体磨粒磨损时磨粒对表面的相对运动发生变化等,都能引起磨损量改变,破坏磨损量与载荷的线性关系。

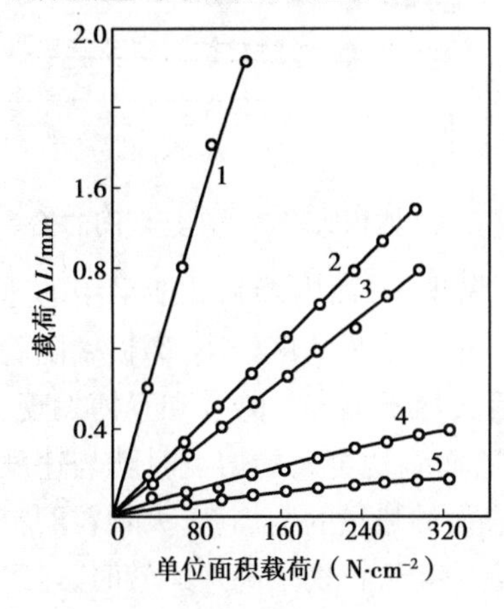

图3.46　载荷与磨损量的关系

1—铅;2—锡;3—铝;4—铜;5—30号钢

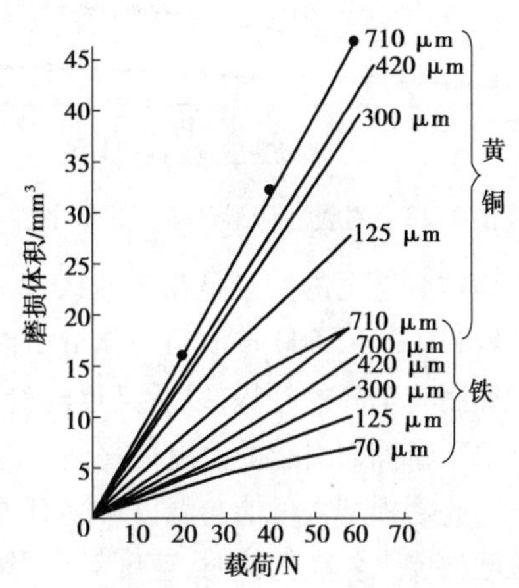

图3.47　磨粒磨损时,体积磨损与载荷间的关系

(速度0.5 m/s,行程6 m)

2)滑动距离

若磨粒在滑动过程中条件不变,如磨粒不变圆钝或碎裂,则磨损量与滑动距离一般成正比,否则磨损量将有改变。

3)磨粒和材料表面的相对速度

滑动速度对磨损的影响是非常复杂的,磨损条件和环境的改变会使滑动速度对磨损的影响产生不同的结果。

密斯拉和芬尼在销盘式试验机上进行磨粒磨损试验,使滑动速度变量差3个数量级(0.2~200 mm/s)条件下对不同金属不同磨粒进行试验,试验结果如图3.48所示。

由图3.38可以看出,在115 μm的碳化硅磨料纸上,耐磨性(磨损率的倒数)与滑动速度有一定的关系,当滑动速度在100 mm/s以下时,随着滑动速度的增加磨损率降低,当滑动速度超过100 mm/s时,滑动速度对磨损率的影响就小了。同时在1.0 mm/s以上,磨损率几乎不变。这可能是由于低速滑动时会出现黏-滑现象的原因。

但内森和琼斯用带式固定磨粒磨损试验机,用70 μm和300 μm的碳化硅磨粒,在20 N载荷下,速度为0.032~2.5 m/s,得出体积磨损与滑动速度之间的关系,如图3.49所示。

无论是哪一种金属,只要磨粒的大小相同,曲线的斜率就相同。但是大磨粒的线图表明,到达一定的速度后,曲线成为水平线。由于所有金属在一定的磨粒尺寸下的斜率相同,所以磨损体积百分率随着磨损体积的增加而下降,意思就是说,高耐磨的磨粒磨损材料的耐磨性对速度的依赖关系比较显著。

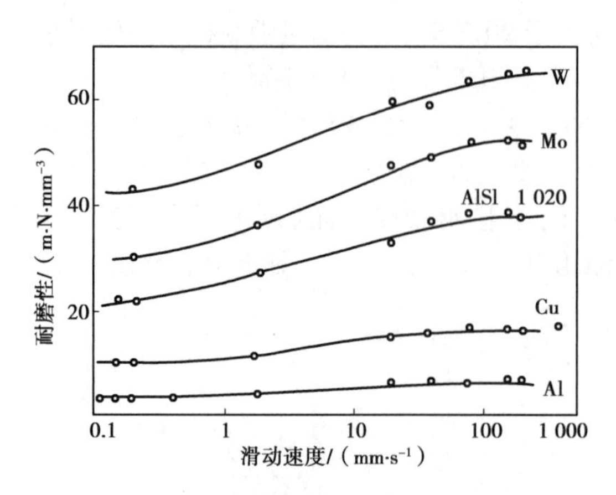

图 3.48　耐磨性与滑动速度之间的关系

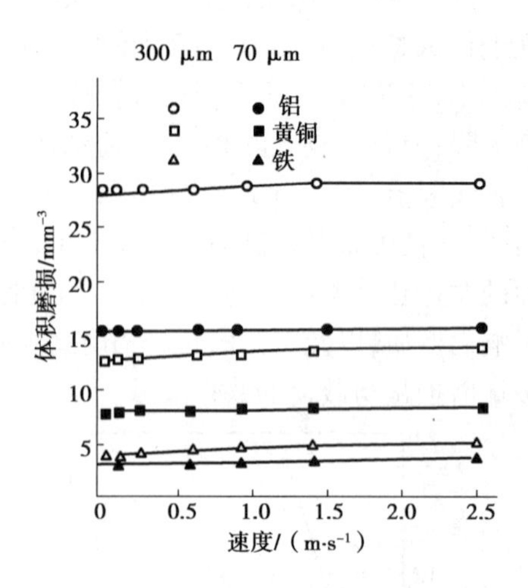

图 3.49　体积磨损与滑动速度间的关系

密斯拉和芬尼的实验是在低速(0.2～200 mm/s)条件下做出的,而内森和琼斯采用的速度范围则较大(32～2 500 mm/s)。从分析内森等人的线图可以知道,如果速度较小,磨损率随着速度的增加而有下降的趋势,以后又逐渐升高,到达一定速度后又趋于恒定。鲍登和泰博发现,金属表面由于摩擦而引起的温度升高随着摩擦速度增加而增高,而到达金属的熔点时就与速度无关了。因此磨损增大可能与温度升高有关,磨粒磨损时金属表面的热量的增加率,大颗粒磨粒比小颗粒磨粒要大。在低速时,速度对磨损的影响并不重要,而高速时,特别是高速运转时,速度对磨损的影响实际上是温度对磨损的影响,若此时将载荷减小,这种影响将会减小。

4)热和温度

摩擦时,载荷和速度对磨损的影响,实际上是由于热和温度的影响所致。特别在高温时,热能引起材料表面的氧化、软化、硬化甚至于熔化,这样就使表面的磨损变得复杂了。鲍登和泰伯用镓(熔点 32 ℃)、伍德合金(熔点 72 ℃)、铝(熔点 327 ℃)和康铜(熔点 1 290 ℃)做成的圆柱体试样在钢表面滑动,得到如图 3.50 所示的温升和滑动速度的关系图。虽然,在滑动时温度(以及摩擦力)是波动着的,而且画出的温度是检流纪录的最高温度值。但对于每一种金属来说,结果是相似的,即温度随着滑动速度增加而升高,并达到一个不可超越的最大值,此最大值相当于该金属的熔点。由于材料表面都是凹凸不平的,且表面不平度的形状及载荷的分布各不相同,所以接触时各接触点的接触面积以及所发生的摩擦热量也各不相同,故在任一瞬间用热电电动势法测得的温度是一组接触点的并联情况下的温度,显然,表面某些点的温度可能高于或低于所测得的温度。

图 3.52 表示钢与钨的圆柱体试样在玻璃盘上滑动的结果。图中 W 表示温升,N 表示载荷,指数化解决了不同性质的数据无法比较的缺陷。从图中可以看出当载荷不变时,温升和滑动速度成正比;当滑动速度不变时,温升随载荷增加而增高。

温度升高是由于表面摩擦功所生的热量,但值得注意的是,两相对微凸体的接触时间可短到 10^{-4} s,热量在这些实际面积上发生,然后扩散到四周,一旦达到传热的稳定状态,则整个界面的温度保持不变。运动体的整体温度是可以测量出来的,但接触点温度的计算和测量都比较困难。由于接点的温度变化迅速,且延续时间很短暂,故被称为实际接触点上的闪燃温度。

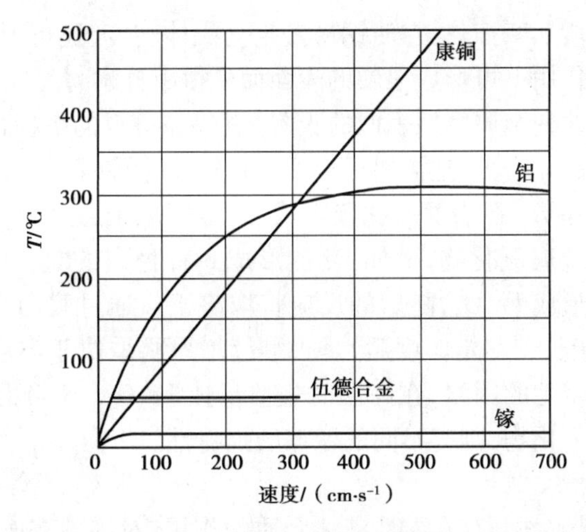

图3.50　不同试样在钢表面滑动时到达的最高温度（载荷1 N）

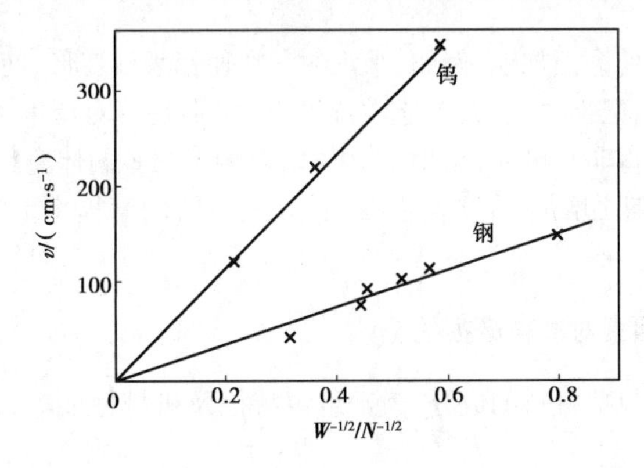

图3.51　产生一定温度的热点必需的滑动速度和载荷的关系

图3.52为钢在金属-金属间滑动时磨损率和速度间的关系曲线。从该图可以看出摩擦热和温度对金属磨损的影响，有助于对金属磨损时机理发生变化的了解。由图可知，钢的磨损在开始时先是随着滑动速度的增加而增加，当载荷为10 N时，最大磨损率是在滑动速度略低于100 cm/s时发生的，这个严重磨损发生的原因一种解释是因温度低，氧化膜不能有效地形成以起到保护作用。但根据计算，在50 cm/s速度和10 N载荷下，这种钢的闪燃温度为537 ℃。可以认为，一方面有氧化膜形成，但另一方面金属基体则因为高温剪切强度下降而容易剪切，其结果使氧化膜与金属两者都容易发生磨损。图3.52的曲线中磨损率随着速度增加而下降的部分，可能是闪燃温度高于800 ℃以后而发生相变的结果，即当温度升高时，接触点奥氏体化，并由于高速使之迅速淬火而形成一些马氏体的缘故。这是不可思议的，特别是由于滑动速度变化2倍时使温度增加3倍，而相应的磨损率下降到两个数量级以上，这是一个很大幅度的下降。

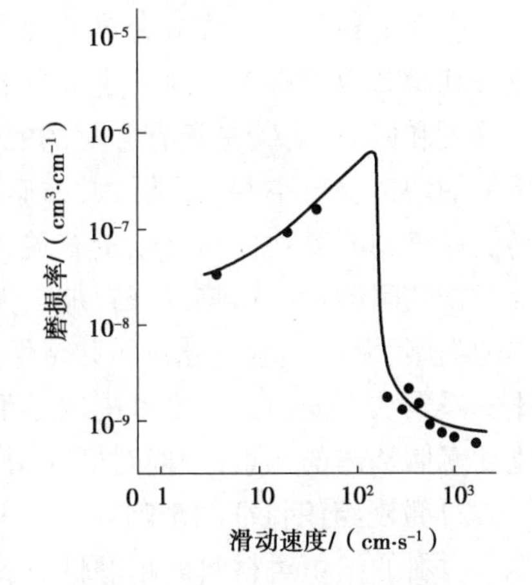

图3.52　0.52%C钢，载荷为10 N时在不同速度下的磨损率

载荷的作用也在于增加摩擦热,它使钢易发生马氏体转变,还可形成强烈的加工硬化层,所以某些合金在重载荷作用下可形成很硬的表面而变得十分耐磨。

环境温度的变化将改变金属摩擦表面的吸附、氧化和材料的机械性能而影响磨损。金属的氧化速度随温度的增高而增大,这需要通过两方面因素来体现:①反应速度常数(在表面氧化膜初始阶段);②扩散系数(在表面氧化膜形成后,金属离子通过膜的扩散)。另外,随着温度的变化可形成不同的金属氧化物,例如 Fe 能形成 3 种稳定的氧化:FeO、Fe_3O_4、Fe_2O_3。Fe 在大气中氧化通常是先形成 Fe_2O_3,随后的反应将取决于氧通过膜向内和金属离子通过膜向外扩散的速率。Fe_2O_3 膜长到一定厚度后,是否继续增厚将取决于温度。在 200 ℃以上金属离子通过膜的扩散是决定性的因素,在高温时主要形成 Fe_3O_4。对于铁及其合金随摩擦表面温度的变化形成不同的氧化物,则有不同的摩擦磨损特性。

5)腐蚀环境和水蒸气

在机器工作的许多场合中,存在酸性液体介质的作用,对零件有腐蚀和磨损的双重作用,促使磨损量增加。

水汽的存在也足以使磨损加速,例如,水汽的存在使铝表面变形,使钢的腐蚀加速。

实验证明,三体磨料磨损时,在大于通常湿度下,特别是绝对湿度大于 10% 以上时,磨损率随湿度的增长而增大得非常迅速,而小于 10% 时影响不大。两体磨料磨损时,相对湿度从 0 到 65% 变化时,磨损率随之增加,在更高湿度时,较软材料的磨损率下降,较硬材料的磨损率将继续增加。

3.3.6 材料内部因素对磨粒磨损的影响

材料内部因素主要包括材料的成分、微观组织特征及机械性能等,这三方面相互联系,相互影响。

1)材料的成分

金属材料的化学成分和热处理状态决定了它们的组织。以铁基材料为例,耐磨性与化学成分和微观组织有关。对一定成分的材料,它的耐磨性和硬度在一定范围内呈线性关系。对于淬火和回火钢,碳是最有影响的元素,珠光体类钢的耐磨性随着碳量的增加而增加,但过共析钢的增加量要小些,这是过共析碳钢的碳增加后形成连续的碳化物网所致。马氏体和回火马氏体钢的耐磨性也与含碳量有关,相同硬度的马氏体钢,含碳量增加耐磨性也增加。其他合金对钢的耐磨性的影响没有碳那么大,形成碳化物元素能使耐磨性增加,但增加量取决于碳化物的类型、大小、形状、分布和共格性等。马氏体和回火马氏体钢的耐磨性与其硬度成正比,但比例系数在不同回火温度范围内是不同的。贝氏体比同硬度、同成分的马氏体钢更耐磨。强化铁素体基体的元素,一般对磨粒磨损的影响并不显著。

2)微观组织特征的影响

材料的组织对材料的耐磨性有着重要的影响,微观组织包括基体组织、第二相、夹杂物、晶界、内缺口和各向异性等。图 3.53 为与合金微观组织有关的基本因素图。

(1)基体组织对材料耐磨性的影响

已经有许多材料工作者发现,金属材料的化学成分和热处理决定了它们的组织,钢铁材料的基体组织对耐磨性起着重要作用。朱卡尔等人在综述钢铁材料的基体组织与耐磨性的相互关系时指出,不同基体组织的耐磨性按马氏体、贝氏体、珠光体、铁素体依次递减,如图 3.54 所示。

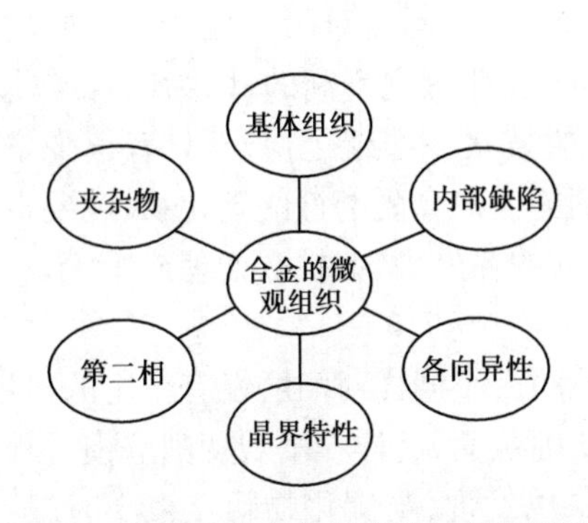

图3.53　与合金微观组织有关的基本因素图

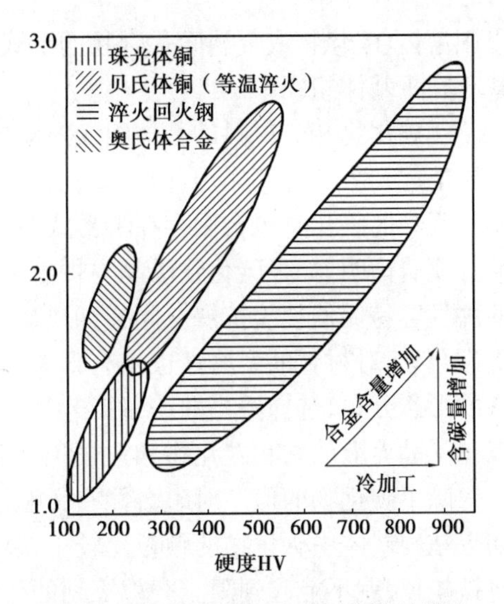

图3.54　钢铁基本组织对耐磨性的影响

知道各种组织的相对耐磨性大小，只是给人们一个客观上的认识，在实际的工作中，具体的钢铁耐磨材料就不能进行如此简单的选择了。在一定的系统中，究竟采用哪种基体的钢铁材料，要根据磨料条件、运动形式、工作温度、负荷大小、工件的几何形状、工作环境等诸多因素而定。

由于铁素体基体的硬度比较低，所以一般情况下，很少用铁素体基体的钢铁材料作耐磨工件。大多数耐磨工件都是选用珠光体、贝氏体、回火马氏体或奥氏体基体组织的钢铁材料制成。珠光体是铁素体和渗碳体的机械混合物，由于渗碳体的硬度远远大于铁素体，使得高碳钢的磨粒磨损抗力大于低碳钢，这一点已经被实验所证明。由图3.55看出，珠光体质量分数增加时，钢的耐磨性明显增大。

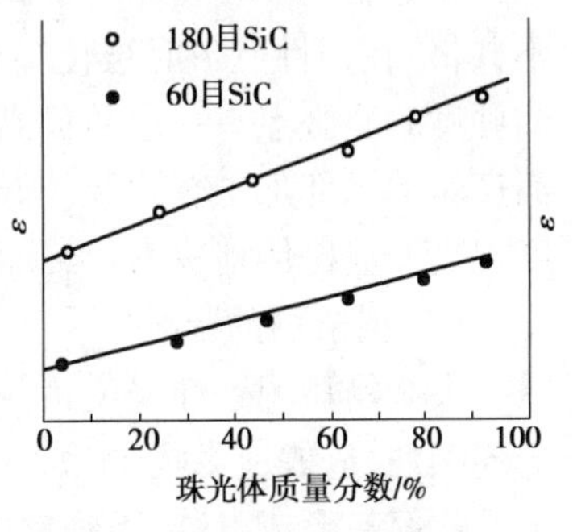

图3.55　钢中珠光体含量对相对耐磨性的影响

从珠光体的结构可知，渗碳体对低应力下的磨粒有两方面的作用：一方面是阻碍了磨粒的切削作用，并使其韧口变钝；另一方面是阻止了塑性变形的发展，因此可以改变耐磨性。贝氏体组织的结构特点是在铁素体的基体上均匀分布着弥散的碳化物，与淬火马氏体相比，在贝氏体组织中没有显微裂纹。同时，贝氏体组织中的残余奥氏体含量比马氏体组织高，在硬度相同的情况下，贝氏体组织的耐磨性比马氏体组织的要好，这是因为贝氏体与奥氏体的硬度差比马氏体与奥氏体的硬度差小；韧性的奥氏体膜包围着铁素体，阻止裂纹的萌生与扩展；奥氏体能提供高的加工硬化率和塑性，所以贝氏体中的奥氏体对材料的耐磨性特别有益。

在充分考虑材料基体组织对耐磨性的影响时，也应该注意到，一定的基体组织和特征在某种工作环境中有利于提高耐磨性，而在另一些工作环境中就不一定适用。比如，具有奥氏体基体组织的高锰钢材料只是在有较大冲击力的作用下才充分显示出它的耐磨性，而在较平稳的工况下高锰钢的耐磨特性就表现得不明显。

（2）第二相粒子对材料耐磨性的影响

耐磨钢铁材料中通常含有合金元素 Si、Mn、Cr、Mo、W、V 等，这些元素在钢铁材料中一般以固溶体、碳化物或金属间化合物的形式存在，而碳化物和金属间化合物是以第二相粒子的方式存在于基体组织中。

①碳化物相。材料的基体组织对耐磨性有重要作用，同样碳化物相在某种程度上对耐磨性更能起到决定性的作用，由于碳化物的组成类型不同，对材料耐磨性的影响也不同，即使是同一类型的碳化物也会因存在的形式、相对含量和分布的情况不同而对耐磨性产生不同的影响。实验证明，如果碳化物沿晶界析出呈网状时，对材料耐磨性总是不利的，因为网状碳化物的脆性容易促使裂纹扩展。同样如果显微组织含有大量树枝状一次碳化物，而只有很少量二次碳化物，对材料的耐磨性也没有太大的帮助。要想得到能够提高耐磨性的碳化物，就要控制它的形态分布，选择适当的铸造工艺，或者对工件进行合理的热处理，如扩散处理或正火处理，以消除晶界上的网状碳化物和树枝状一次碳化物。

除了碳化物的形态对耐磨性有影响之外，碳化物颗粒的大小同样对耐磨性有一定的作用，如果在硬基体中碳化物的颗粒比较小，以至于小于微观切削截面，这样在微观切削磨损过程中将被挖掉，就不能起到阻止磨粒擦划的作用。祖姆・盖尔也发现，当碳化物颗粒很小时，随着碳化物含量的增加，耐磨性会下降。相反，如果在硬基体中存在比较大的碳化物颗粒，就有可能成为裂纹源，从而促进裂纹扩展，剥落机制的磨损有降低耐磨性的作用。因此，只有碳化物的尺寸大于微观切削磨损截面，并且与基体有牢固结合，其形状、大小不利于显微裂纹的产生时，硬的基体上的碳化物才能提高耐磨性。

②金属间化合物相。金属间化合物的沉淀析出相有软、硬两种。软质点（共格或轻微的不共格）在塑性变形时被位错剪断。硬质点（非共格）在变形时绕过。软的共格质点，对材料的硬度和屈服点有一定的提高，但它的耐磨性比过饱和的固溶体大不了多少，原因是位错剪切而产生的局部加工软化及较低的压入硬度的缘故。不能被剪切的非共格硬质点使耐磨性随硬度提高而成比例地提高。细而分散的半共格质点的微观组织，具有很高的耐磨性。

(3)夹杂物的影响

夹杂物对耐磨性来说是一个不利因素，它在机体内容易形成裂纹源。因为它会破坏机体的连续性，造成应力集中；如果形状是棱角状的或是不变形的夹杂物，对疲劳寿命影响更严重。夹杂物容易形成点蚀，不锈钢中的钝化膜会由于夹杂物的存在而形成点蚀。夹杂物颗粒在产品生产过程中由于塑性拉伸而断裂，所有这些夹杂物颗粒都将产生局部高应力，内缺口会大大地增加磨损率。

(4)晶粒度的影响

众所周知，细化晶粒会提高材料的机械性能，在一定情况下，提高材料的硬度其耐磨性也随之增加。晶界常因溶质原子偏析或微粒析出而变脆，这种偏析或析出会使达到晶界开裂所需的临界应力下降。但有的实验也表明，通过对合金钢的奥氏体化来细化晶粒，虽然其冲击韧性和断裂韧性有所提高，但其硬度、拉伸强度和耐磨性并没有提高。由此看出，通过热处理改变钢的晶粒大小对磨粒磨损耐磨性的影响是极其复杂的，这是因为钢在热处理的过程中虽然改变了晶粒度的大小，但同时也改变了其他的组织因素。比如，随着淬火温度的提高，晶粒有所长大，基体合金化程度提高，残余奥氏体量增加，会使耐磨性提高，但随着晶粒的长大，淬火后得到的马氏体组织粗大，脆性增大，又会使耐磨性下降。因此，对于实际的工件要想提高耐磨性，要正确选择热处理制度和严格控制晶粒度的大小。

(5)内缺口

材料内部存在的孔穴、片状和球状石墨、粗大碳化物和夹杂物、微观裂纹等都影响着耐磨性,它们在材料内部起到了内缺口的作用。

有人以球墨铸铁和灰口铸铁为例做实验,实验中用200#的 Al_2O_3 作磨料,先施加低载荷,发现球状和片状石墨的马氏体铸铁的磨损率相差无几。随之用80#的 Al_2O_3 作磨料,并且增大载荷,结果发现球状石墨的马氏体铸铁比片状石墨的马氏体铸铁耐磨性好得多,如图3.56所示。

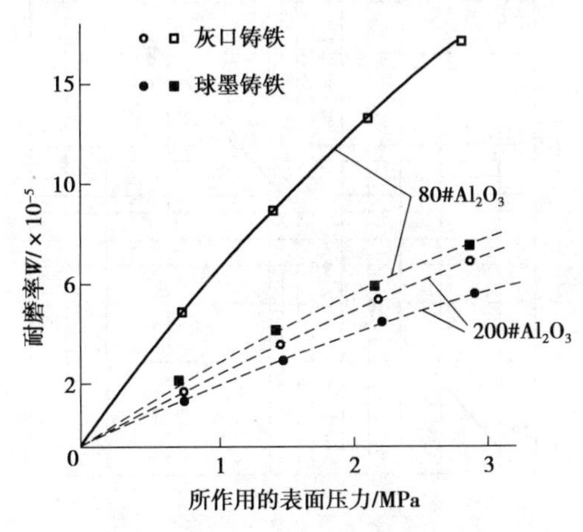

图3.56　内缺口对磨损的影响

这是由于片状石墨比球状石墨的缺口效应大得多(大1~2个数量级)的缘故,在载荷的作用下,灰口铸铁中的片状石墨会使裂纹沿石墨扩展而导致磨损增加。

(6)各向异性

各向异性可以分为晶体的各向异性和织构的各向异性。因为晶体的各向异性使材料的机械性能和磨损率受载荷方向的影响,尤其是单晶体或织构性强的多晶体。织构的各向异性是由于磁场或应力场中的第二相沉淀或是第二相沉淀在纤维状组织物中,或是由于单相结晶。无论何时,只要微观组织中含有不同硬度的两相,且第二相为非球形时,第二相的体积分量就不能代表耐磨性,而耐磨性与相对于第二相的滑动方向及磨损面上所占的分量有关。

3)材料机械性能的影响

材料机械性能对耐磨性的影响主要包括弹性模量、宏观硬度和表面硬度、强度、塑性和韧性。

(1)弹性模量的影响

弹性模量是金属对弹性变形的抗力指标,也就是说,弹性模量就是产生单位应变所需的应力。以铅锡合金为例,用销盘式磨粒磨损试验机测定材料的相对耐磨性,得到工业纯金属的相对耐磨性 ε 和弹性模量 E 的关系为:

$$\varepsilon = C_1 E^{1.3} \times 10^{-3} \tag{3.17}$$

式中,E 按兆帕计时,$C_1=9.523$(E 按 kgf/mm^2 计时,$C_1=0.39\times10^{-3}$)。

某些纯金属的弹性模量与相对耐磨性之间的关系,如图3.57所示。

由图3.57可知,工业纯金属的耐磨性与它的弹性模量成正比,弹性模量越大,使其发生的弹性变形的应力就越大。因为弹性模量大则具有较大的内在阻力来阻止被磨表面产生塑性变形。弹性模量的大小主要取决于组成合金的基体金属的原子特征和晶格常数，所以这种关系不适用于热处理后的钢，因为热处理不会改变材料的弹性模量却使材料的耐磨性大大提高了。因此，工业纯金属的这种耐磨性与弹性模量的关系不是磨粒磨损过程的典型特征。

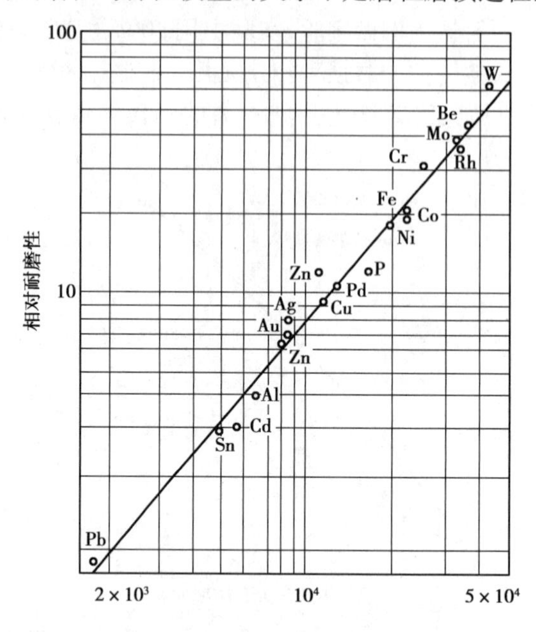

图 3.57　工业纯金属的弹性模量与相对耐磨性的关系

(2)宏观硬度和表面硬度的影响

通过试验数据，人们发现，工业纯金属和不同类型钢的相对耐磨性与它的宏观硬度成正比，如图 3.58 所示。

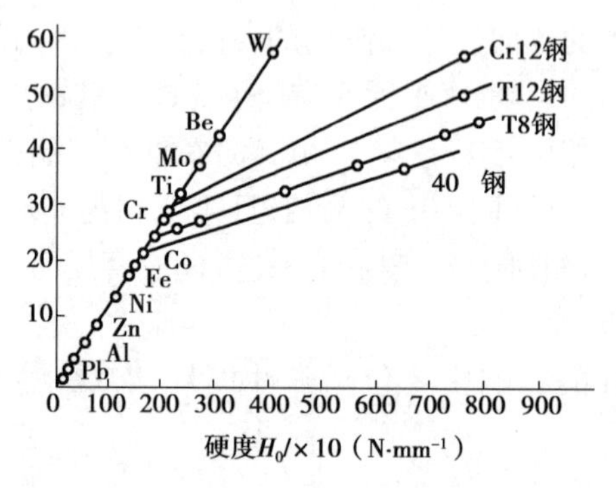

图 3.58　纯金属和钢的相对耐磨性与它的宏观硬度之间的关系

对钢来说可用下式表达：

$$\varepsilon = \varepsilon_0 + b'(H - H_0)$$

式中　ε——钢的相对耐磨性；

ε_0——钢在未经热处理退火状态下的相对耐磨性；

b'——与钢的化学成分有关的常数；

H——钢的宏观硬度；

H_0——钢在退火状态下的硬度。

由公式可见，未经热处理钢的耐磨性单值取决于其宏观硬度，而热处理钢的相对耐磨性随宏观硬度的增高而线性地增加，但比未经热处理钢要慢一些。人们通过实验还发现耐磨性不仅与钢的宏观硬度有关，而且与它们的化学成分也有关，不同成分的热处理钢尽管具有相同的硬度但耐磨性却不相同，这说明各种钢的耐磨性与其宏观硬度间并不存在单值的对应关系。宏观硬度不能完全决定磨损量的大小，因为它既不能代表塑性流动特征的大小，也不能代表材料对裂纹的产生和扩展的敏感程度。所以说，在不同的钢铁材料中，只是从宏观硬度的角度来判断耐磨性并不是完全恰当的，除宏观硬度以外，还有其他因素影响金属的耐磨性。

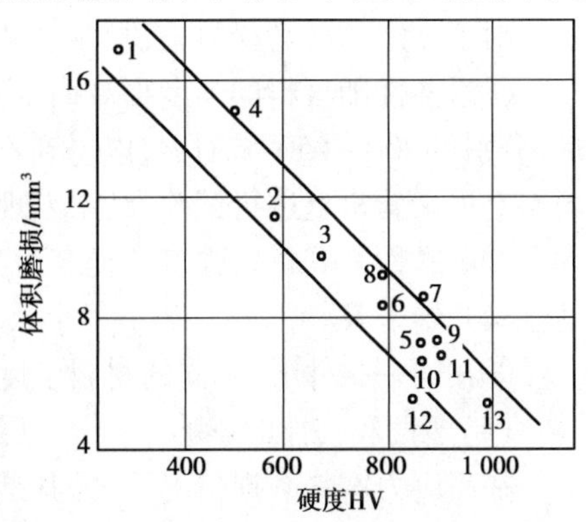

图3.59　磨粒磨损与磨损后材料的表面硬度的关系

既然材料的耐磨性与宏观硬度之间没有简单的对应关系，冷却硬化也不影响耐磨性，这就说明已磨损的金属表面发生了最大限度的“加工硬化”。鲍伊斯对13种经常用来制造耐磨件的钢铁材料进行磨粒磨损实验，同时测定磨损后的表面硬度，结果发现耐磨性与表面硬度有良好的线性关系。13种材料的化学成分及硬度见表3.9，磨粒磨损与磨损后材料的表面硬度的关系如图3.59所示。

表3.9　不同试验材料化学成分与硬度

序号	化学成分/%						硬度HV
	C	Si	Mn	Cr	Ni	Mo	
1	0.31	0.26	0.83	0.99			180
2	1.2	0.92	12.2	26.30			217
3	3.37	2.25	3.72			0.51	297
3	3.32	0.53	0.59				385
5	2.53	0.30	0.37				661
6	3.38	2.23	1.63			0.61	703
7	3.61	1.97	0.30		0.82		709
8	3.13	0.31	0.53	1.68	3.50		719
9	3.17	1.31	0.27	7.33	5.33		733
10	0.89	0.35	0.51	1.96		0.50	761
11	2.20	0.37	1.56	13.50			780
12	2.32	0.39	0.52	1.33	2.65		835
13	3.22	0.65	0.66	15.10		2.82	895

（3）强度的影响

金属材料的强度通常指经拉伸试验所得的抗拉强度和屈服强度。抗拉强度是静拉伸时最大均匀塑性变形抗力的指标；屈服强度是表示金属材料发生明显塑性变形的抗力指标。磨粒的显微切削作用与材料的塑性断裂过程有关，如前面所述，磨损表面硬度的测量结果表明，磨损表面获得了极大程度的加工硬化。在固定磨粒磨损试验条件下得到的材料具有耐磨性，可以表征材料在极高塑性变形程度下的极限强度；而用棱锥体压入法测定的硬度，则表征材料在不太大的塑性变形程度下的抗塑性变形的强度。

对于一定的耐磨材料来说，耐磨性和强度有如下的关系：

①耐磨性随材料的强度提高而得到改善。有人用中碳铬镍钼钢经过 870 ℃奥氏体化油淬后，分别于 200 ~ 650 ℃回火，以得到不同的屈服强度。用这种不同屈服强度的试样在销盘式磨料磨损试验机上进行试验，结果发现，随着钢屈服强度的提高，耐磨性也相应提高。

②耐磨性随着材料强度的提高而下降或耐磨性先随强度提高而提高，继续提高强度时耐磨性又开始下降。

③在同一条件下，不同的材料强度虽相近，但耐磨性却大不一样。

(4)塑性和韧性的影响

在高应力磨料磨损情况下，尤其是在具有冲击载荷作用时，要想获得较好的耐磨性，就应具有较高的强度和韧性。

①冲击韧性的影响。杨瑞林等人研究 ZG30MnSiTi 与冲击韧性的关系表明，在淬火及 200 ~ 250 ℃回火后，既有较高的冲击韧性，又有较高的耐磨性；当超过回火脆性区域(300 ~ 350 ℃)而继续提高回火温度时，耐磨性随冲击韧性的提高而逐渐降低。

②断裂韧性的影响。20 世纪 70 年代中期，霍恩博吉等人试图对阿查德的磨损模式进行修正，把磨损与断裂韧性联系起来，先后提出包括断裂韧性在内的磨损方程式。朱卡尔除从赫兹应力场理论推导出磨料磨损与断裂韧性有关的磨损模式外，在研究镍铝型奥氏体不锈钢的磨料磨损时，又提出摩擦系数与断裂韧性有关的模式。朱卡尔对一组不同基体的高碳铬钼钢和高铬白口铸铁的耐磨性与断裂韧性的关系进行了研究，一组试样在铸造后进行 200 ℃回火以消除应力，显微组织为奥氏体基体和碳化物；另一组试样在铸造后进行 900 ℃奥氏体化后空淬，再经冷处理，得到马氏体和碳化物；然后在橡胶轮试验机上进行湿磨损试验，得到如图 3.60 所示的结果。

从图 3.60 中可以看出，以奥氏体或马氏体作为基体的高铬钢铁材料，其断裂韧性都有一个最佳值，此时耐磨性也最好。断裂韧性高于或低于这个最佳值，都会引起耐磨性的降低。

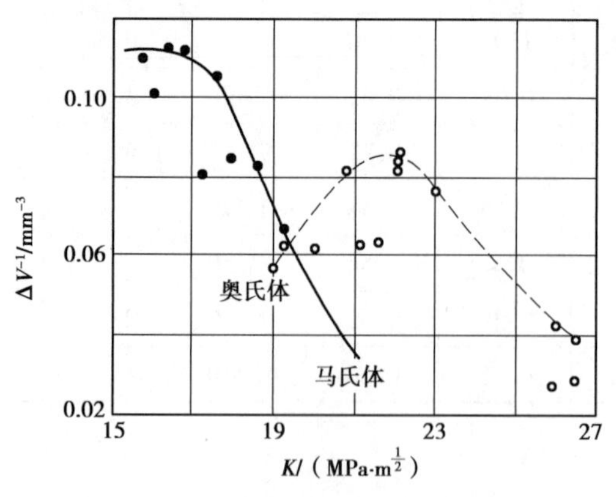

图 3.60　高铬铸铁材料的耐磨性与断裂韧性的关系

3.4　冲蚀磨损

在自然界和工矿生产中，存在着大量的冲蚀磨损现象，例如，矿山的气动输送管道中物料对管道的磨损，锅炉管道被燃烧的灰尘冲蚀，喷砂机的喷嘴受砂粒的冲蚀，等等。据统计，冲蚀磨损占磨损总数的8%，例如，在用管道输送物料的气动运输装置中，弯头处的冲蚀磨损是直通部分磨损的50倍；对锅炉管道的失效分析表明，在所有发生事故的管道中约有1/3是由于冲蚀磨损造成的。由此可见，冲蚀磨损造成的损失和危害是严重的，对冲蚀磨损问题进行深入的研究是十分必要的。下面介绍冲蚀磨损的定义、分类以及简要介绍冲蚀磨损的理论和影响因素。

3.4.1　冲蚀磨损的定义与分类

1）冲蚀磨损的定义

冲蚀磨损（erosive wear）是指材料受到小而松散的流动粒子冲击时表面出现破坏的一类磨损现象。其定义可以描述为固体表面同含有固体粒子的流体接触做相对运动，其表面材料所发生的损耗。携带固体粒子的流体可以是高速气流，也可以是液流，前者产生喷砂型冲蚀，后者产生泥浆型冲蚀。

2）冲蚀磨损的分类

根据颗粒及其携带介质的不同，冲蚀磨损又可分为固体颗粒冲蚀磨损、流体冲蚀磨损、液滴冲蚀磨损和气蚀等。

（1）固体颗粒冲蚀磨损

固体颗粒冲蚀磨损是指气流携带固体粒子冲击固体表面产生的冲蚀。这类冲蚀现象在工程中最常见，如入侵到直升机发动机的尘埃和沙粒对发动机的冲蚀，气流运输物料对管路弯头的冲蚀，火力发电厂粉煤锅炉燃烧尾气对换热器管路的冲蚀等。

（2）流体冲蚀磨损

流体冲蚀磨损是指液体介质携带固体粒子冲击到材料表面产生的冲蚀。这类冲蚀表现为水轮机叶片在多泥沙河流中受到的冲蚀，建筑行业，石油钻探、煤矿开采、冶金矿山选矿场及火力发电站中使用的泥浆泵、杂质泵的过流部件受到的冲蚀，以及在煤的气化、液化（煤油浆、煤水浆的制备）、输送及燃烧中有关输送管道、设备受到的冲蚀等。

（3）液滴冲蚀磨损

液滴冲蚀磨损是指高速液滴冲击造成材料的表面损坏。如飞行器、导弹穿过大气层及雨区时，迎风面上受到高速的单颗粒液滴冲击出现的漆层剥落和蚀坑；在高温过热蒸汽中，高速运行的蒸汽轮机叶片受到水滴冲击而出现小的冲蚀等。

（4）气蚀

气蚀是指由低压流动液体中溶解的气体或蒸发的气泡形成和泯灭时造成的冲蚀。这类冲蚀主要出现在水利机械上，如船用螺旋桨、水泵叶轮、输送液体的管线阀门，以及柴油机汽缸套外壁与冷却水接触部位过窄的流道等。

3.4.2　冲蚀磨损理论

早在20世纪30年代,人们就开始对冲蚀磨损进行了研究,起初人们主要研究冲蚀磨损的规律和各种影响因素。关于冲蚀磨损理论的研究,则是近二十几年才发展起来的。然而到目前为止,虽已有数种冲蚀磨损理论,解释冲蚀磨损的各种现象、影响因素以及对材料抗蚀性能进行预测和提出控制冲蚀磨损的方法,但仍未建立起较完整的材料冲蚀磨损理论。现有的各种冲蚀磨损理论都只能在一定范围内适用。本文介绍几种冲蚀磨损理论。

1)微切削理论

该理论是由芬尼等人于1958年提出,其物理模型如图3.61所示。将磨粒看成一把切削刀具(Cutting Machine),其中横向移动方向为x轴,纵向切削方向为y轴,切削深度为z轴。设刀具切削点到刀具质心的纵向距离为r,同时主接触点到次接触点的距离为L,当刀具以与水平面成α的速度v,从右侧运动到左侧时,横向位移为x,竖向位移为z。受靶面刚性冲击影响,刀具会在xoz平面产生角度为θ的偏移。为使问题简化,假定在冲击时,粒子不变形、不开裂而且宽度不变,作用在粒子上的力其水平分量与垂直分量比例不变;切削过程中粒子与靶面接触高度与切削深度不变。因此又称为刚性粒子冲击塑性材料的微切削理论。

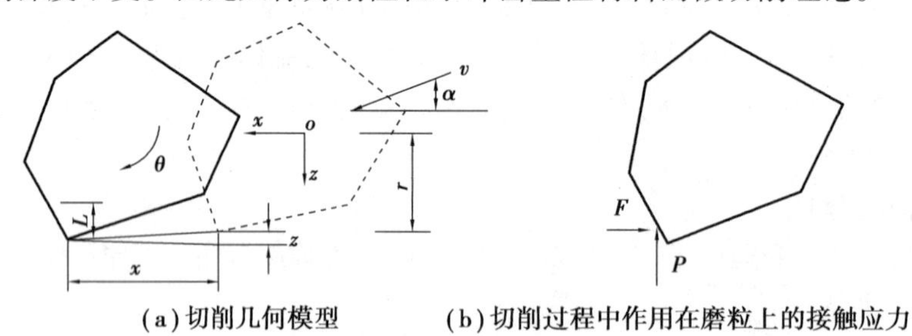

图3.61　延性材料的切削模型

芬尼认为磨粒就如一把微型刀具,当它划过靶材表面时,把材料切除而产生磨损。假设一颗多角形磨粒,质量为m,以一定速度v,冲角α冲击到靶材的表面。由理论分析可得出靶材的磨损体积为:

$$V=\frac{mv^2}{2p}\left(\frac{\sin 2\alpha - 3\sin^2\alpha}{2}\right)\ (0 < \alpha < \alpha_0) \tag{3.18}$$

$$V=\frac{mv^2}{2p}\left(\frac{\cos^2\alpha}{6}\right)\ (\alpha_0 < \alpha < 90^\circ) \tag{3.19}$$

式中　V——粒子总质量为m时造成的总磨损体积;

m——冲蚀磨粒的质量;

v——磨粒的冲蚀速度;

p——靶材的塑性流动应力;

α——磨粒的冲击角;

α_0——临界冲击角。

由式(3.18)和式(3.19)可以看出,材料的磨损体积与磨粒的质量和速度的平方(即磨粒的动能)成正比,与靶材的流动应力成反比,与冲角α成一定的函数关系。当α小于α_0时,V随α的增加明显增大;但当α大于α_0后,V随α的增加逐渐降低,通过理论计算得到的临界角α_0为18.43°。

大量试验研究表明,对于延性材料、多角形磨粒、小冲角的冲蚀磨损、切削模型非常适用。而对于不很典型的延性材料(例如一般的工程材料)、脆性材料、非多角形磨粒(如球形磨粒)、冲角较大(特别是冲角 $\alpha=90°$)的冲蚀磨损则存在较大的偏差。

2)脆性断裂理论

该理论是针对脆性材料提出来的,脆性材料在磨料冲击下几乎不产生变形。芬尼等根据赫兹应力的分析,夹在流体中的固体粒子从流体中获得能量,当冲击靶面时,进行能量交换,粒子的动能转化为材料的变形和裂纹的产生,引起靶面材料的损失。观察遭受粒子冲击的脆性材料的表面,发现有两种形式的裂纹:第一种是垂直于靶面的初生径向裂纹;第二种是平行于靶面的横向裂纹。前一种裂纹使材料强度削弱,后一种裂纹则是使材料损失的主要原因。

图3.62是典型脆性材料(如玻璃等)和典型延性材料(如铝等)的冲蚀磨损曲线对比。

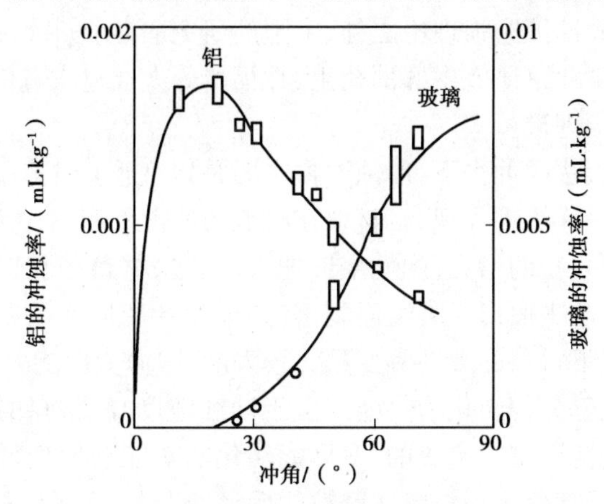

图3.62　脆性材料与延性材料的冲蚀磨损曲线对比

谢尔登和芬尼于1966年对冲角为90°时脆性材料的冲蚀磨损提出断裂模型,并得出脆性材料(单位质量磨粒的)冲蚀磨损量的表达式:

$$\varepsilon = K_1 r^a v_0^b \tag{3.20}$$

对球形磨粒

$$a = \frac{3m}{m-2}$$

对多角形磨粒

$$a = \frac{3.6m}{m-2}$$

对任一形状磨粒

$$b = \frac{2.4m}{m-2}$$

而

$$K_1 \propto \frac{E^{0.8}}{\sigma_b^2}$$

式中　E——靶材的弹性模量;

σ_b——材料的弯曲强度;

r——磨粒的尺寸;

v_0——磨粒的速度;

m——材料缺陷分布常数。

试验结果表明,几种脆性材料(如玻璃、MgO、Al_2O_3、石墨等)的 a 和 b 的实验值与理论值基本一致。

3)薄片剥落磨损理论

莱维及其同事使用分步冲蚀试验法和单颗粒寻迹法研究冲蚀磨损的动态过程。研究发现不论是大冲角(例如 90°冲角)还是小冲角的冲蚀磨损,由于磨粒的不断冲击,使靶材表面材料不断地受到前推后挤,于是产生小的、薄的、高度变形的薄片。形成薄片的大应变出现在很薄的表面层中,该表面层由于绝热剪切变形而被加热到(或接近于)金属的退火温度,于是形成一个软的表面层。在这个软的表面层的下面,有一个由于材料塑性变形而产生的加工硬化区。这个硬的次表层一旦形成,将会对表面层薄片的形成起到促进作用。在反复的冲击和挤压变形作用下,靶材表面形成的薄片将从材料表面剥落下来。

除了以上介绍的几种冲蚀磨损理论之外,中国的研究者也提出了各种不同的冲蚀磨损理论与模型。中国矿业大学北京研究生部邵荷生、林福严等人通过大量的试验研究,提出一个以低周疲劳为主的冲蚀磨损理论。

他们认为在法向或近法向冲击下,冲蚀磨损主要是以变形产生的温度效应为主要特征的低周疲劳过程。其材料去除机理表现为:材料在磨粒的冲击下产生一定的变形,变形可能是弹性的,随冲击速度及粒子直径的增大,弹性变形加大。如果材料是脆性的,并且弹性变形足够大时,将会在材料表面和次表面形成裂纹而剥落;如果弹性变形不足以使材料破坏,则材料将发生塑性变形,一般情况下材料的塑性应变是比较大的,因而变形能大。这种变形除少量能转化为材料的畸变能外,大部分都转化为热能。由于冲蚀速度高,材料的应变率也很高,因而在大多数冲蚀磨损中,冲击变形是一绝热的,变形能转化的热能会使变形区的温度上升,于是可能产生绝热剪切或变形局部化。当材料在磨粒的反复冲击下,变形区的积累应变很大时,材料便会从母体上分离下来而形成磨屑。

在斜角冲击时,材料的去除过程主要有两类:一类是切削过程,另一类是犁沟和形唇过程。在典型的切削过程中,材料在磨粒尖端的微切削作用下,大部分被一次去除而形成磨屑,磨痕的大小与磨屑的大小在尺寸上是相当的。在典型的犁沟和形唇过程中,一次冲击往往并不能直接形成磨屑,而仅仅使材料发生变形,当冲角较大时,变形坑较短,变形材料主要堆积在变形坑的出口端形成变形唇;当冲角较小时,变形坑较长,材料除堆积在变形坑出口端形成变形唇外,还堆积在变形坑两侧,就像磨粒磨损中的犁沟一样。不论犁沟还是形唇,大部分材料在一次冲击中总是被迁移、被变形,而不是一次去除。总之,材料的变形和变形能力是影响冲蚀磨损的主要因素。

3.4.3 影响冲蚀磨损的主要因素

影响冲蚀磨损的因素有很多,主要包括材料自身的性质和工况条件。材料自身的性质主要指材料的机械性能、金相组织、表面粗糙度和表面缺陷等。工况条件主要有磨粒的影响、冲蚀速度、冲蚀角度等。

1)材料自身性质

(1)材料的弹性模量

材料的弹性模量 E 是材料抵抗弹性变形的指标,E 越大,材料具有阻止被磨表面产生变形的内在阻力越大,因此弹性模量对磨损有很大的影响。由式(3.18)和式(3.19)可以看出,式

中只有 P 与材料的性能有关，说明了只有流变应力影响了材料的冲蚀性能。所谓的流变应力就是材料开始发生塑性变形时所承受的应力，从微观上说就是材料的临界切应力。而临界切应力与材料的弹性模量成正比，可以推出材料的弹性模量越高，材料的抗冲蚀性能越好。

（2）材料硬度的影响

材料软硬程度的指标反映材料表面抗塑性变形的能力。韧性材料在低角度的冲蚀下，材料的磨损主要是由微切削和犁沟变形造成，材料的表面发生严重的塑性变形。因此，韧性材料在较小冲蚀角度作用下其硬度越高，材料抵抗微变形的能力越强，耐磨性也越好。

陈学群等人研究了冲角和硬度对冲蚀磨损的影响，研究表明，在冲角为20°时，随着材料硬度的增加，相对失重减少，即耐冲蚀磨损能力提高，如图3.63所示；当冲角为90°时，随着材料硬度的增加，相对失重增大，即耐冲蚀磨损能力降低，如图3.64所示。

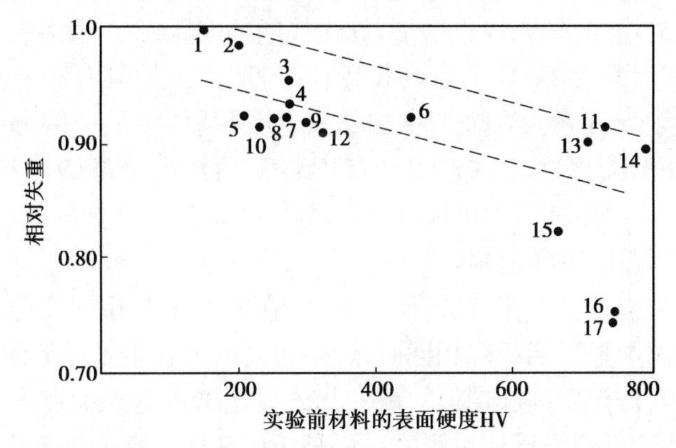

图3.63　冲角 $\alpha=20°$ 时，材料的相对失重与硬度的关系

（3）加工硬化的影响

有人认为靶材加工硬化（磨损）后的硬度更能反映材料性能与冲蚀磨损之间的关系。陈学群等人的试验发现，在冲角 $\alpha=20°$ 时，ZGMn13、ZGMn6Mol、ZG2Mn10Ti（在图3.64中编号为5、1、8和7）等奥氏体钢比原始硬度相同的碳钢和合金钢的相对磨损量小，即耐磨性高。测量试样磨损后次表层的显微硬度发现，具有奥氏体组织的高锰钢硬度提高约150 HV；而具有铁素体、珠光体、马氏体组织的碳钢和合金钢，次表层的硬度最多提高25 HV。靶材冲蚀磨损后的硬度与相对失重之间更接近于直线关系。所以加工硬化能提高材料低角度冲蚀磨损的耐磨性。

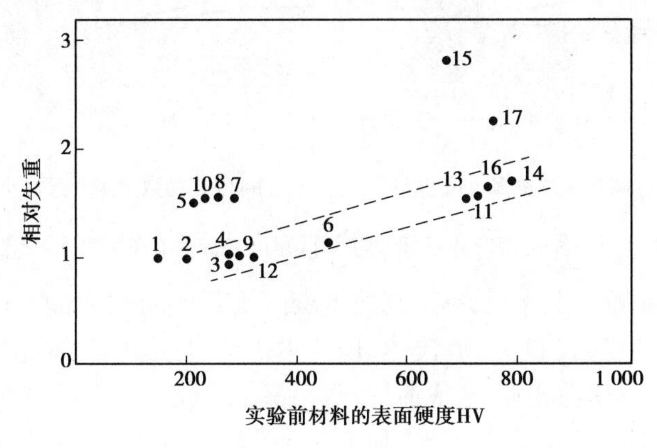

图3.64　冲角 $\alpha=90°$ 时，材料的相对失重与硬度的关系

相反,在冲角 $\alpha=90°$时,ZGMn13、ZGMn6Mol、ZG2Mn10Ti 钢等比原始硬度相同的碳钢和合金钢的相对磨损量大。对磨损后试样次表层的显微硬度测试发现,高锰钢的硬度提高约 364 HV,而碳钢和合金钢最多提高 29 HV,而且冲蚀磨损后的材料硬度与相对失重之间更接近直线关系。显然加工硬化会降低材料大角度冲蚀磨损的耐磨性。

(4)材料组织的影响

材料的组织构造对材料耐磨性的影响是复杂而重要的,因为材料组织决定了材料的力学性能。

HT200 的金相组织主要是片状石墨加珠光体,因碳是以层状石墨的形式存在,割裂了基体而破坏了基体的连续性,层间的结合力弱,故其强度和塑性几乎为零,一旦存在外力的作用,石墨便会呈片状脱落,因而 HT200 的耐磨性低。45 钢属于亚共析钢,其组织为铁素体加珠光体,因亚共析钢随含碳量的增加,珠光体也增加,珠光体间的间距减少,而决定材料耐磨性的 Fe_3C 也增加,故耐磨性也好。只要 Fe_3C 不以网状存在,增加含碳量就有利于金属材料的耐磨性。40Cr 是合金结构钢,因 Cr 元素为合金的主加元素,使得基体中的一部分 Fe_3C 形成合金渗碳体,另一部分形成特殊的碳化物,如 Cr7C3、Cr23C6 等,由于合金渗碳体和特殊的碳化物的硬度和稳定性高于 Fe_3C,显著提高了钢的耐磨性,因此 40Cr 具有良好的耐磨性。从金相结构分析,耐磨性按 40Cr、45 钢、HT200 递减。

材料组织的耐冲蚀磨损与冲角有关,研究表明,在低冲角时相同成分的碳钢,马氏体组织比回火索氏体更耐冲蚀磨损。当组织相同时,含碳量高的比含碳量低的耐磨性高,这是由于低角度冲蚀磨损机制主要是微切削和犁沟。硬的基体更能抵抗磨粒的刺入,所以马氏体比珠光体更耐磨,高碳马氏体比低碳马氏体更耐磨。而马氏体基体上有大量碳化物存在时,耐磨性会明显提高。特别是 Cr12MoV 钢和高铬白口铸铁,不仅碳化物数量多,而且 M7C3 型碳化物比 M3C 型碳化物硬度更高,相对石英砂来说是硬材料,能使石英砂磨粒棱角变钝。如果碳化物的数量少,尺寸小,则很容易被磨粒挖出,所以耐磨性较差,如图 3.65 所示。对于在软基体上分布着碳化物的情况,由于基体硬度低,容易产生选择性磨损,使碳化物质点暴露出来而被挖掉,所以这类组织的耐磨性提高不大。

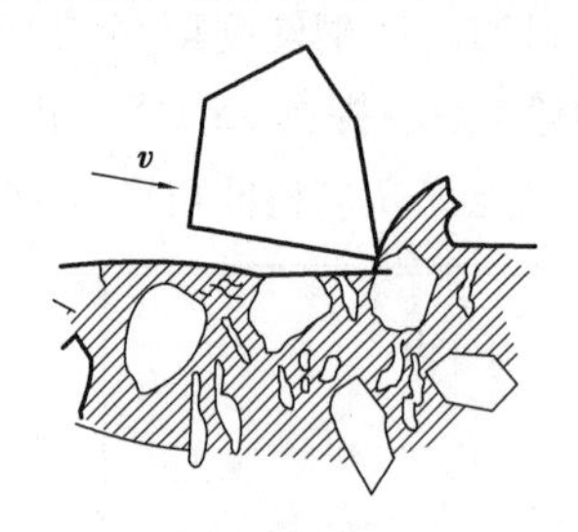

(a)碳化物数量多,尺寸大

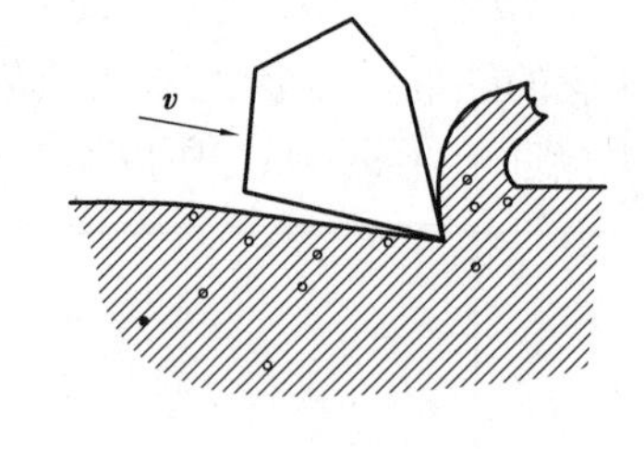

(b)碳化物数量少,尺寸小

图 3.65 碳化物的数量和尺寸对低角度冲蚀磨损影响的示意图

与大角度冲蚀磨损的情况相反,硬度高的组织比硬度低的磨损加剧,这与大角度冲蚀磨损的机制有关。韧性高的组织(例如,奥氏体、回火索氏体、低碳马氏体等)受磨粒的垂直撞击时,材料表面产生剧烈的塑性变形,形成凿坑,塑性挤出。经过多次反复塑性变形而导致断裂和剥落。奥氏体高锰钢由于表层易于产生加工硬化,因而在同样条件下,更容易断裂和剥落。

脆性组织(例如,高碳马氏体、碳化物等)受磨粒垂直撞击时,往往一次(或几次)撞击就会产生断裂和脆性剥落，这里碳化物的存在是个不利的因素，碳化物的数量越多、尺寸越大，磨损越严重。

应该指出的是，工程材料往往不是非常典型的延性材料或脆性材料，因而它们的磨损机制和磨损规律也有所不同，所以要根据具体情况做具体分析。

2）工况条件

（1）磨粒的影响

冲蚀磨损试验常用的磨粒主要有 SiO_2、Al_2O_3、SiC 等，有时也用玻璃和钢球，也可以采用各种工况的实际磨料。磨粒对于冲蚀磨损的影响很复杂。

①磨粒硬度的影响。一般情况下，磨粒越硬，冲蚀磨损量越大。如试验用磨粒尺寸为 125 ~ 150 μm，磨粒冲击速度为 130 m/s，材料为 11% Cr 钢。图 3.66 为磨粒的显微硬度值与冲蚀磨损量之间的关系曲线。试验结果获得冲蚀磨损率与磨粒硬度之间的关系式为：

$$\varepsilon = K \cdot H^{2.3}$$

②磨粒形状的影响。尖角形的磨粒比圆球形磨粒在同样条件下产生的冲蚀磨损更严重。例如，在 45° 冲角时，多角形磨粒比圆球形磨粒的磨损量大 4 倍。

磨粒形状不同，产生的最大磨损冲角也不同。例如，多角形的碳化硅、氧化铝磨粒产生最大冲蚀磨损的冲角约为 16°，钢球产生最大冲蚀磨损的冲角约为 28°，一般延性材料产生最大冲蚀磨损的冲角为 16° ~ 30°。

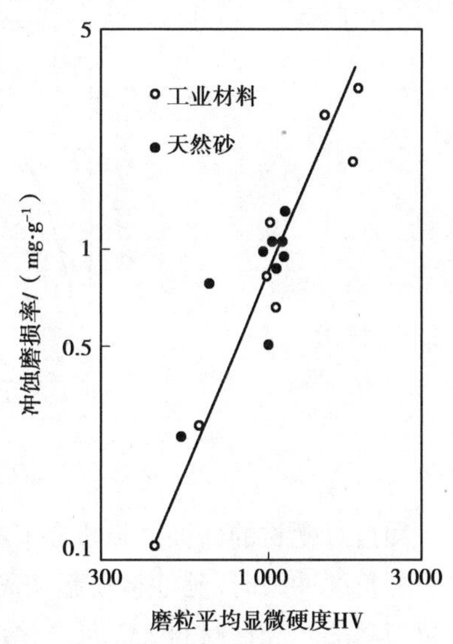

图 3.66　磨粒硬度值对冲蚀磨损的影响

③磨粒尺寸的影响。磨粒尺寸对冲蚀磨损也有明显的影响。磨粒尺寸很小时，对冲蚀磨损影响不大。随着磨粒尺寸增大，靶材的冲蚀磨损也增大，当磨粒尺寸增大到一定值时，磨损几乎不再增加。这一现象称为“尺寸效应”，它与靶材有关。

④磨粒破碎的影响。磨粒在冲击靶材表面时会产生大量碎片，这些碎片能除去磨粒以前冲击时在靶材表面形成的挤出唇或翻皮，增加靶材的磨损。这种由于碎片造成的磨损称为二次磨损，而磨粒未形成碎片时造成的磨损称为一次磨损，冲蚀磨损是一次磨损与二次磨损的总和。

⑤磨粒嵌镶的影响。在冲蚀磨损的初期，由于磨粒嵌镶于靶材的表面，因此靶材的冲蚀磨损量很小，甚至不是产生失重而是增重，即产生负磨损，这一阶段称为“孕育期”。经过一段时间（或冲蚀了一定量的磨粒）之后，当靶材的磨损量大大超过嵌镶量时，才变为正磨损。随着冲蚀磨粒数量的增加，靶材的磨损量也稳定增加，这一阶段称为稳定（态）冲蚀期。

对于延性材料来说，尤其是在 90° 冲角时，磨粒更容易嵌镶于靶材的基体，使靶材表面的性能变坏，往往使冲蚀磨损量增大。对于脆性材料，磨粒难以嵌镶到靶材的基体中，因而影响不大。

（2）冲蚀速度的影响

冲蚀磨损与磨粒的动能有直接关系，因此磨粒的冲蚀速度对冲蚀磨损有重要的影响。研究表明，冲蚀磨损量与磨粒的速度存在以下关系：

$$\varepsilon = K \cdot v^n \tag{3.21}$$

式中，K 是常数，v 是磨粒的冲蚀速度，n 是速度指数，一般情况下 $n=2\sim3$；延性材料波动较小 $n=2.3\sim2.4$；脆性材料则波动较大 $n=2.2\sim6.5$。

(3)冲角的影响

冲角是指磨粒入射轨迹与靶材表面之间的夹角。冲角对冲蚀磨损的影响与靶材有很大的关系。延性材料的冲蚀磨损开始随冲角增加而增大，当冲角为 20°～30°时达到最大值，然后随冲角继续增大而减小；脆性材料则随冲角的增加，磨损量不断增大，当冲角为 90°时，磨损最大，如图 3.67 所示。

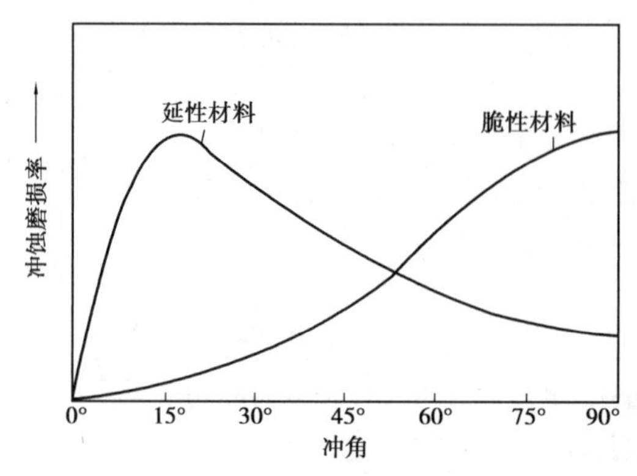

图 3.67　冲角对延性材料和脆性材料冲蚀磨损的影响

冲角对靶材的冲蚀磨损机制有很大的影响。低角度冲蚀时，磨损机制以微切削和犁沟为主。高角度冲蚀时，延性材料起初表现为凿坑和塑性挤出，多次冲击经反复变形和疲劳，引起断裂与剥落。脆性材料在大尺寸磨粒和大冲击能量的垂直冲击下，以产生环形裂纹和脆性剥落为主，在小尺寸磨粒、冲击能量较小时，则可能具有延性材料的特征。

3.5　接触疲劳磨损

接触疲劳磨损又称表面疲劳磨损，是指齿轮、滚动轴承、凸轮等机器零件，在循环交变接触应力长期作用下所引起的表面疲劳剥落现象。当接触应力较小，循环交变接触应力次数不多时，材料表面只产生数量不多的小麻点，对机器正常运行几乎没有影响；但当接触应力较大、循环交变接触应力次数增多时，接触疲劳磨损将导致零件失效。

接触疲劳损伤类型和损伤过程与其他疲劳一样，接触疲劳也是一个裂纹形成和扩展的过程。接触疲劳裂纹的形成也是局部金属反复塑性变形的结果。当两个接触体相对滚动或滑动时，在接触区将造成很大的应力和塑性变形。由于交变应力长期反复作用，便在材料表面或表层的薄弱环节处，引发疲劳裂纹，并逐步扩展。最后金属以薄片形式断裂剥落下来，所以塑性变形是疲劳磨损的重要原因。

根据剥落坑外形特征，可将接触疲劳失效分为 3 种主要类型，即点蚀、浅层剥落和深层剥落。

(1)点蚀

点蚀是指在原来光滑的接触表面上产生深浅不同的凹坑(也称麻点)。点蚀裂纹一般从表面开始，向内倾斜扩展，然后折向表面，裂纹以上的材料折断脱落下来即成点蚀。由点蚀形成的磨屑通常为扇形(或三角形)颗粒,凹坑为许多细小而较深的麻点。

(2)浅层剥落

浅层剥落是在纯滚动或摩擦力很小的情况下,次表层将承受更大的切应力,裂纹易于在该处形成。在法向和切向应力作用下,次表层将产生塑性变形,并在变形层内出现位错和空位,并逐步形成裂纹。第二相硬质点和夹杂物将加速这一过程。由于基体围绕硬质点发生塑性流动,将使空位在界面处聚集而形成裂纹。一般认为,裂纹沿着平行于表面的方向扩展,而后扩展向表面,形成薄而长的剥落片。

(3)深层剥落

深层剥落一般发生在表面强化的材料中,如渗碳钢中。裂纹源往往位于硬化层与心部的交界处,这是因为该交界处是零件强度最薄弱的地方。如果其塑性变形抗力低于该处的最大合成切应力,则将在该处形成裂纹,最终造成大块剥落。剥落裂纹一般从亚表层开始,沿与表面平行的方向扩展,最后形成片状的剥落坑。深层剥落所产生的磨屑呈椭圆形片状,形成的凹坑浅而面积较大。

3.5.1 接触疲劳磨损理论

1)油楔理论

1935年韦斯特提出了由疲劳裂纹扩展形成点蚀的理论。在材料内表面已形成的微裂纹,由于毛细管作用吸附润滑油,使得裂纹尖端处形成油楔。当润滑油由于接触压力而产生高压油波快速进入表面裂纹时,对裂纹壁将产生强大的液体冲击,同时上面的接触面又将裂纹口堵住,使裂纹内的油压进一步升高,于是裂纹便向纵深扩展。裂纹的缝隙越大,作用在裂纹壁上的压力也越大,裂纹与表面之间的小块金属如同悬臂梁一样受到弯曲,当根部强度不足时,就会折断,在表面形成小坑,这就是“点蚀”,如图3.68所示。

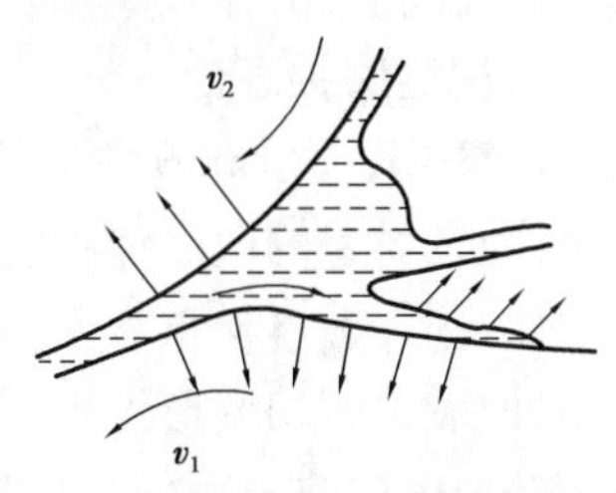

图3.68 点蚀形成的示意图

在两个接触表面之间,法向力和摩擦力的共同作用使得接触应力增大,如果在滚动过程中还存在滑动摩擦,则实际最大切应力十分接近表面。因此,疲劳裂纹最容易在表面产生。

在韦斯特之后,有人提出一种由于摩擦温度形成点蚀的理论。当两圆柱体接触时,由于表面粗糙不平,接触区某些部位压力很大,必然发生塑性变形,并产生瞬时高温,因此接触区的金属组织发生变化并产生体积膨胀效应,使表层金属隆起,于是在表面层形成裂纹或分层,然后在润滑油的作用下形成点蚀。

2)最大切应力理论

凡凯梯西和拉曼耐逊认为点蚀主要发生在接触表面下的最大切应力处。应力分布如图3.69所示。

他们用位错理论解释点蚀的产生。由于剪应力的作用,在次表层产生位错运动,位错在夹杂物或晶界等障碍处堆积。在滚动过程中,由于剪应力的方向发生变化,所以位错运动一会儿向前,一会儿向后。由于位错的切割效应,形成空穴,空穴集中形成空洞,最后成为裂纹。裂纹产生后,在载荷的反复作用下,裂纹扩展,最后扩展至表面,形成点蚀。

从赫兹弹性应力分析可知,在表面上产生最大压应力,而表面下某点出现最大切应力。由于滚动的结果,此处材料首先出现屈服,在外载荷的反复作用下,材料的塑性耗竭,随着滚动的推进,所有切应力方向都发生改变,以致在最大切应力处出现疲劳裂纹,随后表层逐渐被裂纹

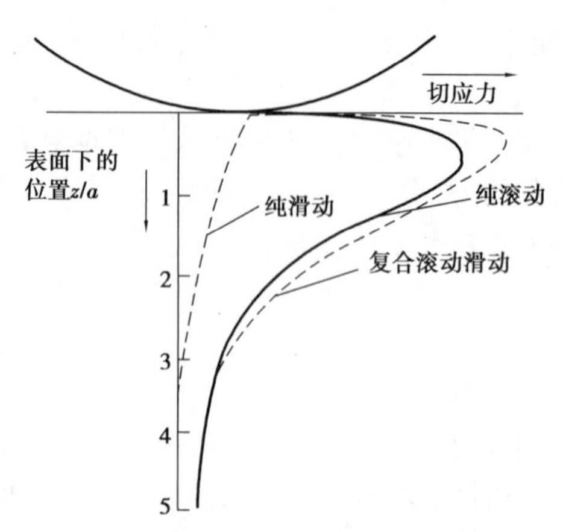

图 3.69　滚动与滑动时,接触面下剪应力的分布图

从金属基体隔离。一旦裂纹尺寸扩展到表面上,表层就会剥离而成为磨粒,这些磨粒可能是大尺寸碎片或薄片,并在摩擦表面留下"痘斑"。

3)剥层磨损理论

1973 年,美国麻省理工学院的南普苏提出剥层磨损理论。其基本论点是当两个滑动表面接触,硬表面上的微凸体在软表面上滑过时,软表面上的接触点将经受一次循环载荷,由于产生塑性变形,金属材料表面将出现很多位错。所以金属表面的位错密度常常比内部的位错密度小,即最大剪切变形发生在一定深度内。当微凸体在接触表面反复滑动时,使表层下面一定深度处产生位错塞积,并形成空位或裂纹。金属材料中的夹杂物和第二相质点等缺陷往往是裂纹形成的地方,如图 3.70 所示。

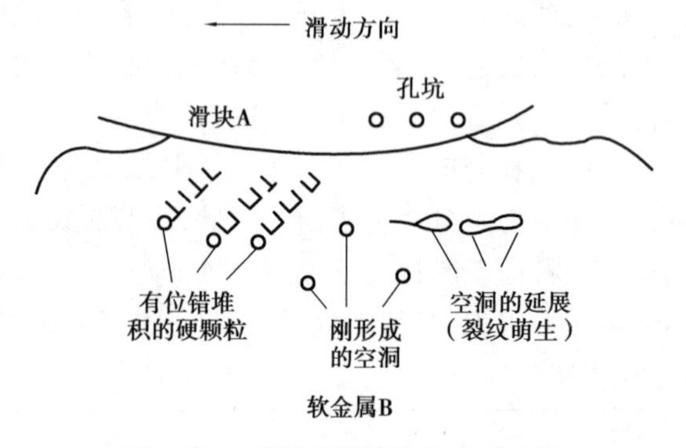

图 3.70　剥层磨损裂纹形成示意图

当裂纹形成以后,根据应力场分析,平行表面的正应力阻止裂纹向深度方向扩展,所以裂纹一般都是平行于表面扩展,微凸体每滑过一次,裂纹经受一次循环载荷,就在同样深度向前扩展一个微小的距离。当裂纹扩展到一定的临界尺寸时,在裂纹与表面之间的材料由于切应变而以薄片的形式剥落下来。

剥层磨损理论主要经历 4 个过程,即表面塑性变形、表层内裂纹成核、裂纹扩张、磨屑形成。通过分析表明,磨屑形状为薄而长的层状结构,这是由于表层内裂纹生成和扩展的结果。

1978 年弗治塔和约西达用镍铬渗碳钢比较系统地研究了纯滚动及滚滑条件下的接触疲劳磨损问题。探讨了深层剥落裂纹形成及扩展的机理。他们发现不同渗碳层厚度的试样,其剥层裂纹的形式都是相同的,与接触状态、赫兹应力和渗层厚度无关。剥层裂纹在接触表面下较浅的部位首先形成,然后通过重复的滚动接触引起的弯曲会产生二次裂纹和三次裂纹,使剥层底部加深,最后裂纹扩展到两端发生断裂,形成较深的剥落坑。

有人认为两滚动元件接触时,由于表面粗糙不平,局部压力很大,接触表面发生塑性变形,接触区可能产生很高的温度。在这种高温和高压的作用下,接触区的金属组织和性能将会发生变化。

剥层理论是建立在力学分析和材料学科以及充分的试验基础上的,截至目前,是比较完整和系统的表面疲劳磨损理论之一。虽然在接触疲劳磨损中对于组织和性能的变化研究得还不够充分,但通过剥层理论可以肯定,这种变化与接触疲劳裂纹的形成与扩展有着密切的关系。

3.5.2　影响接触疲劳磨损的主要因素

影响接触疲劳磨损的因素有很多,凡是影响裂纹源形成和裂纹源扩展的因素,都会对接触疲劳磨损产生影响,下面介绍影响接触疲劳磨损的主要因素。

1)载荷的影响

接触疲劳磨损不是用磨损量表示,而是用接触疲劳寿命表示,在某一接触应力下,接触零件的循环周次。载荷是影响滚动零件寿命的主要因素之一。一般认为滚珠轴承的寿命与载荷的立方成反比,即

$$N \times W^3 = 常数 \tag{3.22}$$

式中　N——滚珠轴承的寿命,即循环次数;

W——外加载荷。

一般认为滚珠轴承 W 的指数为 3 ~4,常取为 10/3。式(3.22)不能表示接触疲劳极限的存在。现已证明,在循环剪切应力作用下,金属材料有确定的疲劳极限。接触疲劳是在循环剪切应力作用下发生的,因而也应有确定的疲劳极限。所以,接触疲劳寿命表达式还有研究改进的余地。

2)热处理组织的影响

(1)马氏体碳的质量分数

滚动零件的热处理组织状态对接触疲劳寿命有很大的影响。承受接触应力的机件多采用淬火或渗碳钢表面渗碳强化。对于滚动轴承钢而言,淬火及低温回火后的显微组织是隐针(晶)马氏体和细粒状碳化物,在未熔碳化物状态相同的条件下,马氏体碳的质量分数为0.4% ~0.5%时,疲劳寿命最高。如果固溶体的碳浓度过高,易形成粗针状马氏体,脆性较大。而且残余奥氏体量增多,接触疲劳寿命降低。马氏体中的碳浓度过低,则基体的强度、硬度降低,也影响接触疲劳寿命。

(2)马氏体及残余奥氏体级别

渗碳钢淬火,因工艺不同可以得到不同级别的马氏体和残余奥氏体。一般情况下,马氏体及残余奥氏体级别越高,接触疲劳寿命越低。

(3)未熔碳化物颗粒形状

对于马氏体碳质量分数为0.5%的轴承钢,通过改变轴承钢中剩余碳化物颗粒大小,研究其对接触疲劳寿命的试验得出,细颗粒的碳化物(平均大小在0.5 ~1.0 μm)的寿命比粗颗粒碳化物(直径为1.4 μm 以上,一般为2.5 ~3.5 μm)的寿命高。当然,碳化物颗粒和接触疲劳寿命不可能只是平均颗粒大小的问题,显然还和碳化物的数量、形状和分布有关。因此,未熔

碳化物颗粒分布越均匀越好,形状的圆正度越高越好,即趋于小、少、匀、圆越好。

3)表层性质的影响

(1)表面硬度

硬度主要反映材料塑变抗力高低和一定程度上反映材料切断抗力的大小。一般情况下,材料表面硬度越高,接触疲劳寿命越长,但并不永远保持这种关系。在中低硬度范围内,零件的表面硬度越高,接触疲劳抗力越大。在高硬度范围内,这种对应关系并不存在。如图3.71(a)所示,当轴承钢表面硬度为62 HRC时,轴承的平均使用寿命最高。对20CrMo钢渗碳淬火后不同温度回火,从而得到不同表面硬度,进行多次冲击接触疲劳试验时也证实了这一点,如图3.71(b)所示。接触疲劳裂纹的生成主要取决于材料塑变抗力即剪切强度,但接触疲劳裂纹的发展除剪切强度外,还与材料的正断抗力有关。而材料成分组织变化引起正断抗力的变化在硬度值上是反映不出来的。这就是接触疲劳寿命开始随硬度的增加而增加,但到达一定硬度值后又下降的原因。

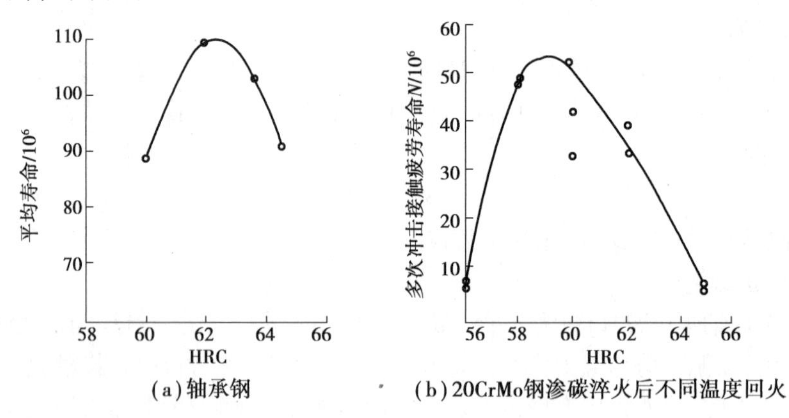

图3.71 接触疲劳寿命与表面硬度的关系

(2)材料硬度和匹配的影响

在正确选择材料硬度的同时,材料硬度和匹配不容忽视。它直接影响接触疲劳寿命。对于轴承来说,滚动体硬度比座圈应大1~2 HRC。对于软面齿轮来说,小齿轮硬度应大于大齿轮硬度,但具体情况应具体分析。对于渗碳淬火和表面淬火的零件,在正确选择表面硬度的同时,还必须有适当的心部硬度和表层硬度梯度。实践证明,表层硬度高、心部硬度低的材料,其接触疲劳寿命将低于表层硬度稍低而心部硬度稍高者。如果心部硬度过低,则表层的硬度梯度太陡,使得硬化层的过渡区发生深层剥落。根据试验和生产实践,渗碳齿轮的心部硬度一般在38~45 HRC较为适宜。

(3)残余应力

在表面硬化钢(如渗碳齿轮)淬火冷却时,表层的马氏体转变温度比心部低,表面将产生残余压应力,心部为残余拉应力。一般来说,当表层在一定深度范围内存在有利的残余压应力时,可以提高弯曲扭转疲劳抗力,并能提高接触疲劳抗力。但在压应力向拉应力过渡区域,往往也是硬化层的过渡区,这将加重该区域产生裂纹的危险性。

4)冶金质量的影响

钢材的冶炼质量对零件的接触疲劳磨损寿命有明显的影响。轴承钢中的非金属夹杂物有塑性的、脆性的和不变形(球状)的3种,其中塑性夹杂物对寿命影响较小,球状夹杂物(钙硅酸盐和铁锰酸盐)次之,危害最大的是脆性夹杂物(氧化物、氮化物、硅酸盐和氰化物等),因为它们无塑性,和基体的弹性模量不同,容易在和基体交界处引起高度应力集中,导致疲劳裂纹早期形成。研究表明,这类夹杂物的数量越多,接触疲劳寿命下降得越大,如图3.72(a)所示。

夹杂物与基体间膨胀系数的差别是影响疲劳强度的重要因素。膨胀系数小于基体的,淬火后界面产生拉应力,降低疲劳强度,氧化物即属于此;膨胀系数大于基体的,如硫化物,淬火后界面不会产生拉应力,因此对疲劳强度无害,甚至有利,如图3.72(b)所示。改善钢的冶炼方法,进行净化处理,是减少夹杂物的根本措施。

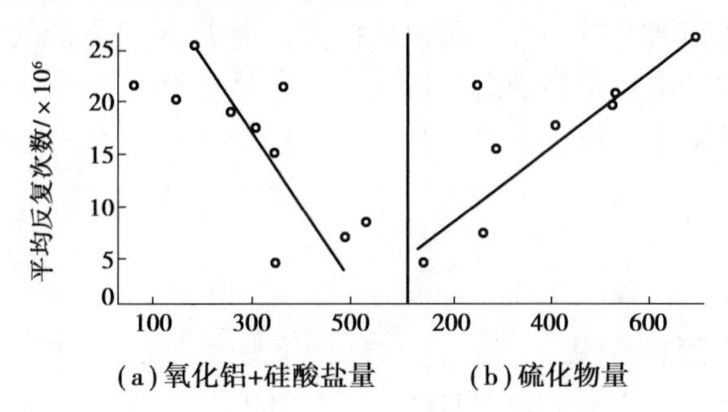

图3.72 非金属夹杂物数量对接触疲劳寿命的影响

5)表面粗糙度的影响

接触疲劳磨损产生于滚动零件接触表面,所以表面状态对接触疲劳寿命有很大的影响。生产实践表明,表面硬度越高的轴承、齿轮等,往往必须经过精磨、抛光等工序以降低表面的粗糙度值。同时,对表面进行机械强化手段以获得优良综合强化效果,可进一步提高接触疲劳寿命。

6)润滑的影响

润滑剂对滚动元件的接触疲劳磨损寿命有重要的影响。一般认为高黏度低指数的润滑剂由于不容易进入疲劳裂纹而提高接触疲劳寿命。温度升高,将使润滑剂的黏度降低,油膜厚度减小,导致接触疲劳磨损加剧。研究发现,不同材料的滚动轴承的接触疲劳寿命随着润滑油的不同而变化。对于各种润滑油,接触疲劳寿命因材料而异。因而滚动轴承的材料与润滑油的配合非常重要。同时在润滑剂中适当地加入某些添加剂,如二硫化钼、三乙醇胺等可以减缓接触疲劳磨损过程。

3.6 腐蚀磨损

在摩擦过程中,由于机械作用和摩擦表面材料与周围介质发生化学或电化学反应共同引起的物质损失,称为腐蚀磨损,也有称其为机械化学磨损。腐蚀磨损时,材料表面同时发生腐蚀和机械磨损两个过程。腐蚀是由于在材料和介质之间发生化学或电化学反应,在表面形成腐蚀产物;机械磨损则是由两个相配合表面的滑动摩擦引起的。

材料失效的三大原因(疲劳断裂、腐蚀和磨损)中,磨损的研究起步较晚。金属材料的应力腐蚀开裂和腐蚀疲劳断裂虽然和腐蚀磨损相似,都属于力学和电化学因素同时作用造成的失效。但因有疲劳和腐蚀学科作基础,应力腐蚀和腐蚀疲劳分别作为一门分支领域,其完整性和系统性远比腐蚀磨损成熟。腐蚀磨损研究则较少，它是极为复杂的过程，环境、温度、介质、滑动速度、载荷及润滑条件稍有变化，都会使磨损发生很大的变化。在一定条件下，腐蚀磨损会逐渐失效，例如，氧化磨损在轻载低速下，磨损缓慢，磨损产物主要是细碎的氧化物，金属摩擦面光滑。细碎氧化物能隔离金属摩擦面使之不易黏着，减少摩擦和磨损。所以通常金属摩擦副在空气中比在真空中的摩擦系数都小。但钢铁零件在含有少量水汽的空气中工作时，反应产物便由氧化物变为氢氧化物，使腐蚀加速。若空气中有少量的二氧化硫或二氧化碳时，会使腐蚀更快，故在工业区、矿区及沿海区域工作的机械较易生锈。

腐蚀磨损的机理所需研究的内容和解决的问题一直是人们争论的焦点，从广义上把腐蚀磨损分为化学腐蚀磨损和电化学腐蚀磨损两大类。前者是指气体或有机溶剂中的腐蚀磨损，后者是发生在电解质溶液中的腐蚀磨损。化学腐蚀磨损又可分为氧化磨损和特殊介质腐蚀磨损两种。

3.6.1 氧化磨损

1）氧化磨损过程及磨损方程

纯净的金属暴露在空气中，表面会很快与空气中的氧反应生成氧化膜，这层氧化膜避免了金属之间的相互接触，起到了保护作用。在摩擦过程中，金属表面的氧化膜受机械作用或由于氧化膜与基体金属的热膨胀系数不同，而从表面上剥落下来，形成磨屑。剥落后的金属表面就会再次与氧发生反应生成新的氧化膜，这样周而复始，形成的磨损称为氧化磨损。

除金、铂等极少数金属外，大多数的金属一旦与空气接触，即使是纯净的金属表面也会立即与空气中的氧反应生成单分子层的氧化膜。随时间的延长，膜的厚度逐渐增长。在空气中，常温时金属表面的氧化膜是非常薄的。

在摩擦过程中，由于固体表面和介质间相互作用的活性增加，故形成氧化膜的速率要比静态时快得多。因此，在摩擦过程中被磨去的氧化膜在下一次摩擦的间歇中会迅速地生长出来，并被继续磨去，这便是氧化磨损过程。

阿查德的黏着磨损方程，首先且主要的是假设表面相互作用发生在完全洁净的条件下，也就是说在完全真空中才能满足。但实际并非如此，在大气中金属表面不可避免地会蒙上一层沾染膜。奎因首先提出氧化磨损理论，他发现在磨屑里出现了不同的氧化物，这表明存在不同的氧化温度，并且在微凸体相互作用时会达到这种温度，在阿查德公式的基础上，建立了著名的轻微磨损的氧化理论，并推导出钢的氧化磨损方程，即

$$\overline{W}=\frac{W_v}{L}=\left[A_0\exp(-Q/RT)S/vh^2\rho^2\right]\frac{P}{3H} \tag{3.23}$$

式中 $\overline{W}$——磨损率；

W_v——体积磨损量；

L——滑动距离；

P——法向载荷；

H——材料硬度；

ρ——氧化膜密度；

S——接触的滑动距离；

v——滑动速度；

A_0——阿累纽斯常数；

Q——氧化反应的激活能；

R——摩尔气体常数；

T——滑动界面上的热力学温度；

h——氧化膜的临界厚度。

在式(3.23)中可知,表示临界氧化膜越厚则磨损率越小。

2)影响氧化磨损的因素

(1)氧化膜性质的影响

①氧化膜硬度与基体硬度的比值。当氧化膜的硬度远小于基体硬度时,因基体太弱,无法支承载荷,故即使外力很小,氧化膜也很易破碎,形成极硬的磨料,氧化磨损严重。当氧化膜硬度与基体硬度相近时,在载荷作用下发生小变形时,两者同时变形,氧化膜不易脱落,当载荷变大后,变形增大,氧化膜也易破碎。当两者硬度都很高时,在载荷作用下变形很小,氧化膜不易变形,耐磨性增加。

②氧化膜与金属基体的连接强度。氧化磨损的快慢取决于氧化膜的连接强度和氧化速度。脆性氧化膜与基体的连接强度较差,或者氧化膜的生成速度低于磨损速度时,容易被磨掉。若氧化膜的硬度较大,结果氧化膜被嵌入金属内,成为磨料,磨损量较大。韧性氧化膜与基体的连接强度较高,或者氧化速度高于磨损速度时,则与基体结合牢固,不易磨掉。若氧化物较软,则对另一表面磨损就小,且氧化膜可起到保护表面的作用,磨损率较低。

③氧化膜与环境的关系。对于钢材摩擦副,由于表面温度、滑动速度和载荷不同,当载荷小、滑动速度低时,氧化膜主要被红褐色的 Fe_2O_3 覆盖,磨损量小;但当滑动速度增大,载荷增大后,由于摩擦热的影响,表面被黑色的 Fe_3O_4 覆盖,磨损量也较小。环境中的水汽、氧、二氧化碳及二氧化硫等对表面膜的影响较大。

有些氧化物的摩擦磨损性能还与温度有关,如 PbO,在 250 ℃以下润滑性能不好但超过此温度时,就能成为比 MoS_2 还好的润滑剂。

(2)载荷的影响

轻载荷下氧化磨损磨屑的主要成分是 Fe 和 FeO,重载荷条件下磨屑的主要成分是 Fe_2O_3 和 Fe_3O_4。当载荷超过某一临界值时,磨损量随载荷的增大而急剧增加,磨损类型由氧化磨损转化为黏着磨损。

(3)滑动速度的影响

低速摩擦时,钢表面主要成分是氧-铁固溶体以及粒状的氧化物和固溶体的共晶磨损量较小,属于氧化磨损;随滑动速度的增加,这时产生的磨屑较大,摩擦表面粗糙,磨损量增大,属于黏着磨损;当滑动速度较高时,表面主要是各种氧化物,磨损量略有降低;当滑动速度达到更高时,产生摩擦热,将有氧化磨损转变为黏着磨损,磨损量剧增。

(4)金属表面状态的影响

当金属材料表面处于干摩擦状态时,容易产生氧化磨损。当加入润滑油后,除起到减磨作用外,还同时隔绝了摩擦表面与空气中氧的直接接触,使氧化膜的生成速度减缓,提高抗氧化磨损的能力。但有些润滑油能促使氧化膜脱落。

3.6.2 特殊介质腐蚀磨损

1)磨损过程

摩擦副在摩擦过程中,由于金属表面与酸、碱、盐等介质发生化学反应或电化学反应而形成的磨损称为特殊介质腐蚀磨损。其磨损机理与氧化磨损机理相似,但腐蚀的痕迹较深,磨损速度较快,磨屑呈颗粒状和丝状,它们是表面金属与周围介质的化合物。

应当指出,在各种腐蚀性磨损中,首先是产生化学反应,然后由于机械磨损作用使化学生成物质脱离表面。由此可见,腐蚀磨损的过程与某些添加剂通过生成化学反应膜以防止磨损的过程基本相同。两者的差别在于化学生成物质是保护表面防止磨损,还是促使表面脱落。化学生成物质的形成速度与被磨掉的速度之间存在平衡问题,两者相对大小的不同,将产生不同的效果。例如,用来防止胶合磨损的极压添加剂含硫、磷、氯等元素,它们的化学性质活泼。当极压添加剂的浓度增加时,化学活性增强,形成化学反应膜的能力提高,因而黏着磨损减小;而当添加剂的化学活性过高时,反而导致腐蚀磨损。

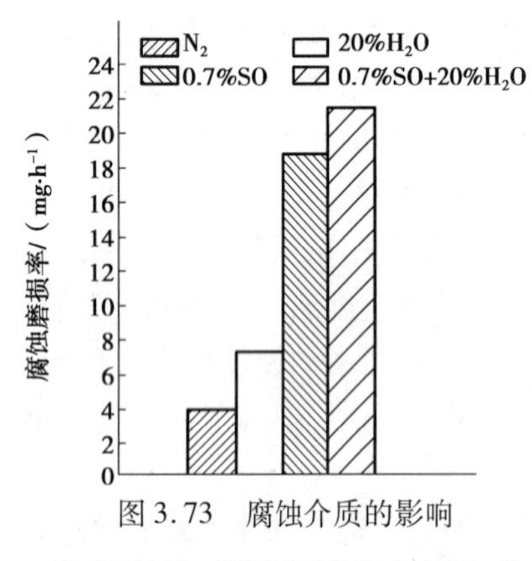

图 3.73 腐蚀介质的影响

2)特殊介质磨损的影响因素

(1)腐蚀介质性质及温度影响

腐蚀磨损的速度随着介质的腐蚀性强弱、腐蚀温度高低的影响而变化。

如图 3.73 所示为钢试样在 3 种腐蚀性介质及氮气中进行表面喷砂磨损试验的结果。磨损率随介质的腐蚀性增强而变大。若钢的表面上形成一层结构致密,与基体金属结合牢固的保护膜,或膜的生成速度大于磨损速度,则磨损将不再按腐蚀性的强弱变化而变化,而是要低得多。

此外,磨损率随介质温度的升高而增大,特别是高于一定温度后,腐蚀磨损将急剧上升。通常这个温度约为 200 ℃,具体数值随介质的不同而略有差别。

(2)材料性质的影响

有些元素,如镍、铬在特殊介质作用下,易形成化学结合力较强、结构致密的钝化膜,从而减轻腐蚀磨损。钨、钼两金属在 500 ℃以上时,表面生成保护膜,使摩擦系数减小,故钨、钼是抗高温腐蚀磨损的重要金属材料。此外,由碳化钨、碳化钛等组成的硬质合金,都具有高抗腐蚀磨损能力。

由于润滑油中含有腐蚀性化学成分,如含镉、铅等元素的滑动轴承材料很容易被润滑油里的酸性物质腐蚀,在轴承表面上生成黑点,逐渐扩展成海绵状空洞,在摩擦过程中呈小块剥落。含银、铜等元素的轴承材料,在温度不高时与油中硫化物生成硫化物膜,能起到减磨作用;但在高温时膜易破裂,如硫化铜膜性质硬而脆,极易剥落。为此,应合理选择润滑油和限制油中的含酸量和含硫量。

3.6.3 电化学腐蚀磨损

1)电化学腐蚀

当金属与周围的电解质溶液相接触时,会发生原电池反应,比较活泼的金属失去电子而被氧化，这种腐蚀称为电化学腐蚀。实际上，电化学腐蚀的原理就是原电池的原理。

当金属表面形成化学电池时，腐蚀便会发生。被腐蚀的金属表面发生的是阳极反应过程，由于金属外层电子数少，并随着原子半径的增大，最外层很容易失去电子，金属原子失去电子便形成金属阳离子，其反应过程：

$$Me^{\circ} \rightleftharpoons Me^{+} + e \tag{3.24}$$

式中　Me°——中性原子；

Me^{+}——金属阳离子；

e——电子。

此时，金属显负电而溶液显正电。由于静电的相互作用，因此溶液中的金属离子和金属表面上的电子聚集在固-液界面的两侧，形成双电层。双电层间有电势差，称为电极电势，它的高低决定于材料特性、溶液中离子的浓度和温度等。我们知道，金属元素可按电极电势排成次序，这次序反映了金属在水溶液中得到和失去电子的能力，凡电极电势越低的金属，越容易失去电子，形成金属离子。

在水溶液中或熔融态中，能够导电的化合物称为电解质，例如酸、碱、盐等。金属和电解质的水溶液或其熔融态发生电化学反应时，同时存在电子迁移，即氧化和还原，但与化学反应不同的是同时有化学能和电能相互转变的过程。

将化学能转变为电能的原电池中，电极电势较低的金属为流出电子的负极，电极电势较高的金属成为流入电子的正极，电池的电动势等于正极的电极电势减去负极的电极电势。以铜锌电池为例，将锌片与铜片用导线相连后浸入有稀硫酸溶液的同一容器中，发现电流的指针立即转动，说明有电流通过；同时还可以发现锌的腐蚀，铜表面有大量的氢气泡逸出，如图3.74(a)所示。这是由于锌的电位较低，铜的电位较高，它们各自在电极/溶液界面上建立的电极过程遭到破坏，并在两个电极上分别进行电极反应。

在锌电极上，金属失去电子被氧化

$$Zn \longrightarrow Zn^{2+} + 2e$$

在铜电极上，稀硫酸溶液中的氢离子得到电子被还原

$$2H^{+} + 2e \longrightarrow H_2$$

整个电池的总反应为：

$$Zn + 2H^{+} \longrightarrow Zn^{2+} + H_2$$

若将锌片与铜片直接连接后浸入稀硫酸中，同样可见锌加速溶解，同时铜表面有大量的氢气泡逸出，如图3.74(b)所示。

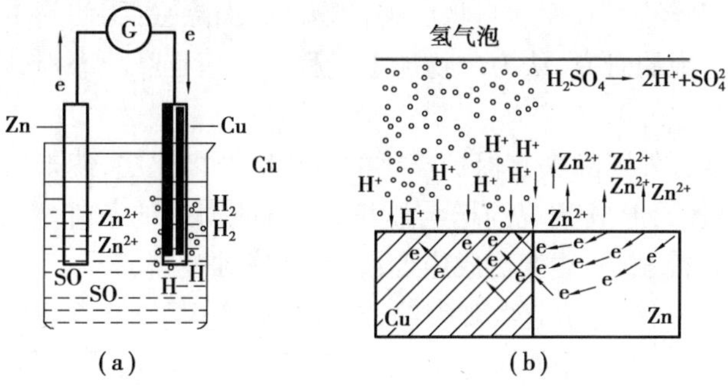

图3.74　腐蚀电池示意图

这样两种电位不同的金属相连后与电解质溶液就构成了腐蚀原电池。另外，一种金属或合金浸在电解液中时，由于金属中还有杂质，材料的变形程度、微观组织或受力情况的差异以及晶界、位错缺陷的存在，都有可能产生电化学不均匀性，使金属各部位的电位不等，也构成腐蚀电池。把以形成腐蚀电池为主的磨损称为电化学腐蚀磨损。

2）影响因素

（1）金属材料自身性质

金属的电极电势及其表面膜的特性起着主要的作用。一般来说，电极电势越低（负）的金属，越容易失去电子而被腐蚀，但有些金属例如铝，虽其电极电势较低，但因其所生的氧化膜能够与基体起隔离作用，防止腐蚀的继续发展，耐蚀性较好。在金属中，只有当其导电杂质的电极电势高于这种金属时，才能形成金属腐蚀电池。因此，在生产中常在被保护的金属表面上分散地覆盖电极电势低于该金属的另一种金属，如铝、锌等作为腐蚀电池的负极，以代替金属被腐蚀。

（2）电解质

由于只有在含有腐蚀性气体或离子的液体时，才会发生化学腐蚀。因此有必要在碱性或中性的液体中添加使金属表面形成反应膜或难熔物质的无机缓蚀剂，例如，亚硝酸钠或磷酸盐等；在酸性液体中添加能够吸附于金属表面的有机缓蚀剂，例如，苯胺或硫酸铵等，以减轻电化学腐蚀磨损。

（3）温度

由于放热的原电池的电动势和产生的电流强度随着温度的增高而下降，而吸热的原电池的电动势和产生的电流强度随着温度的升高而增高，所以在电化学腐蚀磨损中，若是放热反应则随着温度的升高而使腐蚀减缓；反之，若为吸热反应，则随着温度的升高而加快。

3.6.4 腐蚀磨粒磨损

随着改造自然，开发和利用自然资源活动的不断伸展，在海底、地下及江河中工作的机械日益增多，它们既受到液体介质的腐蚀，又受到石英砂、刚玉、泥土等坚硬质点的磨粒磨损，即使在地面上工作的机械中也不乏这种工作条件的零件。在所有的工程磨损状态中，实际上有一半以上是磨粒磨损。我国大多数煤矿工作环境地处深层，空气相对湿度常年均在90%以上，另外井下大量通风，风速可达6～10 m/min，腐蚀是相当严重的，加上煤粉、岩石等的磨损，使煤矿机械零部件在恶劣的工作条件下而造成腐蚀磨损失效，消耗巨大。

腐蚀磨粒磨损是在湿磨粒磨损条件下工作，这时磨损的主要行为是磨粒磨损和腐蚀的相互作用，即腐蚀加速了磨粒磨损，而磨料将腐蚀产物从表面除去后，使新生金属表面外露，增加了腐蚀的速度。根据达姆的研究，认为矿物加工过程中往往是磨粒磨损、腐蚀和冲击复合作用的结果。

磨粒磨损除磨损金属外还除去有保护作用的氧化物及极化层，使未氧化金属外露；由于磨粒的作用，在金属材料表面形成微观沟槽与压坑，为腐蚀创造的条件增加了腐蚀的微观表面积，在金属-矿物高应力接触处，塑变造成应变硬化，使腐蚀变得容易。

腐蚀使金属表面产生麻点，引起微观裂纹，在冲击的作用下，麻点处的裂纹扩展；腐蚀使金属表面变得粗糙，使磨粒磨损所需能量降低，加剧磨粒磨损，同时，晶界和多相组织中较不耐腐的相先腐蚀，造成邻近金属变弱。

冲击使金属表面产生塑性变形,变形组织组成物易腐蚀;冲击使脆性组分断裂,延性组分撕裂,为化学腐蚀创造了场地,为磨粒磨损提供了能量;同时,冲击使金属、矿石及流体加热,增加了腐蚀效应。

这种腐蚀磨粒磨损机理就是在磨粒磨损、腐蚀和冲击的相互作用下,腐蚀介质使磨粒磨损变得容易,高能量冲击使金属破坏机理改变,相互组合加速磨粒磨损和腐蚀。

艾韦萨基等人将磨球做上记号的铁燧石和石英作为磨料,在不同条件下(干、湿及有机液体)通入不同气体(O_2、空气及 N_2),再加入10%磁黄铁矿,以低碳钢、高碳低合金钢及不锈钢为磨球,进行了试验。

在干磨时,球的磨损应该不受腐蚀的影响。在湿磨时,则磨损明显增加。湿磨时不仅磨球消耗量增加,且所粉碎的矿粒尺寸也变大。观察磨球的表面,在湿磨时,球表面被蒙上一层不同厚度的矿浆,其厚度决定于矿浆中固体的百分数和矿石粒的粗细,显然,其磨损机理与干磨有极大的区别。

试验表明,没有硫化物时,磨粒磨损的作用很显著,且矿浆的流变性能对磨损也有影响(矿浆在一定浓度时,包住球表面,但太浓太稀都不利)。当磨料中有硫化物矿物如磁铁矿等存在时,氧可使腐蚀及电化学腐蚀增加。

加戈派海等人用一系列不同材料(包括低碳钢、低合金高碳钢、马氏体不锈钢,镍硬铸铁及高铬铸铁磨球)用石英、石英加10%黄铁矿及燧石为磨料,在干和湿的状态下并在不同气体(O_2、N_2 及空气)中进行试验。

试验表明,磨球的磨损率随着由干到湿而增大,显然此增大是由于腐蚀造成的。但近年来有研究指出,湿磨时由于浆体流变效应的冲蚀磨损可能是主要原因。然而,湿磨时对于氧化物矿石如燧石和石英,用 O_2 来冲洗比用 N_2 来冲洗磨损要大,这是腐蚀的原因。在此情况下,控制反应为 O_2 在负极上的还原,即

$$O_2+H_2O+2e \longrightarrow 2OH^-$$

在球磨机中,磨球和矿物总是相互紧密地接触,在它们之间有水作为最好的离子导体,形成电池的两极,这是增加磨损率的原因。矿石表面作为负极,而磨球材料作为正极。再者,负极(矿石)的表面积比正极(磨球)要大许多倍,因此正极的溶解使金属损失更加迅速。

由于在球磨机内磨球-磨球以及磨球-矿石间的冲击和碰撞,使得所形成的表面保护膜破碎,在此情况下导致腐蚀继续下去。但是,若表面膜已经产生,则磨球的腐蚀将降至最小。因此,可以认为高铬铸铁和马氏体不锈钢在 O_2 或空气冲洗下用石英湿磨的磨损率低是由于磨球表面形成了 Cr_2O_3 的惰性膜。

3.7　微动磨损

3.7.1　微动磨损的定义及特点

1) 微动磨损的定义

在机器的嵌合部位和紧配合处,接触表面之间虽然没有宏观相对位移,但在外部变动载荷和振动的影响下却产生微小滑动,这种微小滑动是小振幅的切向振动,称为微动。图3.75中

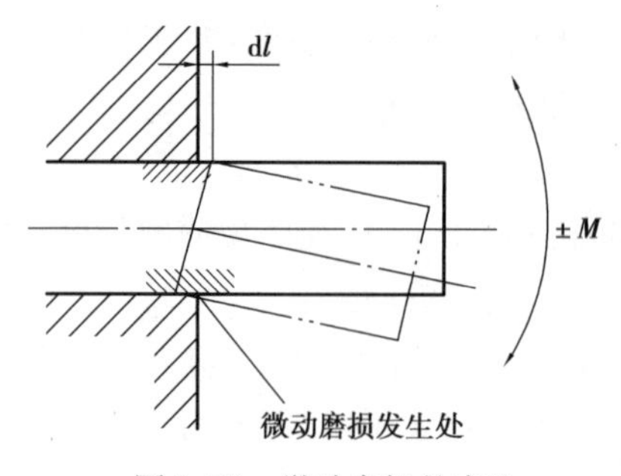

图 3.75　微动磨损的产生

的紧配合轴，在反复弯曲时，两配合面产生轴向相对滑动，滑动量从配合面内至边缘逐渐增大，为 2 ~ 20 μm，长期运行后发现配合处轴的表面被磨损，并出现细小粉末状磨损物。这种在相互压紧的金属表面间由于小振幅振动而产生的复合形式磨损称为微动磨损。如果在微动磨损过程中，表面之间的化学反应起主要作用，则可称为微动腐蚀磨损。直接与微动磨损相联系的疲劳损坏称为微动疲劳磨损。

发生微动磨损的基本条件是：

①两表面间必须承受载荷。

②两表面间必须存在小振幅振动或反复相对运动。

③界面的载荷和相对运动必须足够以使表面承受变形和位移。

微动磨损过程可描述如下：接触压力使摩擦副表面的微凸体产生塑性变形和黏着在外界小振幅振动下使黏着点剪切脱落，露出基体金属表面，这些脱落颗粒及新表面又与大气中的氧反应，生成氧化物，此氧化物以 Fe_2O_3 为主，磨屑呈红褐色。若摩擦副间有润滑油，则流出红褐色胶状物质。由于两摩擦表面紧密配合，磨屑不易排出，这些磨屑起着磨料的作用，加速了微动磨损的过程。这样循环不止，最终导致零件表面破坏。若振动应力很大时，微动磨损处会成为疲劳裂纹的核心，由疲劳裂纹发展引起完全的破坏。

2）微动磨损的特点

在工程上，机械系统或机械部件如搭接接头、键、推入配合的传动轮、金属静密封、发动机固定件及离合器（片式摩擦离合器内外摩擦片的结合面）等，常产生微动磨损。因微动磨损引起破坏的表现形式主要有擦伤、金属黏附、凹坑或麻点（通常由粉末状的腐蚀产物所填满）、局部磨损条纹或沟槽以及表面微裂纹。在受微动磨损的表面上，发生有黏着、微切削以及伴有氧化和腐蚀的微区疲劳损坏（疲劳-腐蚀过程）。

微动磨损的主要特点有：

①振幅小，滑动的相对速度低；微动磨损时，构件处在高频、小振幅的振动环境中，运动速度和方向不断地改变，始终在零与某一最大速度之间反复。但其最大速度也相当有限，基本上属于慢速运动。

②由于振幅小（一般不大于 300 μm），又是反复性的相对摩擦运动，微动表面的绝大部分总是保持名义接触，因此磨屑逸出的机会很少；摩擦面多为三体磨损，磨粒与金属表面产生极高的接触应力，且往往超过磨粒的压溃强度，使韧性金属的摩擦表面产生塑性变形或疲劳，使脆性金属的摩擦表面产生脆裂或剥落。

③微动磨损引起的损伤是一种表面损伤，这不仅是指损伤由表面接触引起，而且是指损伤涉及的范围（一般是指深度）基本上与微动的幅度处于同一量级。

④钢的磨损产物是红棕色粉末，而铝或铝合金为黑色粉末。

实验证明，在较大振幅试验的中碳钢试样上，微动后期因疲劳产生的片状磨屑，有的宽度可达 50 μm 以上，局部有金属光泽，铁基金属磨屑的红棕色主要成分是 Fe_2O_3，其次为 FeO，较软的有色金属磨屑较大，未被氧化的成分较高。铝腐蚀通常产物多为白色，而铝与铝合金微动磨屑是黑色的，含有约 23% 的金属铝，其余为氧化铝。其他金属如铜、镁、镍等的磨屑多以氧化物形态出现，多为黑色。

⑤局部往复运动中，微动界面大都处于高应力状态，表面和亚表面变形及萌生裂纹要比一般滑动严重得多。

⑥微动集中在很小的面积中，其主要危害不在于对零件的磨损，而在于萌生疲劳裂纹，留下严重隐患。

微动磨损不仅改变零件的形状、恶化表面层质量，而且使尺寸精度降低、紧配合件变松，还会引起应力集中，形成微观裂纹，导致零件疲劳断裂。如果微动磨损产物难以从接触区排走，且腐蚀产物体积往往膨胀，使局部接触压力增大，则可能导致机件胶合，甚至咬死。在接触零件需要经常脱开的条件下（例如在安全阀和调节器中），这种情况十分危险。微动磨损普遍存在生产实际中，因此研究微动磨损具有重要的实际意义。

3.7.2　微动磨损机理

早期的微动磨损发生的机理是指在载荷作用下，相互配合表面的接触微凸体产生塑性变形并发生黏着，当配合表面受外界小幅振动时，黏着点将发生剪切破坏，随后剪切面被逐渐氧化并发生氧化磨损，形成磨屑。由于表面紧密配合，磨屑不易排除，在结合面上起磨料作用，因而形成磨粒磨损。裸露的金属接着又发生黏着、氧化、磨粒磨损等，如此反复循环。

如图3.76(a)所示，微动磨损过程可以分为3个阶段，第一阶段是微凸体的黏着和转移（*OA*段）；第二阶段是氧化磨损，磨损的颗粒氧化，脱落并粉碎后，变为加工硬化的磨屑对表面的磨损（*AB*段）；第三阶段是磨料和疲劳磨损（*BD*段），磨损进入稳定状态，当稳定磨损积累到一定程度，出现疲劳剥落，如图3.76(b)所示。

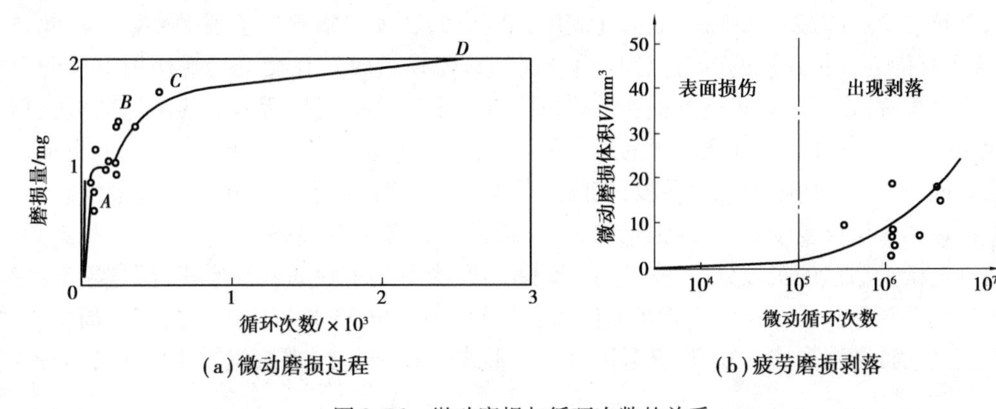

(a)微动磨损过程　　(b)疲劳磨损剥落

图3.76　微动磨损与循环次数的关系

上述模型在许多情况下不适用，如有些氧化物颗粒增多时磨损并不加剧，甚至可能起有益的润滑作用。一些金属在非氧化性气氛中或某些贵金属，如黄金的微动磨损过程中，氧化并不促进微动磨损的发展。铝和钢在空气中微动磨损过程的初期，形成的氧化物颗粒使金属和金属的接触减少。

哈瑞克认为微动磨损包括3个阶段：①金属之间的黏着和转移；②由于力学和化学作用产生磨屑；③由于疲劳而持续不断地产生磨屑。

用扫描电镜观察到微动磨损过程中出现的疲劳损伤，磨损初期金属与金属接触，在很小范围内发生咬合或焊合而造成裂纹，这个裂纹可能成为以后疲劳开裂的裂纹源。但是常常发现在微动磨损初期出现加速磨损,以后就进入稳定磨损状态。在这种情况下,疲劳开裂失效就可能避免。这可能是由于微动磨损过程中产生的磨屑起着润滑作用,同时形成裂纹源的材料在裂纹扩展前已被磨去。

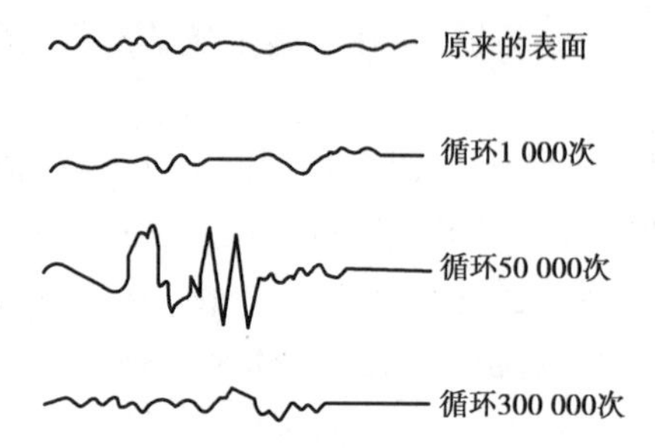

图 3.77　软钢微动磨损表面轮廓检测结果

沃特豪斯提出钢和较贵重的金属在微动磨损的早期发生黏着和焊合,逐渐形成粗糙的表面,然后又逐渐被磨去。用表面轮廓仪测定可以确认这个过程,如图 3.77 所示。

沃特豪斯认为,微动磨损的初期损伤是在两个摩擦面之间实际接触点上产生黏着和焊合,导致材料被拔起并凸出于原来的表面。这个阶段磨损的严重性和范围取决于金属的活性和环境的腐蚀性。凸起的材料又被抹平,使表面变得光滑,被抹平的材料因剥层而被磨去,形成为氧化物所覆盖着的金属片状磨粒。这些松散的磨粒进一步被磨成细粉而成为圆柱形或球形。磨损的剥层现象是由于次表面孔洞粗化或表面疲劳而产生的次表层裂纹扩展的结果。在接触区磨屑不断地被压实,使交变剪切应力穿过界面,导致剥层不断地进行。磨损过程中的加工硬化或加工软化不仅对表层材料的疲劳性能起到不好的作用,而且还会加速剥层的进程。

一些研究者强调化学作用在微动磨损中的地位,他们指出,微动磨损初期,接触表面微凸体严重塑性变形和强化,使表层成为超弥散状态,加速了氧化反应;其后疲劳损坏继续在次表层积累,与此同时,由于氧气和水汽吸附于氧化物上,故在摩擦区内形成腐蚀活性介质。此阶段的磨损速度并不高,这主要是与摩擦表面上所形成的氧化膜的破裂有关,而且由于从接触区排走的微粒与产生的微粒相平衡,故氧化膜摩擦区内的磨损产物数量达到平衡值。在此条件下,形成一种能起保护作用的混合组织(由金属和氧化物组成),在交变接触作用下极薄表层内将形成细小弥散组织,结果使磨损速度得以降低。金属微动磨损所形成的高弥散氧化物起着催化作用,以活化原子团和离子根的形式加速吸附氧和水汽,从而在两接触表面间形成一种电解质。最后是微动磨损的加速阶段,实际上是腐蚀、疲劳作用造成损伤区域的最终破坏,同时还由于金属表层反复变形,反复强化而失稳、脱落,致使磨损速度增大。

从以上微动磨损的机理分析中可以看出,微动磨损不是单独的磨损形式,而是黏着磨损、氧化磨损、磨粒磨损,甚至还包含着腐蚀作用引起的磨损和交变载荷作用的疲劳磨损。所以,微动磨损是几种磨损形式的复合,究竟以哪一种形式的磨损为主,要根据具体情况具体分析。

3.7.3　影响微动磨损的因素和防护措施

1)影响微动磨损的因素

(1)载荷

载荷或结合面上的正压力对微动磨损有重要的影响,在同样的振幅和频率下,磨损量与正压力成抛物线关系,如图 3.78 所示。初始阶段微动磨损量随载荷的增加而加剧,但超过某极大值后,微动磨损量随载荷的增加而不断减少。

(2)振动、频率与循环次数的影响

微小振幅的振动频率对于钢的微动磨损没有影响,但在大振幅的振动条件下,微动磨损量则随着振动频率的增加而降低。

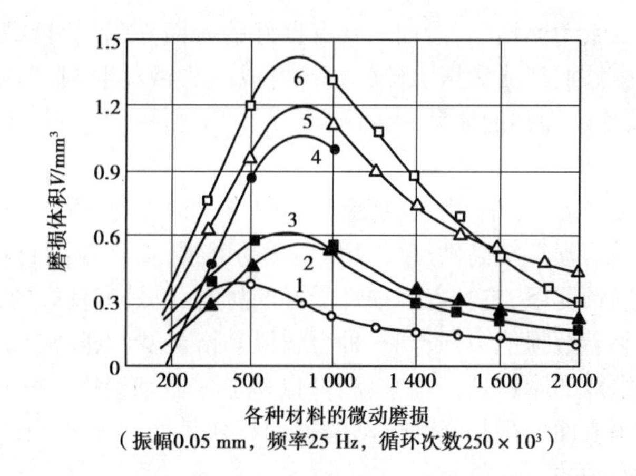

图 3.78　载荷对微动磨损的影响

1—淬火 45 钢;2—12Cr18Ni9Ti;3—青铜;4—铝合金;5—工业纯铁;6—正火 45 钢

通常,随振动频率的增大,空气中微动磨损减小到某一定值,然后趋于稳定状态在氮气中磨损与振动频率无关,当振幅一定时,频率越小,金属表面氧化膜两次破裂和形成的时间间隔增长,故磨损相应增大。

循环次数与磨损量的关系如图 3.79 所示。在循环初期为金属间接触,摩擦系数较高,磨屑增加较快;随时间的增加,磨屑量减少;形成氧化物磨屑时,磨损率趋于稳定甚至下降。软钢就具有这样的特征,滑动振幅大时为 *B* 曲线,振幅小时为 *D* 曲线。*A* 和 *C* 曲线表现为加速磨损,这种特性曲线表示了材料的表面硬度低,但产生的氧化物磨屑硬度又很高,如铝合金的微动磨损就属于这种情形。显然,在此情况下磨粒磨损所起的作用占据了相当大的比重。

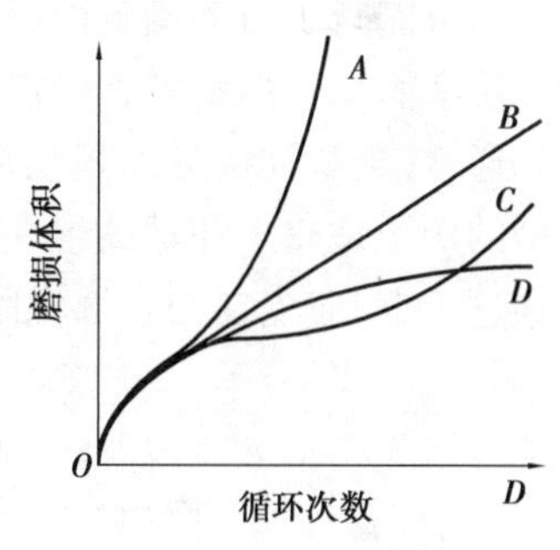

图 3.79　循环次数与磨损量的关系

(3)环境因素

介质的腐蚀性对微动磨损影响很大,氧气介质中的微动磨损比空气中大,空气中的微动磨损比真空、氮气、氢气以及氦气中大。湿度对微动磨损的影响比较复杂,而且对不同的材料影响不同。对铁的磨屑观察发现,在其他试验条件相同时,干空气中产生的磨屑能保留在接触中心,而在 10% 相对湿度下,微动导致磨屑从界面分散,促进金属直接接触,所以这时会出现磨损迅速上升的现象。但不同的钢材的磨损行为差别很大,如 9310 齿轮钢对湿度的影响最敏感,在湿空气中的磨损量大约是干空气中的 5 倍;而几种轴承钢的表现与此相反,在湿空气中的磨损量均小于在干空气中的磨损量。

试验表明,镍和镍基合金温度从室温上升到 540 ℃时,磨损率下降,对低碳钢只有达到 530 ℃以上才会出现磨损量的突然上升。所以,随温度的升高,微动磨损量先下降,达到一定温度时,磨损量上升。由于振动接触的相互作用使表面层温度大大升高,对微动磨损起着重要的影响。在中载荷下,表面真实接触点瞬时温度可达 700 ℃以上,这对热传导率低的材料来说,将使表层组织变化,并激化黏着过程。

(4)润滑

润滑可以减小微动磨损,使结合面浸在润滑油中效果最好,因为润滑可以使表面与空气中的氧分隔开。为了减少微动磨损，润滑油应具有良好的表面黏附层、抗高压、抗氧化能力及长期的稳定性。采用极压添加剂或涂抹二硫化钼也可以减少微动磨损，但采用极压添加剂时应选择合适的化学活性，即添加剂的成分和浓度。

（5）材料性质

由于微动磨损是由黏着、化学、磨料、疲劳磨损等形式构成的，所以影响上述几种形式磨损的因素都会影响到微动磨损。提高硬度可以减小微动磨损，而摩擦副材料的配对是影响微动磨损的重要因素。一般情况下，抗黏着磨损性能好的材料，也具有良好的抗微动磨损性能。脆性材料比塑性材料抗黏着磨损能力强；同一种金属或晶格类型，点阵常数、电化学性能、化学成分相近的金属或合金组成的摩擦副易发生黏着，也易造成微动磨损。一般碳钢的表面硬度提高，微动磨损降低，采用表面处理是降低微动磨损的有效措施。另外，采用各种不同的表面涂层也能取得降低微动磨损的较好效果。

2）减少微动磨损的措施

微动磨损是一种复合磨损，要确定其预防措施比较困难，应根据不同条件，采取适当的措施，具体有以下几方面。

（1）设计

尽可能减少微动接触面积。如用螺栓固定和连接法兰盘可改为一个整体结构或者用焊接的方法来固结。但要考虑经济合算、更换方便、安装简单等因素。

通常，当微动接触面相互接触时，为了避免微动疲劳，应当减少接触区附近的应力集中。典型的例子是轮子和轴的组装，轮座的直径应当比轴的直径大而且具有大的圆角半径，如果做不到这一点，应当在结合部位附近开一个应力松弛槽，如图3.80所示。

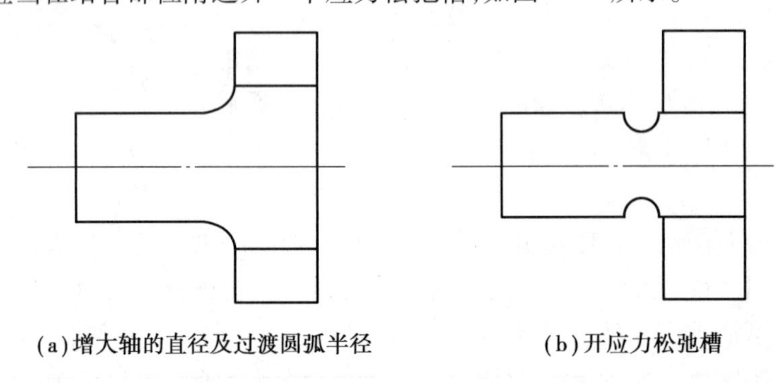

(a)增大轴的直径及过渡圆弧半径　　(b)开应力松弛槽

图3.80　轮和轴组装的结构解决方案

（2）表面处理及涂层

对材料进行热处理、电镀、涂层及各种表面处理方法，既可以提高材料表面性能，也可以有效减少微动磨损。

涂层的种类有很多，可分为金属涂层、非金属涂层和扩散涂层。

①金属涂层通过电解沉积、火焰喷涂、等离子喷涂等方法，在表面形成一层耐磨涂层，提高金属的强度。如硬金属涂层采用铬黏结的碳化钨。软金属涂层常用的有镉、银、金和铜。

②非金属涂层可以使摩擦接触面不发生局部焊合，如钢表面磷化、铝合金和钛合金的阳极处理。有时在摩擦界面上放置聚四氟乙烯薄片也可起减磨作用。二硫化钼也是种常用的非金属覆盖物。

③扩散处理能改变金属表面的化学性质,提高金属的硬度。如渗碳和氮化既增加了金属表面化合物的浓度,又提高了金属表面硬度,而且在金属表面还产生了压应力。钢表面渗硫把出现疲劳裂纹扩展前的微动磨损循环次数提高了4倍。在钢表面进行渗硼、渗铬或渗钒都可以减少微动磨损。

(3)润滑

在挠性联轴节和花键中,增加液体润滑剂可以减轻其微动磨损。但在大多数情况下,采用液体润滑剂是困难的,但可以使用固体润滑剂,如二硫化钼、石墨等。

(4)表面加工硬化

表面喷丸和滚压是表面加工硬化的主要方法。表面加工硬化的作用有两个方面:一是增加表面的硬度;二是使表层处于压应力状态。对奥氏体不锈钢喷丸硬化试验表明,喷丸硬化对普通疲劳性能没有什么影响,但是对微动疲劳性能却有明显的改善,而且当工作应力超过普通疲劳强度的条件下,试样的微动疲劳寿命比相同工作应力条件下的普通疲劳寿命还要长。喷丸处理还可以使低合金钢表面的残余压应力达300~400 MPa,形成残余压应力的深度为120~150 μm,提高微动疲劳强度。

(5)材料的选择

通常硬度高的材料具有良好的耐微动磨损性能,但是其微动疲劳性能较差。微动疲劳性能和缺口敏感性关系极为密切,断裂韧性高、缺口敏感性较低的材料微动疲劳性能好。材料的选择和影响微动磨损的因素有直接关系,其中材料之间的配对是关键因素。

第4章 合金耐磨铸钢

4.1 铸造耐磨高锰钢

高锰钢是由英国人哈德菲尔德于1882年发明的，所以又称为哈德菲尔德钢。因其锰的质量分数较高，又为单一的奥氏体组织，所以又叫奥氏体锰钢。奥氏体高锰钢分为标准型高锰钢、改型高锰钢和中锰钢。标准成分的奥氏碳的质量分数为0.9%～1.3%，锰的质量分数为11%～14%，当加热到1 000～1 100 ℃时可得到单相奥氏体组织，然后在水中迅速冷却（称为水韧处理）仍保持奥氏体状态。这种钢的硬度不高（在200 HB左右），但韧性很好（α_k>150 J/cm^2），在受到高的冲击载荷或高的压力时，其表层产生加工硬化，硬度大大提高（高达450～550 HB）。当工件的工作表面被磨掉一层后，暴露出来的新表面又被加工硬化。由于这种钢易于加工硬化，切削加工困难，一般都做成铸件。高锰钢工件表面由于加工硬化而具有高硬度，心部奥氏体组织具有高的韧性和一定的强度，所以高锰钢主要用于制作承受剧烈冲击或挤压的零件。如颚式破碎机的颚板、挖掘机斗齿、球磨机衬板、风扇磨煤机的冲击板、拖拉机和坦克的履带板、铁路的道岔、粉碎机的锤头、板锤等。在标准成分奥氏体高锰钢基础上加入铬、钼、钒、钛等合金元素，大幅度提高了高锰钢的耐磨性，这种钢称为合金化型高锰钢，也称为改型高锰钢。也可以通过降低锰质量分数，使锰质量分数降低到6%～9%，在中、低等工况条件下使用，耐磨性并不降低，这种钢被称为中锰钢。

4.1.1 标准成分高锰钢

1）高锰钢的化学成分

高锰钢的主要成分是锰和碳。锰是扩大奥氏体区的合金元素，锰的主要作用是形成奥氏体组织，也使固溶体得到强化。锰在钢中大部分固溶于奥氏体中形成置换固溶体。由于锰的原子半径和铁的原子半径差别很小，所以锰的固溶强化作用不大，另外还有少部分锰存在于（Fe，Mn）3C型碳化物中。在高锰钢中，锰的质量分数为10%～14%。钢中锰的质量分数主要取决于零件的服役条件、铸件的壁厚及形状等因素。对于厚壁、结构复杂、工作时承受剧烈冲击载荷的铸件，锰的质量分数较高，反之则锰的质量分数较低。

碳在高锰钢中的作用:一是使钢获得奥氏体组织,二是强化固溶体,改善钢的耐磨性,质量分数过高会降低钢的冲击韧性。通常碳质量分数为0.9%～1.3%。碳的质量分数对奥氏体锰钢耐磨性的影响如图4.1所示。在高锰钢中要特别注意锰和碳的相互作用,即锰碳比。一般情况锰碳比(Mn/C)控制在8～11,对于耐磨性要求高、冲击韧性略低、形状不太复杂、薄壁的铸件,锰碳比可取下限;相反,对于冲击韧性高、耐磨性要求略低、形状复杂、壁厚的铸件,锰碳比应取上限。

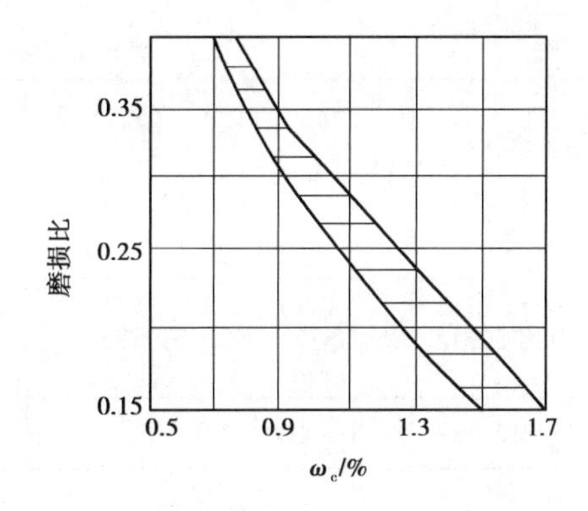

图4.1　碳的质量分数对奥氏体锰钢耐磨性的影响

硅是为脱氧而加入钢中的,硅在高锰钢中能起固溶强化作用,同时降低碳在奥氏体中的溶解度,促使碳化物析出,使钢的耐磨性和韧性降低。因此钢中硅的质量分数不宜太高,为0.3%～0.8%。

磷在高锰钢中是有害元素,它在奥氏体中的溶解度很小。当磷的质量分数较高时,会以磷共晶的形式沿晶界析出,使钢的强度、塑性和韧性降低。磷还增加铸件的热裂倾向。高锰钢中磷在奥氏体中的溶解度与碳的质量分数有关,碳的质量分数越高,磷的溶解度越低,其危害越大。所以应尽量降低钢中磷的质量分数。因此往往根据铸件的用途和要求,将钢中磷的质量分数控制在≤0.10%。

高锰钢中由于锰的质量分数高,所以钢中的硫大部分与锰结合成硫化锰(MnS)进入炉渣中,因而钢中的实际硫的质量分数一般都低于标准规定的0.05%。近百年来,各国生产的标准高锰钢的化学成分都很近似,见表4.1。标准型高锰钢的机械性能见表4.2。高锰钢的成分与组织的关系可利用含13% Mn的Fe-Mn-C三元合金状态图的垂直截面图来进行分析,如图4.2所示。当锰质量分数为13%时,碳的质量分数为0.9%～1.3%的合金冷至液相线时,结晶出奥氏体;冷至固相线与ES线之间为单相奥氏体组织:在620～900 ℃,自奥氏体析出(Fe,Mn)3C碳化物;当温度降至620 ℃时,开始发生共析转变,至300 ℃左右共析转变进行完毕。常温下该合金平衡结晶的相组成为铁素体和碳化物。在铸造条件下,由于冷速较快,不可能完全按平衡状态结晶,而且钢中的锰和碳质量分数高,稳定奥氏体共析转变来不及进行(或不充分),所以铸态组织一般是奥氏体和碳化物,如图4.3所示。碳化物多以块状、网状、针状分布于奥氏体晶界,有时也在晶内析出。

表4.1　标准型高锰钢的化学成分

国别	标准号	化学成分(质量分数)/%				
		C	Mn	Si	P	S
中国	ZGMn13	1.20～1.35	11.5～14.0	0.30～0.06	≤0.08	≤0.05
		1.10～1.25	10.0～13.0	0.30～0.60	≤0.08	≤0.05
美国	ASTMA～128	1.00～1.40	10.0～14.0	<1.0		
		1.10～1.40	11.0～14.0	<0.6		
英国	BS 1457	1.00～1.35	12.0～14.0	0.40～0.60	≤0.07	≤0.035
俄罗斯	TOCT 8294～97	0.90～1.30	11.5～14.5	0.50～0.90	≤0.12	≤0.05
德国		1.10～1.30	12.0～14.0	0.40～0.60	≤0.07	≤0.035

表 4.2　标准型高锰钢的机械性能

标准号	σ_b/(kg·mm^{-2})	$\sigma_{0.2}$/(kg·mm^{-2})	σ/%	φ/%	硬度 HB	备注
ZGMn13	62～100	34～43	15～40	15～40	185～220	
JISG 5131	>75	>35	>35		>170	约 1 000 ℃水淬
ASTMA-128	20～100	35～47	40	30～40	185～210	

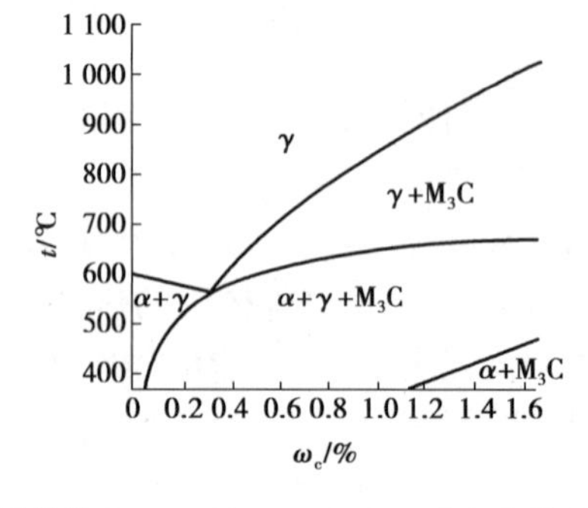

图 4.2　锰质量分数为 13% 的 Fe-C-Mn 三元合金状态的垂直截面图

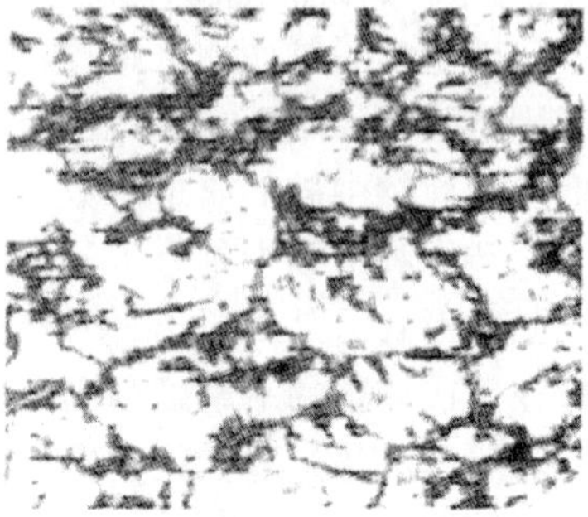

图 4.3　高锰钢的铸态组织

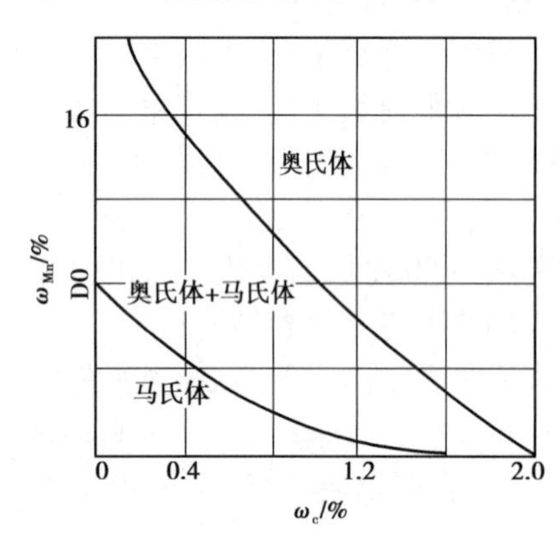

图 4.4　碳、锰质量分数对高锰钢显微组织的影响

高锰钢的基本化学成分为 C(0.9%～1.5%),Mn(11.0%～14.0%),Si(0.30%～1.00 %),S(≤0.05%),P(≤0.09%),其余为 Fe。其中对组织影响最大的是碳和锰的质量分数。根据淬火组织图,高锰钢的水淬组织与碳、锰质量分数的关系如图 4.4 所示。由图可见,为了得到全奥氏体组织,锰质量分数不宜低于 12%,碳质量分数不能超过 1.6%。

2)化学成分与组织和性能的关系

(1)碳、锰与性能的关系

高锰钢固溶处理后的组织为含碳过饱和的单相奥氏体。奥氏体组织很软,但冲击韧性很高,当加在工件表面的应力超过其屈服强度时,奥氏体便发生滑移而加工硬化,即在滑移面上形成 α 马氏体而具有抗磨作用。碳的作用即固溶于奥氏体中以提高钢的强度和抗磨性。碳质量分数过低时,加工硬化后达不到要求的硬度;碳质量分数过高时,铸态组织中出现大量粗大碳化物,在随后的固溶处理时很难完全溶入奥氏体中。碳化物对抗磨性和冲击韧性危害很大,所以碳质量分数过低或过高皆有害于性能。锰的作用是促进奥氏体的形成,它与碳配合以获得单相奥氏体组织。锰过高时易产生粗大状晶及裂纹。

(2)碳质量分数与开裂的关系

高锰钢的单相奥氏体组织是碳与锰相配合获得的,所以碳锰的质量分数必须达到要求,否则热处理将出现马氏体,导致淬火工件开裂。最低的碳锰质量分数应符合以下关系:Mn%+12%C≥16%,否则,在水韧处理时将可能出现马氏体并导致开裂。

(3)磷与开裂的关系

奥氏体的高含碳量降低磷在其中的溶解度,磷以磷化物形式呈薄膜状析出于奥氏体晶界。在此条件下,磷增加钢的热裂倾向,显著降低钢的高温强度,引起热裂敏感性,一般磷的质量分数低于0.08%为佳。

3)高锰钢的热处理

高锰钢的铸态组织中往往存在大量碳化物,使钢的强度、塑性降低。因此必须通过热处理消除钢中的碳化物。高锰钢的热处理就是将工件加热到 Ac_m 以上并保温一段时间,使碳化物全部溶解于奥氏体,得到均匀的奥氏体组织,然后迅速冷却(一般采用水冷),获得单一奥氏体组织。这种热处理通常称为“水韧处理”,以区别于一般的淬火。高锰钢的热处理工艺包括加热、保温和冷却三个阶段,热处理工艺曲线如图4.5所示。

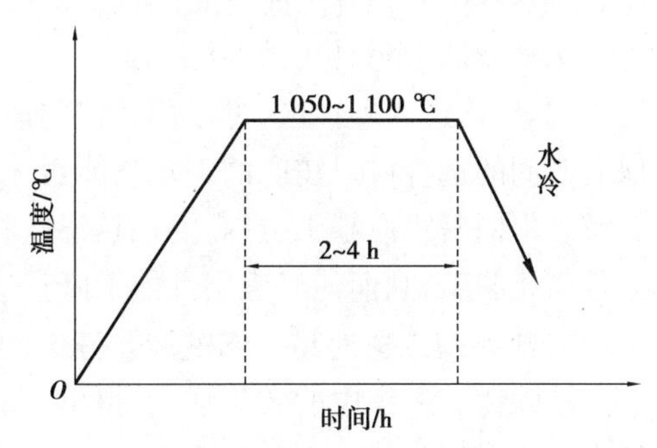

图4.5　高锰钢热处理工艺曲线

(1)加热

高锰钢的导热性低,线膨胀系数大,所以加热速度不宜太快,薄壁(<25 mm)铸件的加热速度可取70 ℃/h,厚壁和形状复杂的铸件可取50 ℃/h;升温至600~650 ℃时应保温一段时间,以使铸件的温度均匀。当温度升到600 ℃以上,由于钢的韧性得到改善,可以把加热速度提高到100~150 ℃/h。

(2)加热温度和保温时间

高锰钢的加热温度应保证钢中的碳化物完全溶于奥氏体。为了使碳化物完全溶解,一般加热温度取1 050~1 100 ℃,过高的加热温度会使钢的晶粒粗大,铸件表面脱碳,性能变差。达到加热温度后,还要保持一段时间,其目的是使未溶碳化物继续溶解,并使奥氏体的成分均匀化,高锰钢铸件的保温时间与铸件的壁厚和加热温度有关。

(3)冷却

高锰钢铸件经加热和保温后应迅速水冷,将高温奥氏体组织保留到室温,而使碳化物来不及析出。因此铸件从炉中取出到淬入水中的时间应尽量缩短,如果入水温度低于960 ℃,就会有碳化物析出而得不到单一奥氏体组织。

4)高锰钢水韧处理加热过程的特点

高锰钢的铸态组织是奥氏体+碳化物+珠光体类型的组织。其碳化物的数量和分布状况以及共析组织的弥散度都取决于钢的化学成分和冷却速度,通常是随着碳质量分数的增加和冷却速度的降低,高锰钢中碳化物数量增加。高锰钢热处理时加热过程有以下特点:

一是高锰钢水韧处理加热时,不仅要求组织奥氏体化,而且要求铸态析出的碳化物充分溶解。因此,就必须将高锰钢零件加热至 Ac_m 以上,保温一段时间,使碳化物充分溶入奥氏体,并使共析组织奥氏体化,得到均匀的奥氏体组织。

二是高锰钢是高合金钢种，在铸件加热过程中，也有碳化物的析出和奥氏体的分解。当温度升到 Ac_1 以上时，开始进行奥氏体化过程。铸态组织中共析组织、先共析碳化物、加热时析出的碳化物以及加热过程中奥氏体分解所得到的共析组织等，最终都以各种方式全部转变为奥氏体。加热至 Ac_m 以上温度时，上述各种组织都逐步消失，只有奥氏体存在。

三是高锰钢由于导热性低、热膨胀系数高，且铸态组织中存在大量碳化物，其脆性很大，所以，水韧处理加热时很容易因应力而开裂；特别是当铸件中有残余应力时，应力的叠加极易形成裂纹，因而高锰钢铸件的入炉温度和加热速度是不可忽视的。大件、复杂件入炉温度应偏低，一般<400 ℃；小件、简单的薄壁件入炉温度可较高，一般为 600～650 ℃。加热速度薄壁件可取 70 ℃/h，厚壁件可取 50 ℃/h 左右。一般希望在 650～670 ℃进行保温，在此温度范围保温后，高锰钢进入塑性区，可以用较快的速度升温。因此，高锰钢铸件水韧处理的加热温度及保温时间的选择应以铸态的碳化物能否充分溶解为准，这是高锰钢水韧处理能否获得成功的关键。但同时也应指出，过高的加热温度将促使奥氏体晶粒粗大；过长的保温时间将使高锰钢铸件氧化脱碳，从而使其表层性能下降。

5）热处理工艺对高锰钢性能及开裂的影响

消除铸态组织中的碳化物，获得单一的奥氏体组织是通过热处理实现的，热处理过程中的淬火温度、保温时间、冷却速度决定着工件的最终性能。同时，要保证工件在热处理过程中不致产生缺陷和破坏，入炉温度、升温速度及温度的均匀同样重要，高锰钢的导热性低，热膨胀系数高，加上铸态组织中存在大量的网状碳化物，钢的性能很脆，加热时很容易因应力而开裂；特别在铸件中有残余应力时，此应力与加热时临界应力互相叠加，应力值大大增加，在应力的综合作用下，会使铸件出现裂纹。因此，控制好加热是防止开裂的关键，加热控制包括入炉温度、升温速度、保温时间的控制。

（1）入炉温度与开裂

入炉温度取决于高锰钢的尺寸、质量、结构的复杂程度等因素，对于大尺寸工件，入炉温度应低，如果高温入炉，则受热及升温极不均匀，因低温时钢的性能很脆，就容易产生开裂，因此，温度低于 400 ℃。壁厚大于 100 mm 铸件，入炉温度根据生产经验及气候状况，室外操作应取冬天低于 250 ℃，夏天低于 300 ℃为宜，尺寸减小，入炉温度适当提高。

（2）升温速度与开裂

为了避免工件开裂，从理论上讲越慢越好，普遍认为 700 ℃以前开裂倾向大，应缓慢升温，700 ℃过后可适当加快，对大于 100 mm 厚度工件，在低温和高温段分别取 30～60 ℃/h 和 50～90 ℃/h 升温速度为宜，尺寸减小，升温速度适当提高。为使铸件温度均匀，中温（700 ℃左右）必须保温一定时间，入炉温度越高，升温速度越快，保温时间应越长。在高温区（1 050～1 090 ℃）保温，其时间必须保证碳化物基本溶于奥氏体中，以降低未溶碳化物对工件抗磨性和冲击韧性的危害。温度不均，增大开裂倾向，并导致晶粒不均匀。过高温度使晶粒长大，影响冲击韧性。

（3）淬火温度、冷却过程与性能

高锰钢高温奥氏体化之后，冷却至 960 ℃以下有共析碳化物析出。因而，工件入水温度不应低于此温度，淬火前水温应为 10～30 ℃，淬火后不应超过 60 ℃。否则，将不能保持足够的冷却能力，会导致大量碳化物析出，其抗磨性和冲击韧性将大大降低。

6)高锰钢加工硬化机理

(1)形变诱发马氏体相变

奥氏体高锰钢加工硬化的原因是高锰钢在形变过程中,诱发高锰钢中的奥氏体转变成马氏体。在1929年国外学者用X射线衍射分析证明,奥氏体高锰钢变形层中确实发生了奥氏体转变成马氏体的相变,并提出了马氏体会在奥氏体变形滑移带上形成的观点。在研究高锰钢中奥氏体的稳定性与形变能力时提出奥氏体高锰钢由于层错能低,在形变过程中容易形成层错,在层错处会出现ε马氏体或形成形变孪晶,但是并不容易出现α马氏体,并且在形变后也没有达到更高硬化程度。有人则认为高锰钢奥氏体有不同的转变方式,既可按γ→层错→马氏体→α马氏体这种转变方式转变,也可以γ直接转变成α马氏体。

(2)孪晶硬化

孪晶硬化认为高锰钢加工硬化是由高锰钢形变时是按“孪生”机制进行塑性变形形成孪晶引起的。所谓孪生,是以晶体中一定的晶面(孪晶面)沿着一定的晶向(孪生方向)移动而形成的。在形变过程中会有大量的形变孪晶形成,这些形变孪晶将金属基体切割成很多小块,位错被锁住,位错运动困难;另外由于孪晶界的存在能垒也阻碍了位错的运动,使得高锰钢发生塑性变形需克服更大的阻力。由于存在这两种阻力,因此高锰钢在形变时出现硬化现象。

(3)位错硬化

位错硬化认为高锰钢加工硬化的机制是由于奥氏体高锰钢在形变时产生高位错密度,大量位错形成高密度位错区,高密度位错区会阻碍位错运动而产生强化效应,从而导致高锰钢的加工硬化。有人认为高锰钢的形变加工硬化可分为3个阶段:

第一阶段,易滑移阶段,滑移只在一个滑移系内发生。在平行的滑移系面上移动的位错很少受到其他的位错干扰,故可移动相当长的距离并可能到达晶体表面。这样位错源就能增殖出新位错。

第二阶段,随着变形量加大,滑移在多个晶面族和滑移系内发生,此时硬化机制有3种:①位错交割产生割阶,固定位错使位错运动困难;②位错交割和再交割成位错缠结或三维网络,位错在某一滑移面运动时会以不同的角度穿过此滑移面并与其他的位错形成林位错。此时由于位错间的弹性相互作用使位错运动受阻;③位错相互作用形成胞状结构或亚晶粒互相锁住,同时胞壁成为位错运动的障碍。

第三阶段开始后,足够高的应力使被阻挡的位错借助于交滑移而运动。当高锰钢受到外加载荷作用时,由于Mn的原子半径大于Fe的原子半径,在正刃位错的上半边(受压缩边)交互作用能是正值,溶质原子受到排斥;而在下半边(受压缩边)交互作用能是负值,在发生形变时溶质原子Mn会被吸到位错附近。C原子处于α-Fe的间隙位置上,对点阵造成不对称的畸变,与螺位错发生交互作用。Mn、C原子与位错的交互作用使它们聚集在位错附近以降低体系的畸变能,形成所谓溶质气团(柯垂尔气团)。当发生塑性变形时气团会阻止位错的运动,引起加工硬化现象。Mn、C这两种溶质原子还会与位错发生电交互作用,自由电子会从点阵受压地区移至受张地区,形成了局部电偶极。Mn原子与Fe原子的价电子不同,自由的电子会离开而形成正离子,与位错之间会产生短程的静电相互作用。Mn、C原子与位错之间还有交互作用使扩展位错形成层错区局部的偏聚,也会阻碍位错的移动,同时随层错能的下降,扩展位错会加宽,也产生强化作用。要使高锰钢发生塑性形变必须克服上述所有阻碍位错运动的力,就必须消耗一定的能量才能实现,而这在宏观上的表现为加工硬化现象。

(4)综合作用硬化

综合作用硬化发现是由于几种机理综合作用引起形变高锰钢的加工硬化,而不是由单独一种机理引起的。高锰钢爆炸处理后会出现硬化现象,对此有观点认为这是由于冷作硬化、晶粒细化、位错、堆垛层错和孪晶的综合作用引起的。通过 X 射线衍射、透射电镜等多种方法研究后发现高锰钢加工硬化机理包含:①高位错密度区强化;②动态应变时效强化;③形变孪晶界强化。认为这几种机理都起作用,但是不同条件下有一种或几种机理起主要作用。对不同锰、碳质量分数的高锰钢加工硬化机理进行研究后发现高锰钢加工硬化是由于高锰钢形变时会有大量形变孪晶出现,孪晶间距减小,孪晶带变薄,并有一定数量的交叉孪晶综合作用。还有很多根据不同的实验提出其他的几种不同的机理同时对高锰钢加工硬化起作用的观点。这些观点的共同点是,认为几种机理同时起作用引起了高锰钢的加工硬化现象。

7)高锰钢的切削加工性

(1)通过热处理改善高锰钢的切削性能

改善高锰钢的切削性能可以通过高温回火来实现。将高锰钢加热 600 ~ 650 ℃,保温 2h 后冷却,使高锰钢的奥氏体组织转变为索氏体组织,其加工硬化程度显著降低,加工性能明显改善。加工完成的零件在使用前应进行淬火处理,使其内部组织重新转变为单一的奥氏体组织。

(2)合理选择刀具材料

一是采用硬质合金刀片,常用牌号有 YC8、YG6A、YG6X、YG8N、YW1、YW2A、YW3 等。在切削速度较高且切削过程较平稳的情况下可考虑选用 YT 类硬质合金。YG 类硬质合金中添加适量的 TaC 或 NbC(一般为 0.5% ~3%),可提高其硬度和耐磨性而不降低其韧性。随着硬质合金中含钴量的增加,这些优点更为显著。因此,以 TaC 和 NbC 为添加剂的通用型硬质合金也适用于高锰钢的切削加工。

二是采用金属陶瓷刀片进行高锰钢的精车、半精车,可选用较高的切削速度,加工表面质量好,刀具耐用度高。如采用 Al_2O_3 基陶瓷刀具切削高锰钢,比用硬质合金刀具效率提高 1 ~ 4 倍。

三是采用 CN25 涂层刀片和 CBN(立方氮化硼)刀具,在使用 CBN 刀具时应注意被切削材料锰质量分数不能高于 14%,否则 CBN 可能与 Mn 元素产生化学反应使刀具磨损严重,切削性能下降。

(3)合理选择切削用量

切削高锰钢时,切削速度不宜高。采用硬质合金刀具时,V_c = 20 ~ 40 m/min,其中较低的速度用于粗车,较高的速度用于半精车和精车。采用陶瓷刀具时,可以选用较高的切削速度,一般 V_c = 50 ~ 80 m/min。高锰钢在切削过程中,由于塑性变形和切削力的影响,切削层及表层下一定深度范围内会产生严重的加工硬化现象,因此应选择较大的切削深度和进给量。一般粗车时 α_p = 3 ~ 6 mm,f = 0.3 ~ 0.8 mm/r;大件粗车时可取 α_p = 6 ~ 10 mm;半精车时 α_p = 1 ~ 3 mm;f = 0.2 ~ 0.4 mm/r;精车时 $\alpha_p \leqslant 1$ mm;$f \leqslant 0.2$ mm/r。

8)钻削高锰钢应注意的问题

高锰钢应用广泛,其锰质量分数高达 11% ~ 14%。经水韧处理后,在受到剧烈冲击压力时,会产生很强的硬化现象,硬度可达 450 ~ 550 HB,硬化层深度达 0.3 mm 左右,加之导热系数很低,给切削带来很大困难。尤其在钻削时,刀具磨损严重,耐用度降低。为此,钻削时应注意以下问题。

(1)合理选择切削用量

切削速度太低或进给量太大,会使切削力增加,容易造成崩刃。取 $V_c = 3\ 040$ m/min,$f=0.07 \sim 0.1$ mm/r 比较合适。

(2)要充分使用冷却液

高锰钢的线膨胀系数大,钻孔时使用切削液要充分,有条件的可将工件浸在冷却液中钻孔,以防止因孔的收缩将钻头咬死而损坏。

(3)严禁中途停车

钻削时应采用自动进给,尽量不用手动进给,以免加重硬化现象,使钻削更加困难。同时,严禁中途停车,以防切削力过大造成"闷车",使钻头崩碎。

(4)机床状态良好

硬质合金群钻钻削高锰钢时,要求机床刚性好,振动小。硬质合金的韧性比高速钢低得多,强烈振动和切削时的高温会加快钻头磨损,造成崩刃或开焊。

9)高锰钢切削方法的新进展

同其他难加工材料一样,对高锰钢切削加工的研究近些年来取得了一些成果,行之有效的方法主要有以下几种。

(1)加热切削法

加热切削是把工件的整体或局部通过各种方式加热到一定温度后再进行切削加工的方法。其目的就是通过加热来软化工件材料,使工件材料的硬度、强度有所下降,易于产生塑性变形,减小切削力,提高刀具耐用度和生产率。同时,改变切屑形态,减小振动,减小表面粗糙度值。实验证明,用等离子加热车削高锰钢 ZGMn13,刀具耐用度明显提高,换刀次数显著减少,效率提高 5 倍左右;加工后表面金相组织无变化,也无加工硬化。

(2)磁化切削法

磁化切削是使刀具或工件或两者同时在磁化条件下进行切削的方法。既可将磁化线圈绕于工件或刀具上,在切削过程中给线圈通电使其磁化,也可直接使用经过磁化处理的刀具进行切削。实验表明,磁化切削可使工件表面粗糙度值减小,刀具耐用度明显提高。据资料介绍,美国已开发成功交流脉冲磁化机,可磁化高速钢刀具、硬质合金刀具等,分别用于车削、铣削、刨削等。在车削中,因刀具材料与工件材料的不同,可提高效率 40% ~300%。

(3)低温切削法

低温切削是指用液氮(−186 ℃)、液体 CO_2(−76 ℃)及其他低温液体切削液,在切削过程中冷却刀具或工件,以保证切削过程顺利进行。这种切削方法可有效控制切削温度,减少刀具磨损,提高刀具耐用度,提高加工精度、表面质量和生产率。

10)高锰钢生产过程中常见问题与应对措施

(1)化学黏砂及防止

钢液中含有较多的碱性氧化物 MnO,而制作型芯的材料采用石英砂,则 MnO 与石英砂中的 SiO_2 发生化学反应,生成 $MnO \cdot SiO_2$ 这种熔点较低的化合物,从而产生了化学黏砂。

防止措施:芯子采用铬铁矿树脂砂,砂型采用橄榄石水玻璃砂,且在铸型、芯子上均匀涂刷一层镁砂粉快干涂料。

(2)晶粒粗大及预防

晶粒粗大原因是高锰钢的导热率低,使得钢液凝固缓慢。在钢的凝固过程中,树枝晶长得粗大,很容易长成条状的柱状晶,使高锰钢的塑性及冲击韧性急剧下降。预防措施:

①孕育处理。冶炼时,加入一定量的钼、铬元素进行孕育处理。因为这些元素的碳化物和氮化物在钢的结晶过程中能起到外来核心的作用,从而使晶粒细化。

②合理控制浇注温度。高锰钢晶粒大小与浇注温度密切相关,浇注温度高时,钢液积蓄的热量多,凝固速度慢,结晶后晶粒粗大,反之,晶粒较细。因此,对于流动性好、导热率低的高锰钢,最好采用较低的浇注温度,以便得到较细的晶粒和较高的机械性能。

(3)铸件开裂及防止

铸件生产是一个复杂的过程,每个环节都至关重要。落砂清理虽决定不了铸件的本质特征,但也影响铸件的质量,为了杜绝开裂现象的发生应做到以下几点:

①铸件打箱时间要合理制订,认真执行,不可提前,且打箱之后不得将铸件放在过堂处。高锰钢铸态组织是奥氏体和碳化物,由于碳化物的存在,此时钢的强度不高,脆性很大,因此,打箱、搬运过程不得碰撞,不得浇水,以防因应力和激冷造成铸件开裂。

②铸件上窑加热前,小铸件的易割冒口用锤敲掉,大铸件浇冒口需气割时,由于局部突然受热,产生很大的应力,往往在冒口根部产生裂纹。因此,只得割去5/6,其余量水韧处理后去除。同时注意切割过程不得有钢液流到铸件上,否则同样会发生铸件开裂。

③铸件上窑加热前,需将内腔及表面砂清理干净,打掉飞边、毛刺。若其过厚,可用气割割除,但须留适当余量。若条件允许,最好用砂轮切割机。

④铸件水韧处理完毕,要在水下割除冒口余量,并要求切割处水面流动(可设置1~2根水管喷水),以保证冷态切割,此时仍需要留出6~7 mm余量。非加工面上的余量最后用碳弧气刨清除,砂轮磨光。

(4)淬火裂纹及防止

高锰钢铸件水韧处理产生淬火裂纹一方面是由于铸造化学成分不合格,尤其是"C"元素含量超标,杂质"P"含量超标;另一方面,是水韧处理工艺不当所致。

预防措施:

设计合理的化学成分。在高锰钢中,碳有两方面的作用,一方面是扩大奥氏体区,促使钢形成奥氏体组织;另一方面是促使钢加工硬化。高锰钢中必须具有相当的碳含量,才能起到有效的加工硬化作用。高锰钢正是靠这种加工硬化作用才具有高的抗磨性,但碳的质量分数也不能过高,否则铸态组织中将出现大量的碳化物,特别是粗大的碳化物。而大量碳化物的出现引起钢发脆,即使是经过水韧处理使这些碳化物溶解于奥氏体中,但会在原来碳化物所在位置留下空间,造成显微裂纹,同样使钢发脆。更有甚者,当碳质量分数过高时,在固溶处理后的淬火过程中仍不免有碳化物析出。所以,碳质量分数应控制在一个合理的范围,不能过低(过低硬化能力不足),但也不能过高。锰是扩大奥氏体区的元素,要想形成单一的奥氏体组织,必须有足够的锰含量。生产实践证明,当钢中碳量高时,锰量应相应提高,二者必须保持合理的比例。一般取Mn/C为8~10。选择锰碳比时要兼顾铸件壁厚,铸件越厚,锰碳比越高。磷的存在,使钢的冲击韧性下降,铸件易开裂,生产中尽量降低其含量。硅降低碳在奥氏体中的溶解度,促使碳化物析出,使钢的耐磨性和冲击韧性降低,生产中应将其控制在规定的下限。在高锰钢中,由于含锰量高,而锰与硫结合形成MnS而进入炉渣,因此高锰钢中硫的含量都比较低(一般不超过0.03%),对钢的不利影响远远小于磷。制订合理的水韧处理工艺。铸态下的高锰钢其组织为奥氏体和碳化物,由于碳化物的存在使钢发脆,必须经水韧处理后才能使用。水韧处理过程包括3个阶段:加热、保温和淬火。

①加热。基于高锰钢导热差,线收缩大,内应力较大,且铸态组织中存在碳化物,使钢的强度降低,脆性变大,铸件容易开裂,所以加热速度必须加以控制。铸件要从常温加热到600 ℃,加热速度可按照铸件壁厚及复杂程度而定。对薄壁(δ<25 mm)铸件,可用70 ℃/h加热;对中等壁厚(δ=25~50 mm)的铸件可用50 ℃/h加热;对厚壁(875 mm)的铸件和形状复杂铸件,可用30~50 ℃/h加热。待温度升至600 ℃以上,由于钢的塑性有所提高,开裂的危险性减小,铸件的加热速度一律可提高到100~150 ℃/h直到淬火温度为止。

②保温。加热温度和保温时间由Fe-Mn-C三元合金状态图中含Mn为13%的铁碳合金垂直截面图可知,加热温度在1 050~1 100 ℃,足以保证钢中的碳化物较快地充分溶解。所以达此温度时,则停止加热,否则会引起晶粒长大及铸件表面脱碳。达此淬火温度时,铸态组织中的碳化物基本上都溶解了,但为了保证使少量尚未溶解的碳化物继续溶解,已溶解在奥氏体中的碳通过扩散而均匀化,以降低在后续过程中碳化物再次析出的可能性,需要在此温度下进行一段时间的保温。

③淬火。淬火保温后应迅速地将铸件从炉中拉出投入水中。从打开炉门到工件全部入水的时间不得大于3 min,越短越好,以保证铸件温度不低于1 000 ℃。水温控制在10~30 ℃为宜,淬火终了水温不得大于60 ℃,以免碳化物再次析出。这时的钢具有奥氏体组织,塑性很好,淬火时虽然铸件中产生很大的内应力,但不会开裂。

4.1.2　提高高锰钢耐磨性的方法

按传统习惯,高锰钢是在水韧处理后的软质状态下使用,依靠使用过程中所承受的冲击载荷来加工硬化,提高其耐磨性。但是,加工硬化需要一定的冲击次数或时间,故该期间的磨损也是不可忽视的。为此,如在使用前将高锰钢进行强化,提高硬度,即可进一步地发挥高锰钢的材料潜力,提高其使用性能,大大改善钢的耐磨性和力学性能,延长使用寿命。以下为几种改善高锰钢的方法。

1)微合金化

研究表明,要进一步提高高锰钢的耐磨性和力学性能,传统的化学成分必须进行调整。近年来,材料工作者在此方面作了大量的工作,通过向高锰钢中加入微量Ti、V、Nb、W、B、N和Re等元素,形成高熔点化合物,细化晶粒使强度及耐磨性均获得明显提高。作者在试验中发现,加入微量元素Ti的高锰钢,其耐磨性可提高1.5~2倍。也有通过加入Cr、Mo、Ti和V等碳化物形成元素,使其发生综合作用来改善钢中碳化物分布的形态,获得以M23C6为主的颗粒状碳化物,呈弥散形式分布于奥氏体基体上,有效地提高高锰钢的力学性能及耐磨性。使用对比表明,添加微量元素合金化的高锰钢,不仅在高冲击功条件下具有良好的耐磨性,而且在硬化不足的低冲击功条件下,也具有较强的硬化能力。

2)沉淀硬化处理

传统高锰钢是经水韧处理后直接使用,由于奥氏体组织软(仅为180~220 HB),不具有耐磨性,只有受到强烈冲击功作用产生硬化之后,才能表现出优良的耐磨性。沉淀硬化是改善强度及耐磨性的有效方法,对高锰钢也同样适用。高锰钢的许多零件在冲击力不足时,磨面硬度只有 300 HB 左右,在此情况下,高韧性发挥不出来。为了提高高锰钢的耐磨性和强度,可以牺牲部分韧性,人为地使高锰钢形成沉淀硬化,产生硬化效果。其处理方法:正常水韧处理后,增加一次温度为 300 ~ 350 ℃回火,使奥氏体中的过饱和碳沉淀析出,形成碳化物,明显地提高了高锰钢的耐磨性。同时,晶粒细化、强度等力学性能也得到改善,有效地保证了高锰钢在小冲击功条件的耐磨性,初期磨损明显下降。此外,合理的沉淀硬化处理还会使 α 值也有所改善,可以有效地减轻低温条件的脆性开裂。

3)预硬化处理

高锰钢是典型的形变硬化钢,要进一步提高初期耐磨性,必须改善经使用硬化才耐磨的现状或适用于冲击载荷不足的工况。研究提出高锰钢的预硬化处理,使钢在使用之前,表层即已产生足够的硬化。成功的工艺方法有采用乳化炸药进行爆炸的预硬化处理。此工艺可使高锰钢表层硬度从 170 HB 提高到 350 HB 左右,硬化深度达 10 mm,且硬化层分布均匀并有足够的韧性。此外,采用表层强力喷丸强化和冷挤滚压变形强化效果也很明显,可满足不同工况的使用要求。

4)减少锰的质量分数

为了克服高锰钢的不足,降低生产成本,自 20 世纪 60 年代起就提出降低高锰钢的锰含量,以中锰钢代替高锰钢的研究工作,近年来取得了一致的看法。降低高锰钢的锰含量之后,奥氏体的稳定性下降,受到冲击载荷或磨损作用,更容易发生诱变马氏体转变和加工硬化。与高锰钢相比较,在小冲击功的载荷工况有更强的硬化能力,而且生产成本相对较低。从目前应用的情况看,中锰钢有替代高锰钢的趋势。典型中锰钢的成分是在高锰钢的基础上,将锰的质量分数从 13% 下降至 6.5%,也有在中锰钢的成分中添加微量 Si、Cr、V、Ti、Nb 和 Re 等,使中锰钢的性能获得进一步改善。

4.1.3 改性高锰钢

高锰钢的耐磨性主要是它的加工硬化能力,因此,在设计改性高锰钢的化学成分时,加入一些微量元素,即通过加入铬、钼、钒、钛和稀土等元素,来提高高锰钢的加工硬化能力。这些元素具有降低奥氏体的稳定性,在基体中形成大量的第二相质点,阻止位错移动,从而达到强化基体的作用,并且在奥氏体上弥散析出球状碳化物,净化晶界,改善夹杂物的形态和分布,从而达到提高强度、韧性和耐磨性的目的。改型高锰钢的化学成分和机械性能见表 4.3。

表 4.3 改型高锰钢的化学成分及机械性能

国别	化学成分(质量分数)/%				机械性能		
	C	Mn	Cr	其他	$\sigma_{0.2}$ /(kg·mm^{-2})	δ/%	硬度/HB
日本	0.30 ~ 1.36	11.0 ~ 14.0	1.5 ~ 2.5	0.40 ~ 0.70V	≥40	≥20	≥190
	1.10 ~ 1.35	11.0 ~ 14.0	2.0 ~ 3.0		≥45	≥15	≥210
德国	1.10 ~ 1.30	12.0 ~ 14.0	1.4 ~ 1.7		40	20	180 ~ 240
	1.10 ~ 1.30	12.0 ~ 14.0	1.4 ~ 1.7	0.45 ~ 0.55Me	40	20	180 ~ 240

续表

国别	化学成分(质量分数)/%				机械性能		
	C	Mn	Cr	其他	$\sigma_{0.2}$ /(kg · mm^{-2})	δ/%	硬度/HB
美国	1.10~1.25	12.5~13.5	1.8~2.1		40~47	27~59	205~215
	1.00~1.20	13.0~14.0		0.9~1.2Mo	35~43	40~50	180~210
	1.05~1.20	11.7~15.4		3.5~4.0Ni	33~37	35~63	160~195
	0.6~0.75	14.5	4.0	3.5Mo13Ni	60	42	215
	0.30~0.40	18.0~20.0		2.0~4.0Ni			
				0.2~0.4Bi			

1)改性高锰钢的化学成分设计

(1)碳质量分数的确定

碳是钢中影响材料性能的主要元素,在一定的范围内,随着碳质量分数的增加,钢的硬度、屈服强度和耐磨性明显增加。但是,当碳质量分数大于1.4%时,材料的韧性降低,在晶界处析出碳化物,增加材料的脆性。

(2)锰质量分数的确定

锰的主要作用是稳定奥氏体,增加钢的过热敏感性,但是,当锰质量分数较低时,不能满足形成奥氏体的条件。随着锰质量分数的增加,钢的强度和耐磨性也增加。当锰质量分数大于14%时,就会生成大量的粗大碳化物,增加钢的脆性。因此,一般情况下锰质量分数控制在11.5%~12.5%。

(3)硅质量分数的确定

硅有明显的固溶强化作用,增加钢的强度,提高钢的耐磨性。硅质量分数小于0.3%时,钢中氧化锰质量分数增加,促进热裂,不能保证脱氧;硅质量分数过高时,还会降低碳在γ-Fe中的溶解度,促进碳质量分数增加0.3%~0.7%。

(4)铬质量分数的确定

铬能显著地提高钢的淬透性,固溶强化基体,促进铁素体的形成,降低奥氏体的稳定性,提高钢的加工硬化能力。铬的质量分数一般控制在1.8%~2.2%。

(5)钼质量分数的确定

钼溶入奥氏体中,可大幅度地提高钢的淬透性,回火稳定性,细化晶粒;减少回火脆性,提高钢的韧性。钼的质量分数控制在0.25%~0.40%。

(6)钒、钛质量分数的确定

钒、钛的主要作用是净化晶界,细化晶粒,在基体中形成弥散的碳化物,以实现综合强化,其加入量甚微。主要加入碳化物、氮化物形成元素,如铬、钼、钨、钛、铌、钒等;也可以加入铜、硼、氮、稀土元素等;其主要作用是改善加工硬化性能,提高屈服强度,形成细小弥散的碳化物、氮化物,提高高锰钢的耐磨性,但钢的韧性有所降低。如ZGMn13Cr2、ZC2Mn10Ti等。

超高锰钢是在普通高锰钢标准成分的基础上通过提高碳、锰质量分数发展而来的。它既具有较高的加工硬化速率,又保持了高韧性的奥氏体组织,在中、低冲击工况下,具有良好的耐磨性。

目前超高锰钢应用较好的有18% Mn和25% Mn。18% Mn高锰钢其使用寿命比普通高锰钢提高1倍。25% Mn超高锰钢其显微组织与普通高锰钢的铸态组织很相似,其基体为奥氏体,碳化物沿晶界分布,晶内有少量针状碳化物。常规高锰钢在变形20%时,其硬度约为360HB,而超高锰钢在相同的形变量下,其硬度可达到400HB,这说明超高锰钢在相同的形变量下比常规高锰钢有更高的形变硬度。提高锰和碳的质量分数后,超高锰钢的形变强化能力(加工硬化率)比常规高锰钢要好。合金高锰钢具有比常规高锰钢优越的耐磨性,这是由于合金高锰钢具有了一个合理的合金化过程,这一过程可以提高基体的形变硬化响应速率,增加了点阵畸变,并形成弥散分布的第二相物质,从而提高了材料的耐磨性。

2)稀土元素在高锰钢中的作用

(1)稀土元素有净化钢液的作用

稀土元素化学性质活泼,和钢液中的[S]、[O]、[H]、[N]都能形成稳定化合物。高锰钢含硫量较低,一般都在0.02%以下,因稀土和硫亲和力强,稀土加入后能进一步降低钢中硫质量分数。不加稀土高锰钢硫化物熔点低,分布于枝晶间或晶界上;加入稀土后,形成高熔点的稀土硫化物、稀土氧化物和稀土硫氧化物,其熔点一般都在2 000 ℃以上,以细小、粒状、弥散分布于晶内。加入稀土不仅可以减少硫化物夹杂的数量,还具有改善形状、大小、分布和大大降低非金属夹杂对高锰钢的有害作用。高锰钢在液态时易氧化,其主要氧化物为MnO,分布于晶界,使晶界脆化,高温时易产生热裂,常温和低温时使韧性降低,在强冲击载荷下易开裂。稀土和氧亲和力强,稀土加入有助于钢液进一步脱氧,降低钢中含氧量,减少[MnO]夹杂在晶界分布,改善高锰钢的冶金质量。高锰钢液容易吸气,钢液中的[H]、[N]含量比普通钢液要高,随着钢液温度降低和结晶凝固,钢中[H]、[N]溶解度大幅度降低,特别在凝固时有大量气体析出,形成气孔,其中以氢气孔最为严重。稀土能和钢液中的[H]、[N]形成较为稳定的化合物,如REH2、REH3、REN等,固定了钢液中的气体,减少高锰钢铸件气孔缺陷。

(2)对碳化物和结晶组织的影响

稀土属表面活性元素,在结晶过程中在液-固两相界面上富集,阻碍原子扩散,阻碍固相从液相中获得相应的原子,则阻碍晶粒长大,达到抑制柱状晶发展、细化等轴晶粒的效果。稀土加入高锰钢液主要形成稀土氧化物和稀土硫氧化物两大类型非金属夹杂,经研究这些夹杂完全可作为结晶时的异质晶核,细化高锰钢的一次结晶。稀土元素原子半径大,溶入高锰钢后,它与奥氏体不能形成置换式固溶体,更不能形成间隙式固溶体,只能存在于晶界空穴等缺陷中,所以稀土原子大多以内吸附的形式存在于晶界,降低晶界的界面能,使碳化物在晶界形核困难。稀土元素在晶界上富集,填充了晶界空穴等缺陷,阻碍原子借晶界空穴进行跃迁式扩散,阻碍碳化物沿晶界长大。其次,稀土加入后能减少铸态晶界碳化物的数量,抑制碳化物在晶界形成连续网状,从而抑制针片状碳化物在晶内出现。稀土元素是强烈碳化物形成元素,它和碳之间能形成REC、RE2C3、REC2等类型特殊碳化物,并且该碳化物熔点高。这些碳化物一次结晶时就弥散于晶内,当系统温度降至奥氏体中开始析出碳化物时(960 ℃),成为碳化物析出的结晶核心,增加了高锰钢奥氏体晶内弥散析出碳化物的数量。在固溶处理时,稀土元素在晶界富集,阻碍原子扩散,阻碍奥氏体晶粒长大。因此,稀土加入可明显细化高锰钢的奥氏体晶粒。

(3)对铸造工艺性能的影响

稀土元素加入能有效改善高锰钢的铸造性能，它表现在提高高锰钢铸钢的流动性(充型能力)、降低铸造应力、增加抗热裂性能。铸造应力降低与稀土加入在晶界富集，增加了晶界高温塑性有关。凝固后减少晶界碳化物析出，阻碍连续网状形成，使高锰钢塑性增加，铸造应力降低。稀土加入能有效防止热裂，高锰钢热裂主要是 MnO 在晶界偏聚，降低了晶界的高温强度和塑性。铸件在收缩受阻情况下，当晶界强度低于该温度下的铸造应力，又不能以形变来松弛铸造应力时，则裂纹源在晶界形成，并沿晶界扩展，形成沿晶断裂的热裂纹。稀土加入一般在包中冲入，它的强脱氧能力能防止浇注时二次氧化，减少 MnO 在晶界的数量，防止热裂纹的产生。抑制或消除柱状晶，细化高锰钢晶粒，固氢、固氮，防止或减少气体析出，降低由气泡形成的内应力，这一切都有助于防止热裂纹的产生。

(4)对力学性能的影响

稀土元素加入使高锰钢的综合力学性能提高，其中以屈服强度、低温冲击性能提高尤为明显。屈服强度的提高主要归功于稀土元素原子半径大，和 γ-Fe 相比，增加近 45%，其微量固溶，使晶格强烈畸变。加稀土后冷脆转变温度降低，稀土对低温韧性的改善，主要原因为细化晶粒和净化钢液，改善了非金属夹杂物的形状、大小、数量和分布。由于晶粒细化，晶界增多，加上钢液被净化，夹杂分布改善，使晶界夹杂物数量明显减少，少量细小的圆粒状夹杂弥散分布于奥氏体晶内，使夹杂对韧性危害降低到最低程度。促使高锰钢韧性降低的夹杂主要是 MnO，稀土消除或减少了 MnO 在晶界分布，必然使韧性提高。

(5)对耐磨性的影响

稀土元素能提高高锰钢的耐磨性，尤其是较强冲击载荷服役下工件的耐磨性。冲击载荷越大，加工物料越硬，更显示其不可取代性。尤其是稀土、钛的复合加入效果最为显著。Ti 的加入能形成最高硬度的碳化物 TiC，可以改善抗磨粒磨损性能。但稀土加入对耐磨性的提高起到主导作用，其原因是稀土加入增加了高锰钢的加工硬化性能，使加工硬化速度加快。稀土加入能细化晶粒，促进位错密度提高，加快加工硬化速度，使耐磨性提高。稀土加入降低了层错能，层错能的降低必然促进大量孪晶形成，大量的孪晶变形使全位错和不全位错在共格的孪晶面上受阻。另外，变形过程中位错密度的提高能加速加工硬化能力，使耐磨性大幅度提高。

4.2　低合金耐磨铸钢

奥氏体锰钢最突出的优点是具有高的韧性，使用安全，而且借助于高冲击作用，产生加工硬化来提高抗磨性。但在非强烈冲击下，韧性有余，而加工硬化不十分明显，即便采用中锰奥氏体钢后材料的硬度有所提高，但仍不很令人满意，加上合金元素含量较高，生产中需要高温处理，耗能高，易变形、开裂，且处理不好会使脆性增大，存在生产成本高、工艺较复杂等缺点。因此，在非强烈冲击条件下，寻求一种更为经济的材质是十分必要的，低合金耐磨铸钢就是这样产生的。

低合金耐磨铸钢是 20 世纪 60 年代以后发展起来的一种耐磨材料，这种钢以废钢为主要原材料，添加少量合金元素，铸造成型，并经适当热处理获得良好强韧性，满足不同使用要求，而且具有相当大的发展潜力和应用前景。

4.2.1 低合金耐磨铸钢的优点

1)较高的硬度与耐磨性

低合金钢的硬度主要取决于钢的含碳量与热处理工艺。低合金钢的硬度高于水韧处理后高锰钢的硬度,因而具有较高的耐磨性。

2)良好的韧性和脆断抗力

低合金铸钢的硬度大于60 HRC 的前提下,冲击韧性可达 20 ~ 40 J/cm^2,低于高锰钢,但优于各类铸铁。低合金钢具有良好的硬度与韧性的综合性能,而且通过改变化学成分与热处理工艺可以得到不同的性能。

3)较高的淬透性

中、高碳低合金钢通过适当的合金化,具有很高的淬透性,能使 200 mm 厚的钢截面淬透,或使一定厚度截面的零件空冷,获得马氏体组织,以减少工件淬火时的变形与开裂。

4)良好的工艺性

低合金钢可根据工件的使用要求与工厂的生产条件,采用最合理的生产方式与工艺,如铸、锻、轧、焊和机加工等,也可采用复合工艺。

5)较好的经济性

低合金钢中常加元素有 Si、Mn、B 和稀土等,适当少量加入 Cr、Mo、V、Ti、Ni 等合金元素,成本低,经济效益高,易于推广与发展。

4.2.2 低合金耐磨铸钢成分设计

根据磨损理论,耐磨性不是单纯的物理量,在一定工况条件下与材质本身的强度、硬度、塑性、韧性等有关,要提高耐磨性就要提高材质的综合机械性能。既要保证足够韧性,又要具备较高硬度。为了使低合金耐磨钢获得上述性能,则要通过合理的成分设计和适当的热处理来保证,对低合金钢的成分设计基本原则是微量多元化,并注意结合资源特点,主要元素有碳、锰、硅、铬、钼、硼、钛、钒、铌和稀土等。碳及合金元素的作用如下。

1)碳

钢中的碳质量分数主要取决于零件的工况条件。低碳钢碳质量分数为 0.2% ~0.3%,淬火后获得低碳板条马氏体组织,其韧性高,并具有适当的硬度(40 ~ 50 HRC),适用于要求韧性高,耐磨性较低的工件。高碳钢碳质量分数为 0.6% ~0.9%,淬火后的显微组织以片状孪晶马氏体为主,硬度高(≥60 HRC),脆性大,适用于要求耐磨性高、韧性较低的工件。中碳钢碳质量分数为 0.4% ~0.6%,淬火后是混合型马氏体组织,适用于要求较高耐磨性和足够韧性的工件。

2)锰

锰在钢中一部分溶于固溶体,另一部分形成合金渗碳体(Fe,Mn)3C,其主要优点是显著提高钢的淬透性,一般锰的质量分数小于 2%。锰还降低 Ms 点,淬火组织中残余奥氏体增多。锰的不利影响是增加钢的过热敏感性,易使钢的晶粒粗化。另外还增加钢的回火脆性。

3)硅

硅在钢中只溶于固溶体,不形成碳化物,使铁素体固溶强化,并能提高钢的回火软化抗力,推迟第一类回火脆性。硅的质量分数一般小于 1.5%,过高会降低钢的塑性和韧性,提高韧-

脆性转变温度，增加钢的脱碳倾向。

4）铬

铬在钢中既能溶于固溶体又能形成碳化物。铬能使固溶体强化并提高钢的淬透性和回火稳定性。低合金钢中铬的质量分数一般小于2%（最高可达4%），其主要缺点是增加钢的回火脆性。

5）钼

钼在钢中既可溶于固溶体也能形成碳化物，它固溶于钢中能显著提高钢的淬透性及回火稳定性，改善钢的韧性，并能降低或抑制回火脆性。低合金钢中钼的质量分数一般小于0.5%（最高达1%），钼还能显著提高钢的高温强度。

6）镍

镍只溶于固溶体不形成碳化物，能提高钢的淬透性，特别是与铬、钼等合金元素共同加入钢中时，其作用更强。镍在产生固溶强化的同时，还提高钢的塑性与韧性。镍不仅提高钢的常温塑性和韧性，而且能改善钢的低温韧性，降低钢的韧-脆性转变温度。在低合金钢中镍的质量分数一般小于1%。

7）硼

微量硼的质量分数为0.001%～0.003%，能显著提高钢的淬透性。但硼质量分数过高在晶界形成硼化物使钢的脆性增大。此外，在适当的合金元素（主要是锰、钼等）配合下，空冷可获得贝氏体组织。

8）钛、钒、铌

钢中加入微量的钛、钒及铌等合金元素能形成碳化物和氮化物，可细化组织，改善韧性，适当增加耐磨性。

9）稀土元素

我国稀土元素资源丰富，它在钢中的作用主要是脱氧、去硫、净化钢液，改善夹杂物的形态和分布，细化晶粒，改善铸造组织，提高钢的常温及低温韧性，改善钢的质量。我国低合金耐磨钢主要有中碳（0.3%～0.4%）及高碳（0.6%～0.8%）两类。合金元素以锰、硅为主，对截面厚大的工件适当地加入铬、镍、钼、硼等元素。对韧性要求较高的钢加入少量钛、钒、铌及稀土元素。另外低、中碳的Mn-B或Mn-Mo-B系贝氏体钢也是值得重视的。低合金耐磨钢经淬火、回火后，硬度为45～60 HRC，并具有足够的韧性和较高的耐磨性。例如，低合金钢的板锤其使用寿命比高锰钢提高60%～330%。中碳铬锰硅钢制作的球磨机衬板使用寿命比高锰钢提高1～2倍，拖拉机履带板改用31Mn2Si钢代替高锰钢也取得了较好的效果。低合金耐磨钢的化学成分及性能见表4.4。

表4.4　低合金耐磨钢的化学成分及性能

淬火方式	化学成分（质量分数）/%						性能
	C	Si	Mn	Cr	Mo	Ni	硬度HRC
空淬	0.40～0.60	0.80～1.20	1.40～1.75	0.65～1.65	0.50～0.65		55～60
水淬	0.30～0.35	0.30～1.50	0.75～0.80	0.50～2.0	0.40～1.2	0.6～0.9	48～53
油淬	0.35～0.60	0.60～0.70	0.50～0.70	0.60～2.0	0.45～0.5		54～57

4.2.3 低合金耐磨铸钢的类型

1）水淬低合金耐磨铸钢

ZG30CrMnSiMoTi 低合金耐磨钢是针对矿山球磨机锤头和衬板的工况条件研究的一种水淬耐磨钢，它具有强度、硬度和韧性相配合的特点，具有广阔的应用前景。

ZG30CrMnSiMoTi 的化学成分及质量分数为：(0.28～0.35)% C，(1.2～1.6)% Si，(1.2～1.7)% Mn，(1.0～1.5)% Cr，(0.3～0.5)% Mo，(0.06～0.12)% Ti。

ZG30CrMnSiMoTi 的热处理工艺：900 ℃水淬和 250 ℃回火。

ZG30CrMnSiMoTi 的力学性能：$\sigma_b \geqslant 1\ 650$，$\sigma_s \geqslant 1\ 400$，$\alpha_k = 80$，HRC=56。

采用中频感应电炉生产的 ZG30CrMnSiMoTi 耐磨钢衬板，经热处理后，其使用寿命比高锰钢衬板提高 2 倍，并且该衬板生产工艺简单、成本低、耐磨性好，便于推广应用。

2）油淬低合金耐磨铸钢

ZG50Cr2MnSiNiMo 耐磨钢是针对破碎机锤头研制的一种新型耐磨材料，是由于破碎机的锤头磨损严重，为了提高锤头的使用寿命开发研制的。该锤头广泛应用于矿山、电力、建材等行业，该锤头使用寿命比高锰钢提高 1 倍以上。

ZG50Cr2MnSiNiMo 的化学成分及质量分数为：(0.45～0.65)% C，(1.5～2.5)% Cr，(1.2～1.5)% Mn，(0.8～1.2)% Si，(0.5～1.2)% Ni，(0.3～0.4)% Mo。

ZG50Cr2MnSiNiMo 的热处理工艺为：920～940 ℃淬火，320～340 ℃回火。

ZG50Cr2MnSiNiMo 的力学性能为：$\alpha_k = 12\ \text{J/cm}^2$，HRC=54。

4.2.4 低合金耐磨铸钢的熔炼生产

1）原材料

低合金耐磨铸钢的原材料主要有废钢、回炉钢件、铁合金，如锰铁、铬铁、硅铁、钼铁、镍铁等。

2）熔炼设备

一般情况下，熔炼低合金耐磨铸钢主要使用中频感应电炉，也可使用电弧炉。

3）熔炼工艺（中频感应电炉）

按比例加入废钢、回炉钢件和铁合金，熔炼时铬铁、钼铁和镍铁等随废钢等一起加入，锰铁在出炉前 10 min 加入。硅铁在出炉前 5 min 加入，铝在最后出炉时加入，出炉温度为 1 550 ℃，硼铁和稀土等合金在浇注时加入。

4.2.5 合金耐磨铸钢热处理加热过程的特点

合金耐磨钢具有良好的强韧性配合，且可通过热处理工艺的变化，在较大范围内调整其强度（硬度）与塑性、韧性的配合，以满足不同工况条件对耐磨件的要求，而得到广泛的使用。

合金耐磨钢一般均通过淬火处理以获得马氏体基体，然后再通过回火获得所需要的配合。合金耐磨钢在热处理过程中具有以下特点：

①加热温度的选择需视其含碳量而定。亚共析钢必须加热到 Ac_3 以上进行完全淬火，即加热温度宜选择在 Ac_3+(30～70)℃；而共析钢、过共析钢宜选择在 Ac_3+(30～70)℃，即进行不完全淬火。因为亚共析钢如果在 Ac_1～Ac_3 加热，必然有一部分铁素体存在。这部分铁素体

在淬火冷却过程中不会转变为马氏体,因而严重降低高锰钢的强度(硬度)。共析钢和过共析钢必须在 Ac_1 ~ Ac_3 加热进行不完全淬火,使淬火组织中保留一定数量的细小弥散的碳化物颗粒,以提高其耐磨性。

②通过加热温度来控制碳化物的溶解数量,以控制奥氏体中的碳及合金元素的含量,从而控制马氏体的成分、组织和性能。过高的加热温度会使碳化物充分溶解于奥氏体中,淬火冷却后将会出现针状马氏体,使脆性增大。

③过高的加热温度使碳化物全部溶解,将失去阻碍奥氏体晶粒长大的作用。而奥氏体晶粒过分粗大,淬火后马氏体也会更粗大,且显微裂纹增多,脆性增大。在 Ac_1 ~ Ac_3 加热,必然有一部分铁素体存在。这部分铁素体在淬火冷却过程中不会转变为马氏体,因而严重降低高锰钢的强度(硬度)。共析钢和过共析钢必须在 Ac_1 ~ Ac_3 加热进行不完全淬火,使淬火组织中保留一定数量的细小弥散的碳化物颗粒,以提高其耐磨性。

因此,合金耐磨钢在加热过程中,关键是确定合适的加热温度。碳的质量分数为0.4% ~ 0.6%,铬的质量分数为4.5% ~5.5%的中碳铬耐磨钢的奥氏体化温度对其硬度和冲击韧性的影响如图4.6所示。Cr-Ni-Mo低合金耐磨钢的淬火温度对其硬度和冲击韧性的影响如图4.7所示。它们表明,过高、过低的奥氏体化温度均导致硬度的降低。ZG30CrMnSiMoV低碳低合金耐磨钢,其不同淬火加热温度对其硬度的影响见表4.5。进一步从金相组织观察,800 ℃加热淬火后存在大块铁素体;850 ℃淬火后只存在少量铁素体,硬度明显提高;900 ℃淬火后得到均匀板条马氏体,铁素体完全消失,硬度最高;1 000 ~1 050 ℃淬火后马氏体针粗大,硬度反而有所降低。需要指出,合金耐磨钢由于合金元素含量较多,在铸态组织中存在枝晶组织与成分偏析。因此,如在淬火前先进行预先热处理,使组织与成分进一步均匀化,有助于其强韧性的大幅度提高。综上所述,耐磨材料热处理的加热过程,不仅是为了组织奥氏体化和控制奥氏体晶粒大小而且各有其相变过程的特点,这些相变过程的特点将影响其最终组织与性能。因此,加热过程是耐磨材料进行热处理的基本条件。

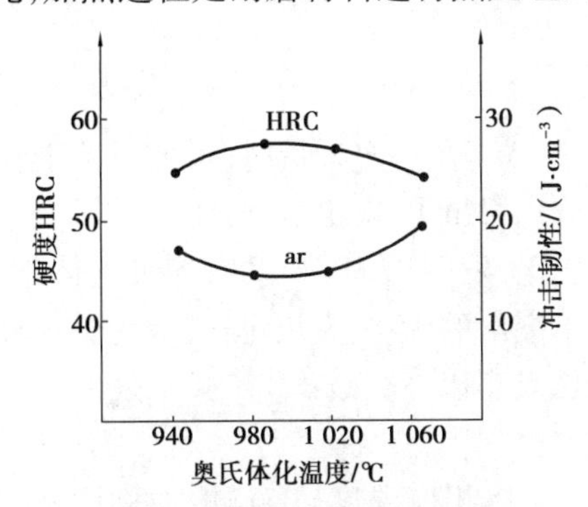

图4.6　中碳铬钢奥氏体化温度对其硬度和冲击韧性的影响

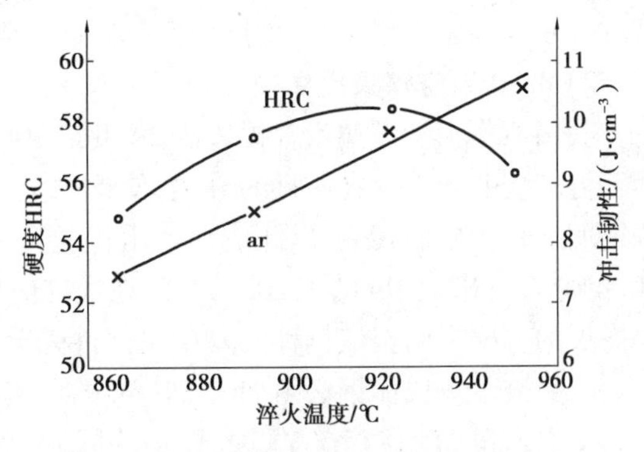

图4.7　Cr-Ni-Mo耐磨钢淬火温度对其硬度和冲击韧性的影响

表4.5　ZG30CrMnSiMoV低碳低合金钢淬火加热温度对其硬度的影响

淬火加热温度/℃	800	850	900	1 000	1 050
硬度 HRC	28.5	48.6	49.8	49.6	48.0

4.2.6　低合金耐磨铸钢的应用

低合金耐磨铸钢主要应用于冶金、煤炭、建材、非金属矿山、电力系统等行业，例如，破碎机锤头、球磨机衬板、装载机铲齿和农机抗磨配件。

4.3　空淬贝氏体耐磨铸钢

自1930年美国人贝恩首次在钢中发现贝氏体相变以来，围绕贝氏体的理论及应用的研究已开展90多年了。国内的许多著名学者对贝氏体相变做出了杰出的贡献，根据我国国情开发出了一系列空淬贝氏体钢种，并已在工业生产中得到了广泛的应用，产生了可观的经济效益。新型空淬贝氏体钢属于非调质钢中的一类，在生产中将热加工成型工序与淬火工序结合，实现空淬自硬，省去了淬火工序，不仅节约了能源，简化了工艺，提高了生产效率，而且可以避免由于淬火引起的变形、开裂及氧化、脱碳等热处理缺陷。空淬贝氏体钢具有良好的综合力学性能，不仅提高了产品的质量，而且延长了产品的使用寿命，应用前景非常广阔。

4.3.1　空淬贝氏体钢分类

1) Mo系或Mo-B系空淬贝氏体钢

20世纪50年代，英国皮克林等发明了Mo-B系空淬贝氏体钢。研究表明Mo-B系空淬贝氏体钢中Mo对中温转变(B转变)推迟作用显著低于高温转变(P转变)，而B可显著推迟铁素体转变，对高温转变影响小。Mo与B结合可使钢在相当宽的连续冷却速度范围内获得贝氏体组织。Mo-B系空淬贝氏体钢的出现受到人们的很大重视，但因Mo的原料价格高，同时Mo-B钢的贝氏体组织转变温度高，产品强度、韧度差，为降低温度，必须将Mo-B钢复合金化，又进一步提高了价格，所以推广应用及发展受到限制。

2) Mn-B系空淬贝氏体钢

我国清华大学方鸿生教授等于20世纪70年代初发现，Mn在一定含量时，可使过冷奥氏体等温转变曲线上存在明显的分离，使钢的上下C曲线分离，Mn与B相结合，使高温转变孕育期明显长于中温转变，以此成功地用普通元素进行合金化，发明出Mn-B系空淬贝氏体钢。Mn的原料价格为Mo的1/30～1/25，在推广应用中显示出突出的优势，发展迅速，成为贝氏体钢发展的主要方向。该钢种的发现在材料科学与技术领域具有以下突破：

①突破了贝氏体钢必须加入Mo、W的传统设计思路。

②以适量Mn在获空淬贝氏体钢的同时，显著降低贝氏体相变温度(Bs)，增加韧度和强度。上述效果是因适量的Mn可导致在中温下相界有Mn富集，对相界迁移起拖曳作用，与B共同作用，易获得贝氏体。同时Mn显著降低贝氏体相变驱动力，使贝氏体相变温度降低，细化贝氏体尺寸。

③突破了空淬贝氏体钢以低碳为主的传统，研制出不同性能和用途的中高碳、中碳、中低碳、低碳贝氏体钢。组成不同碳量的各类贝氏体，包括粒状贝氏体、低碳贝氏体、中碳贝氏体、无碳化物贝氏体和贝氏体/马氏体等，用其所长组成不同类型的复相组织，以获得不同优良性能的Mn-B贝氏体钢系列。近年来，合金元素硅在贝氏体钢合金设计中引起了人们的高度重

视。研究发现随钢中硅含量的增加,获得贝氏体组织的冷速范围增大,可保证贝氏体钢不会因季节不同、冷却速度不同而造成力学性能波动范围太大的问题。

3)其他贝氏体钢

近年来,国内许多学者在空淬贝氏体钢方面进行了广泛的研究,又发明了其他系列的钢种,如山东工业大学的李风照教授发展了多元微合金化空淬贝氏体钢,并已将其用于制作粉碎矿石用的摆锤,使用结果表明,其耐磨性为高锰钢材料的两倍以上;还有西北工业大学的康沫狂教授研制成功了 Si-Mn-Mo 系列准贝氏体钢,具有良好的强韧度配合和较高的耐磨性,在越来越多的场合代替铁素体-珠光体钢和淬火回火马氏体钢,取得了良好的效果,并成功地用于采煤机截齿,使截齿寿命提高了 1.5 ~2 倍。作者研究的稀土空淬贝氏体耐磨铸钢已应用于破碎机锤头、衬板。试验结果表明,其耐磨性为高锰钢两倍以上。

4.3.2 稀土空淬贝氏体钢的成分设计

1)获得贝氏体钢的条件

获得贝氏体钢的条件综合反映在奥氏体等温转变 C 曲线上,即加入合金元素使珠光体转变区大大右移,甚至在通常的工艺条件下,C 曲线上不出现珠光体转变区,使珠光体转变区与贝氏体转变区分离;贝氏体开始转变点 Bs 变低,使在低的转变温度下获得贝氏体钢。贝氏体转变线(即奥氏体等温转变 C 曲线上开始贝氏体转变线)要尽量平,转变平台越宽,允许的冷却速度范围越大,贝氏体组织的转变越均匀,钢材截面机械性能的一致性越好,贝氏体的淬透性越好。为了获得贝氏体钢,应采取以下有效途径:①适当提高含碳量;②加入 Cr、Mn、W 等合金元素以降低 Bs 点;③增大置换固溶作用;④细化条束;⑤提高铁素体条内部的位错密度。

2)贝氏体钢的成分设计原则

贝氏体钢的成分设计原则主要考虑对贝氏体钢的奥氏体等温转变 C 曲线的影响,即选择一定的含碳量及合金元素的种类和数量。

(1)含碳量的选择

加入碳同加入其他合金元素一样,能使贝氏体相变温度降低,这样可提高贝氏体组织的强度,尽管碳是提高硬度和强度最有效的元素,但考虑到可焊性及韧性,碳的质量分数应小于0.2%。加入碳,其单位元素引起的 Bs 降低值与 Ms 降低之比并不高,仅为0.57。因此,碳使 Bs 降低的同时,Ms 降低并不多,这样材料的应力增大,组织中微观缺陷增多,性能下降;含碳量提高,则尽管使 Bs 下降有好的一面,却使 Bs 区右移并使珠光体转变区左移,这样使材料获得贝氏体的工艺性能变差,即贝氏体淬透性变小,造成一般高碳贝氏体钢往往不是纯贝氏体组织而是混合组织;含碳量提高,残余奥氏体量增多,对回火处理应用的材料会由于 A 残→M 淬过程而增加转变应力,同时由于这类残余奥氏体区域含碳量高,在冷却过程中形成塑性较差的薄片状渗碳体,易成为解理断裂的裂纹源,造成回火脆性。目前的研究发现,低碳贝氏体钢倾向于形成粒状组织,而中碳易形成针状组织,高碳以混合组织居多。综上所述,对韧性、可焊性要求高时,可应用低碳贝氏体钢;而对韧性及可焊性要求不高时,可应用高碳贝氏体钢。

(2)合金元素的选择

从奥氏体等温转变 C 曲线的角度考虑,添加单位质量元素对 Bs 下降值与 Ms 下降值之比值,此比值越大越有利。Mn、Cr、Ni、Mo 是十分有利的贝氏体钢合金元素,贝氏体钢合金化的研究和应用是以这些元素的添加为主。首先从对铁素体-珠光体转变曲线的影响选择合金元素。锰并无将奥氏体等温转变 C 曲线中铁素体-珠光体转变线与贝氏体转变线分离的作用。锰的加入,易产生显微成分偏析,形成粒状贝氏体类组织,另外,锰增加奥氏体稳定性。钼及硼是将奥氏体等温转变 C 曲线中铁素体-珠光体转变线与贝氏体转变线分离开的最有效的两个合金元素。图 4.8 显示出硼的这种影响。另外,即使在 400 ℃/s 的极高冷速下加入,也并不促进奥氏体的稳定化,也不诱使大量马氏体生成。钼及硼的好处在于分离铁素体和贝氏体 C 曲线的同时,并不推迟贝氏体相变,而大大地推迟铁素体的转变。钼的加入还能降低贝氏体转变温度,提高贝氏体强度。硅的作用如同钼,硅亦是延迟珠光体转变的有效元素,硅虽使等温转变曲线上铁素体转变温度升高,却使奥氏体等温转变 C 曲线向右推移,因而提高了贝氏体(马氏体)的淬透性,在一定含量范围内,增加了钢的韧性。铬的作用如同钼,但有两重性:铬既能大大增加贝氏体的淬透性,又能促使亚稳奥氏体区域的形成。铬的加入不仅促进贝氏体转变,而且使贝氏体形状变为以针状为主,并且由于铬的加入形成更细小的贝氏体-铁素体组织而提高了钢的屈服强度、抗拉强度和屈强比。镍的作用同锰一样,镍是奥氏体稳定元素,主要用来提高韧性。当镍同铬一起添加时,更促进贝氏体转变,并使材料的微观结构主要呈现为贝氏体组织。

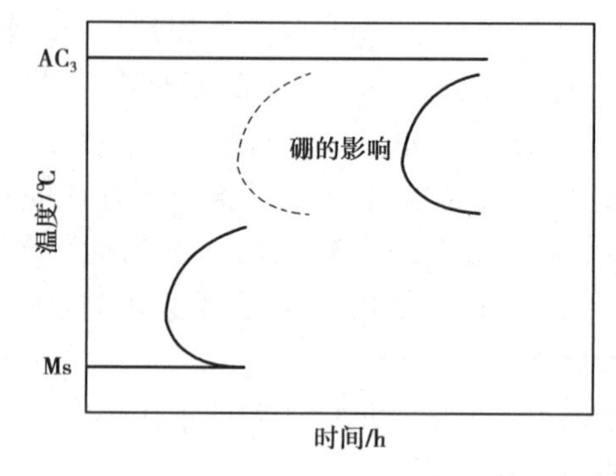

图 4.8　硼对 C 曲线的影响

4.3.3　贝氏体钢的化学成分确定

1)碳含量的确定

碳是获得高硬度、保证抗磨性能的主要元素之一,为了使新钢种满足高硬度、高韧性的要求,碳的质量分数为 0.4% ~0.6%。

2)硅含量的确定

在低碳贝氏体钢的开发中发现,硅在贝氏体转变过程中能强烈抑制碳化物析出,硅的加入还可以提高铸钢的流动性,从而改善铸造性能。但硅含量太高,易促进铁素体形成,故硅的质量分数为 1.5% ~2.5%。

3)锰含量的确定

锰是增加淬透性、保证获得细小贝氏体板条的主要元素,与硅配合可在获得高强度、硬度的同时,又保持较高的韧性,故锰的质量分数为 2.0% ~3.0%。

4)其他微量元素确定

微量的钼、钒、钛、稀土加入钢中,有利于改善铸态结晶组织,细化晶粒,去除钢中有害夹杂,提高钢的韧性。钼、硼加入还有利于提高贝氏体淬透性。

综上分析，空淬贝氏体耐磨铸钢的主要成分：$\omega_c = 0.35\% \sim 0.55\%$，$\omega_{Mn} = 1.5\% \sim 2.5\%$，$\omega_{Cr} = 2\% \sim 3\%$，$\omega_{Mo} \geqslant 0.3\%$，$\omega_B = 0.003\% \sim 0.005\%$。

4.3.4　空淬贝氏体钢C曲线设计思路

正常空淬贝氏体钢C曲线的形状如图4.9所示，正常合金钢的C曲线如图4.10所示。在空淬状态下，它们冷却速度曲线都通过珠光体转变曲线，空淬后得到的组织为索氏体。如果想要得到贝氏体组织，只有采取等温淬火。如果采取调整合金元素，可以改变C曲线的形状，通过空淬就可以得到贝氏体。图4.11是通过加入合金元素得到空淬贝氏体钢过冷奥氏体恒温转变曲线，从曲线中可以看出，由于加入了合金元素，改变了C曲线的形状，珠光体转变区和贝氏体转变区分离，使珠光体转变线开始右移，在空淬条件下，冷却曲线通过贝氏体转变区，最后到贝氏体组织。

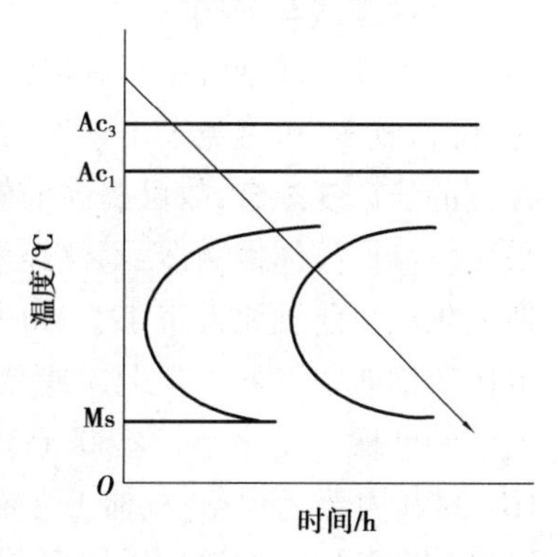

图4.9　空淬贝氏体钢C曲线

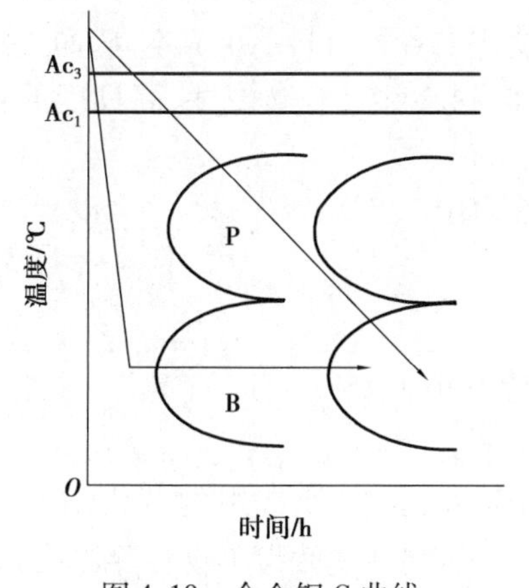

图4.10　合金钢C曲线

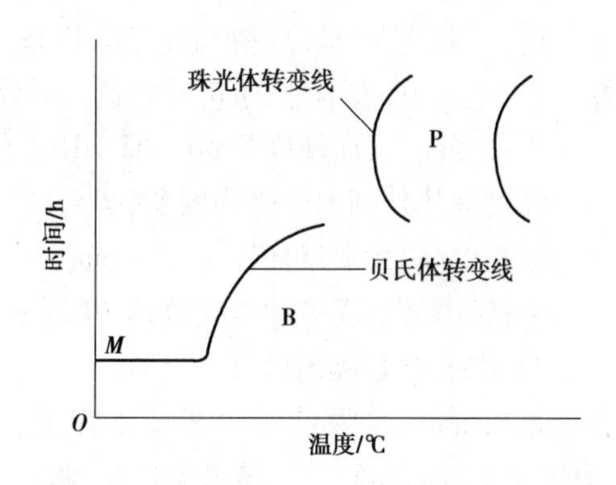

图4.11　空淬贝氏体过冷奥氏体恒温转变图

4.3.5　熔炼及浇注

设计好合金可以用电弧炉和感应电炉进行熔炼，炉料以普通废钢为主，加入适量的铬铁、硅铁、锰铁、硼铁、钼铁进行合金化，钢水加热到1 550 ℃时，进行最终脱氧后出炉，浇注温度为1 450 ~1 500 ℃。

4.3.6　空淬贝氏体钢的组织与性能

贝氏体钢具有整体硬度高的特点，直径为150 mm的磨球也能从表面到心部具有高硬度，表面62 ~56 HRC，心部57 ~54 HRC，同时具有高韧性 $\alpha_k > 17\ J/cm^2$，强度高而均匀，破碎率极低，在各类矿山、各种磨削介质、各种球磨机、各种恶劣环境下使用效果理想。空淬贝氏体钢组织为贝氏体+马氏体+残余奥氏体。

4.3.7 空淬贝氏体钢的应用

1)制造汽车前轴

空淬贝氏体钢应用于制造汽车前轴,由于其空冷淬透性好,可免去淬火工序,不仅节省能源,降低成本,也避免了由于淬火引起的变形、开裂及脱碳等。冷热加工性能良好,同时由于有优良的强韧度配合,故可提高前轴的质量及寿命。因此,对汽车前轴这类关键的保安件来说,采用空淬贝氏体钢制造,不仅经济效益显著,而且对保证汽车质量有重要意义。重汽集团公司斯太尔汽车前轴原采用42CrMo材料,淬火时心部淬不透,且内部存在硬点,机加工性能较差。贝氏体钢能很好地解决上述缺点。试验表明,贝氏体钢的淬透性能很好,心部能淬透,且截面上的硬度梯度变化小,在60 mm×60 mm的横截面上,表面硬度为283 HB,心部硬度为265 HB,材料内部无硬点,机加工性能良好,疲劳寿命优于原用材料。目前,国内几大汽车公司都已经或准备使用空淬贝氏体钢制造汽车前轴。

2)空淬贝氏体耐磨钢

空淬贝氏体耐磨钢磨球是广泛用于矿山、冶金、电力、建材和化工等行业的重要易耗件,国内年耗量高达100万t,国际市场容量也达500万t。目前使用的各种材料不仅成本高,而且由于硬度高、韧度差,破碎率很高。Mn-B系贝氏体钢球从表面到心部具有高硬度、高韧度的特性,且工艺简单,成本低,生产效率高。其特点如下:

①硬度高,表面硬度为56~62 HRC,心部硬度为54~57 HRC。

②磨球从外到内硬度梯度变化小。

③韧度高,无缺口韧性≥17 J/cm^2。

④破碎率低,落球冲击次数达10万~20万次,实际破碎率小于1%。

3)刮板、截齿类耐磨件

刮板、截齿是煤矿综合采煤运输机上大量使用的易耗件,国内外常用的截齿材料为35CrMnSi和42CrMo钢,易出现折弯、脆断,而且磨损快。贝氏体钢制造截齿不仅免除淬火,而且截齿柄杆强韧性高,硬度≥40 HRC,α_k≥40 J/cm^2;刀头硬度≥50 HRC,不易磨损,这样硬质合金刀头亦不易脱落,故性能优异。贝氏体新型刮板具有整体硬化、锻后不须淬火,韧性高,耐磨损,具有优良的综合力学性能,硬度≥45~50 HRC,冲击韧度≥40 J/cm^2。

4)耐磨传输管材

冶金、矿山、选矿厂、洗煤厂和发电等行业对各种大口径传输耐磨管需求量很大,但这类传输管使用环境恶劣,要求管材耐磨、抗冲刷,且焊接性能良好。目前所用材料有16Mn钢和一些SiC陶瓷、塑料以及钢管内表面喷涂石料及金属的复合管材等,但效果均不理想。16Mn等低合金钢硬度很低(170~210 HB),耐磨性能很差,寿命过短;塑料及陶瓷管材价格过于昂贵;钢管内表面喷涂石料则体积笨重、性能不稳定。尤其当喷涂层局部脱落时,问题更严重。而贝氏体离心铸管则具有显著的优越性:

①高硬度≥40~45 HRC,耐磨性及韧性好,抗冲刷等。

②焊接性能良好。

③生产工艺简单。

④成本低,价格合理。

5) 空淬贝氏体耐磨钢的开发

在冶金、水泥等行业使用的球磨机、破碎机每年消耗大量的磨球、衬板、颚板、锤头等耐磨构件。国内外制备这类耐磨件的材料主要是高锰钢及白口铸铁，由于高锰钢在冲击功偏小的情况下难以加工硬化，制备上述构件时往往耐磨性较差；白口铸铁由于其碳化物呈现网状连续分布，适应的场合并不多。为此，国内外广泛开展了新型耐磨材料的研究，主要的研究为：

一是向高锰钢中加入 Cr、Mo、V、Ti 等合金元素形成合金高锰钢；二是以韧性好的高铬铸铁取代传统的白口铁；三是开发以 Cr、Mo 为主的淬火马氏体系列的低合金钢。

这些新材料普遍存在的问题是制造成本高，制备工艺复杂，有必要开发出制造工艺简单、成本低廉、耐磨性好的新型耐磨材料。利用贝氏体组织形态在相同硬度下具有最佳耐磨性这一规律，选用廉价的硅、锰元素，开发出一类空淬或铸态下获得贝氏体组织的耐磨钢，应用于制备衬板、磨球、锤头颚板等耐磨构件。

第 5 章
合金耐磨铸铁

5.1 低合金耐磨铸铁

普通白口铸铁由于没有加入合金元素，其显微组织基本是由珠光体和网状渗碳体或莱氏体构成，显微硬度在 500 HV 左右，但十分脆，使其应用受到限制，只能满足低应力抗磨场合的需要。微合金化可以在一定程度上改善白口铸铁的力学性能和使用性能，通过合理利用微合金元素，改善了白口铸铁的各种性能，尤其是大大提高了耐磨性。

5.1.1 普通白口铸铁

普通白口铸铁的铸态组织由珠光体和渗碳体组成。渗碳体型碳化物相对于其他碳化物来说，硬度较低，且呈连续网状分布，因此这类白口铸铁只适用于承受较低载荷和在磨损不强烈的工况下使用，如犁铧、磨粉机辊、叶片、磨球等。普通白口铸铁的生产工艺简单，成本低廉，可用冲天炉熔化。用硬质合金刀具加工，但收缩较大，易产生缩孔、缩松和热裂等缺陷。普通白口铸铁的化学成分、金相组织、性能与应用举例见表 5.1 和表 5.2。

表 5.1 普通白口铸铁的化学成分

序号	$\omega_C/\%$	$\omega_{Si}/\%$	$\omega_{Mn}/\%$	$\omega_P/\%$	$\omega_S/\%$	$\omega_{Cr}/\%$	$\omega_{Cu}/\%$
1	3.5～3.8	<0.6	0.15～0.20	<0.3	0.2～0.4		
2	2.6～2.8	0.7～0.9	0.6～0.8	<0.3	<0.1		
3	4.0～4.5	0.4～1.2	1.6～1.0	0.14～0.40	<0.1		
4	2.2～2.5	<1.0	0.5～1.0	<0.1	<0.1		
5	2.8～3.2	1.3～1.7	0.4～1.0			1.3～2.0	0.5～3.5

表5.2　普通白口铸铁的组织、金相性能和应用

序号	金相组织	硬度	状态	应用
1	珠光体+渗碳体		铸态	导板
2	珠光体+渗碳体		铸态	犁铧
3	珠光体+渗碳体	50～55	铸态	
4	贝氏体+屈氏体+渗碳体	55～59	900 ℃,1 h,淬入230～300 ℃盐浴,保温90 min空冷	磨球
5	珠光体+渗碳体	55～59	铸态	磨球

5.1.2　锰白口铸铁

锰白口铸铁是以锰为主要合金元素,辅以一定量的其他合金元素而组成的抗磨铸铁。图5.1是Fe-C-Mn三元合金600 ℃等温截面图。在碳质量分数小于6%,锰质量分数小于30%的区域内,只有渗碳体型碳化合物;锰质量分数少于5%时,基体为珠光体;锰质量分数为5%～10%时,基体为球光体+奥氏体;锰质量分数大于10%时,基体为奥氏体。变质处理可以改变碳化物形态,而基体组织可通过合金化和热处理来控制。

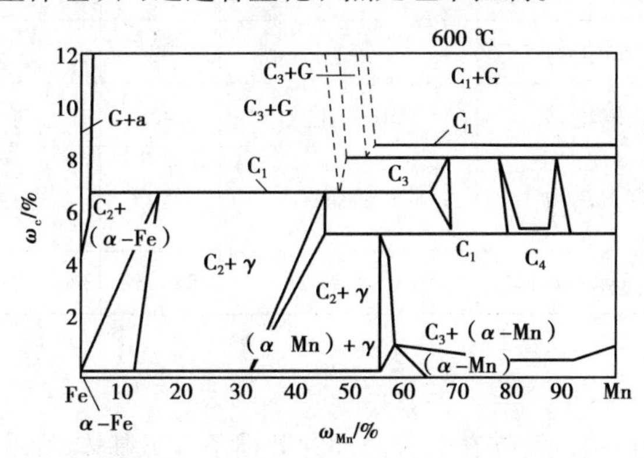

图5.1　Fe-C-Mn三元合金600 ℃等温截面图

1)化学成分与力学性能

锰白口铸铁的化学成分、组织、性能与应用举例见表5.3和表5.4。

表5.3　锰白口铸铁的化学成分

序号	ω_C/%	ω_{Si}/%	ω_{Mn}/%	ω_{Cu}/%	ω_{Cr}/%	$\omega_{其他}$/%	备注
1	2.4～2.6	1.0～1.2	2.2～2.5	1.2～1.5			稀土变质处理
2	3.5～3.8	1.3～1.5	4.5～5.0			(1.5～2.0)%Mo	硅铁钒铁变质
3	3.5～3.7	1.0～1.5	4.5～5.5	0.8～1.0	0.4～0.6	(0.6～0.8)%Mo	稀土镁变质处理
4	3.7～3.7	1.3～1.8	5.5～6.5	0.8～1.0	0.3～0.5	(0.5～0.6)%Mo	

续表

序号	ω_{C}/%	ω_{Si}/%	ω_{Mn}/%	ω_{Cu}/%	ω_{Cr}/%	$\omega_{其他}$/%	备注
5	3.53	1.47	5.56			0.42% W	
6	3.06	0.37	6.3	1.0			
7	2.8～3.2	1.0～1.5	6.5～7.5	0.8～1.2			
8	3.6～3.8	1.6～1.9	7.0～8.0	0.8～1.0			稀土变质处理

表 5.4　钨白口铸铁的组织、性能和应用

序号	金相组织	状态	硬度 HRC	抗弯强度 α_{S}/Pa	冲击功 α_{k}/J	应用
1	马氏体+奥氏体	760～780 ℃盐浴淬火+180～200 ℃回火	62～66	418～445	4～5	抛丸机叶片
2	马氏体+奥氏体+碳化物	铸态	55～62	375～443		杂质泵体
3	马氏体+奥氏体+贝氏体+碳化物	铸态	54～60	369		杂质泵
4	屈氏体+马氏体+奥氏体+碳化物	铸态	54～60	>300		杂质泵体
5	马氏体+奥氏体+碳化物	铸态	33		制砖用切刀	
6	索氏体+奥氏体+碳化物	950 ℃正火	45		5.7	磨球
7	马氏体+奥氏体+碳化物	铸态	50			冲击磨损零件
8	马氏体+奥氏体+贝氏体+碳化物	铸态	55～58	340～395		杂质泵体

2) 耐磨性

表 5.5 和图 5.2 为锰白口铸铁在低应力冲蚀磨损条件下基体组织、碳化物量、硬度与耐磨性的关系。试验是在混砂盘式磨损试验机上进行的，转速为 36 r/min，线速度为 42 m/min，磨料为石英砂湿磨，磨损时间为 120 h。

表 5.5　锰白口铸铁碳化物量、硬度与耐磨性

碳化物量/%	23.55	28.31	37.66	43.20	48.67
硬度 HRC	43.53	44.3	45.2	44.2	45.87
干磨损失重/mg	66	41	55	50	72
湿磨损失重/mg	1 258	1 074	1 334	1 341	1 480

5.1.3　钨白口铸铁

钨白口铸铁是以我国富有资源钨为主要合金元素所形成的一种新型抗磨铸铁,它的组织和性能随着钨质量分数变化。图5.3为铁碳钨三元合金700 ℃等温截面图。在碳质量分数小于4%,钨质量分数小于30%的范围内,含有3种碳化物,即$(Fe,W)_3C$、$(Fe,W)_{23}C_6$和$(Fe,W)_6C$。碳化物的形态因碳化物类型、钨质量分数及一次结晶冷却速度不同而变化。

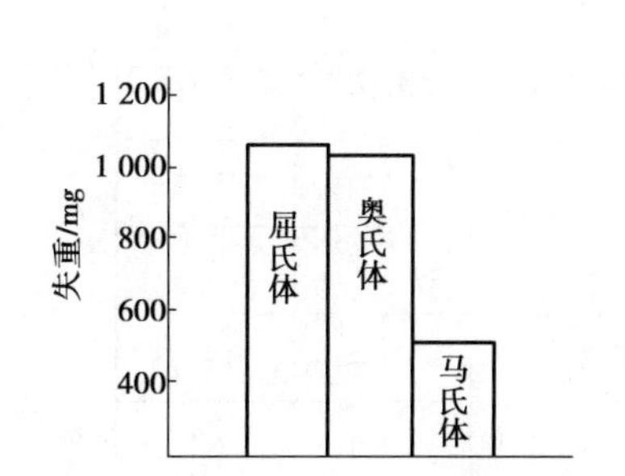

图5.2　基体组织与耐磨性的关系

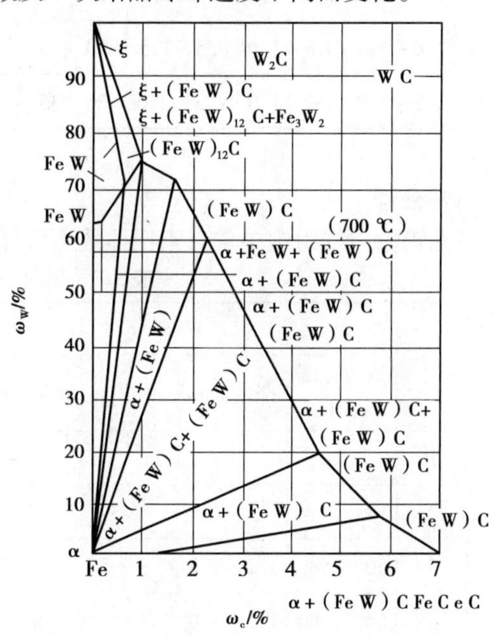

图5.3　铁碳钨三元合金700 ℃等温截面图

根据钨质量分数的多少,钨白口铸铁分为低钨(钨质量分数小于10%),中钨(钨质量分数大于10%小于20%)和高钨(钨质量分数大于20%)3种。

1)化学成分与力学性能

钨是碳化物形成元素,可形成多种钨碳化物。碳化物类型与W/C有关,如图5.4所示。钨白口铸铁的化学成分、力学性能见表5.6、表5.7。

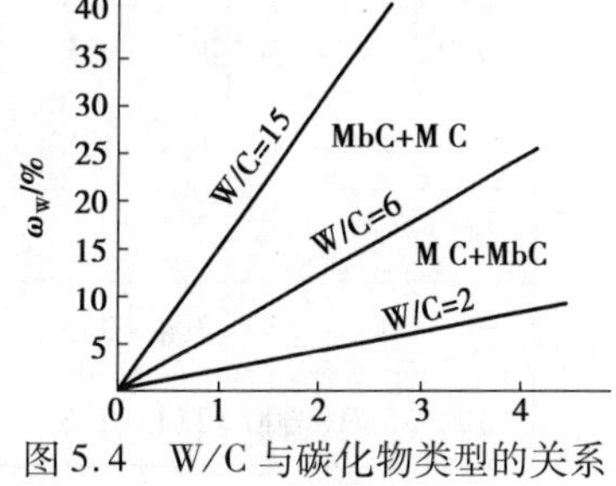

图5.4　W/C与碳化物类型的关系

表5.6　钨白口铸铁的化学成分

序号	$\omega_C/\%$	$\omega_{Si}/\%$	$\omega_{Mn}/\%$	$\omega_W/\%$	$\omega_{Cr}/\%$	$\omega_{Cu}/\%$	金相组织
1	2.7~3.0	1.2~1.5	1.3~1.6	1.2~1.8			索氏体+珠光体+碳化物
2	3.0~3.3	0.8~1.2	5.5~6.0	2.5~3.5			马氏体+碳化物
3	2.8~3.2	0.6~1.0	3.0~4.0	3.5~4.5	2.5~3.0	3.0	索氏体+马氏体+碳化物
4	2.6~3.0	0.6~1.0	2.5~3.0	6~8	3.0		索氏体+马氏体+碳化物
5	2.6~3.0	0.6~1.0	2.5~3.0	6~8	5~6	0.8	索氏体+马氏体+碳化物

续表

序号	$\omega_C/\%$	$\omega_{Si}/\%$	$\omega_{Mn}/\%$	$\omega_W/\%$	$\omega_{Cr}/\%$	$\omega_{Cu}/\%$	金相组织
6	2.6～3.0	0.6～1.0	2.5～3.0	12～16	2.5～3.0	2.0	马氏体+奥氏体+碳化物
7	2.6～3.0	0.6～1.0	2.5～3.0	12～16		1.5	马氏体+奥氏体+碳化物
8	2.4～2.6	0.3～0.5	1.5～2.0	16～18	2.5～3.0	1.8	马氏体+奥氏体+碳化物
9	2.6～3.0	0.6～1.0	0.5～1.5	20～35	3.0	2.0	马氏体+奥氏体+碳化物
10	2.6～3.0	0.6～1.0	1.5～2.0	20～35		1.5	马氏体+奥氏体+碳化物

2)热处理

铸态钨白口铁组织中常有索氏体或奥氏体,为消除这些软相,要进行淬火处理。

表 5.7　钨白口铸铁的力学性能

序号	铸态				淬火态			
	抗弯强度 σ_b/Pa	挠度/mm	冲击功/J	硬度 HRC	抗弯强度 σ_b/Pa	挠度/mm	冲击功/J	硬度 HRC
1				38～45				
2			>3	55～60				
3	500～580	1.2～1.8	3～5	55～58	550～600	1.2～1.8	3～4	60～63
4	540～580	1.5～1.8	4	58～60	550～600	1.5～1.8	3～4	62
5	500～530	1.2～2.0	4.5～5.5	42～46	560～620	1.2～2.0	4.0～4.5	62～63
6	530～550	1.6～1.8	4～5	50～53	580～600	1.6～1.8	3.5	59～61
7	480～510	1.4～1.8	3～4	58～60	500～540	1.4～1.8	3.0	60～62
8				55～60				
9	600～630	2.4～2.5	6～8	58～62	650～680	2.4～2.5	5～7	62～65
10	550～600	2.4～2.5	7～8	60～63	650～680	2.4～2.5	4～6	64～67

3)耐磨性

图 5.5 是在小型球磨机里对钨白口铸铁与其他材料磨球的磨损试验结果进行比较,磨料为石英砂,磨球直径为 22 mm。钨质量分数对耐磨性的影响如图 5.6 所示。

4)应用举例

用钨白口铁铸造抛丸机叶片的使用结果如下:

铸铁的化学成分:$\omega_C=2.0\%\sim2.5\%$,$\omega_{Si}<1.2\%$,$\omega_{Mn}<0.8\%$,$\omega_W=25\%\sim28\%$,$\omega_{Cr}=1.5\%\sim2.5\%$,$\omega_S<1.5\%$,$\omega_P<1.0\%$。

铸态组织:马氏体+奥氏体+碳化物。

热处理:工艺见图 5.7,组织为马氏体+碳化物,宏观硬度 65 HRC。

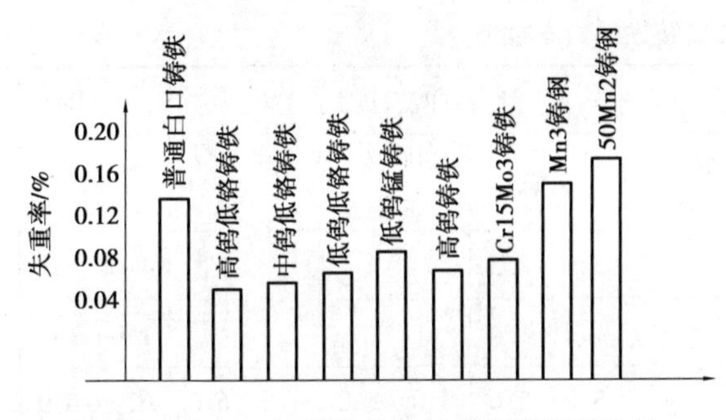

图 5.5　钨白口铸铁和其他材料磨球磨损比较

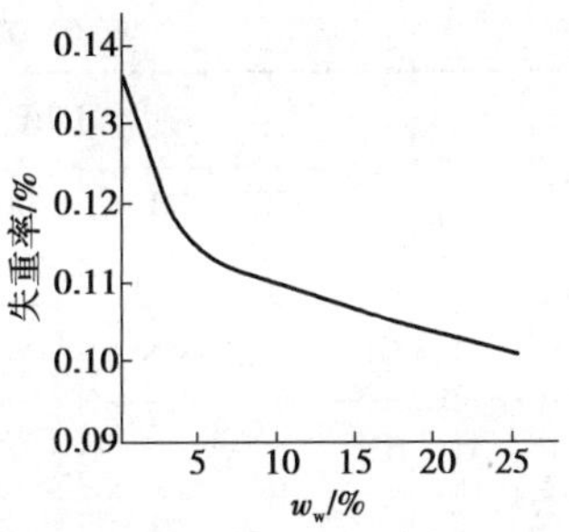

图 5.6　钨质量分数对耐磨性的影响

使用寿命:钨白口铁叶片为 Cr_4 稀土抛丸机叶片的 6 ~ 7 倍。

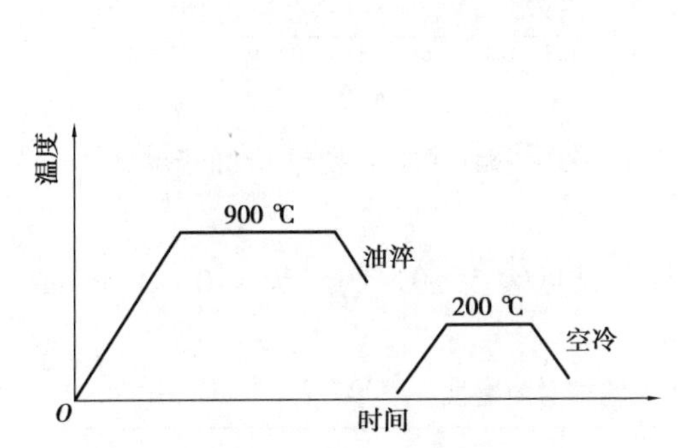

图 5.7　钨白口铸铁叶片的热处理工艺

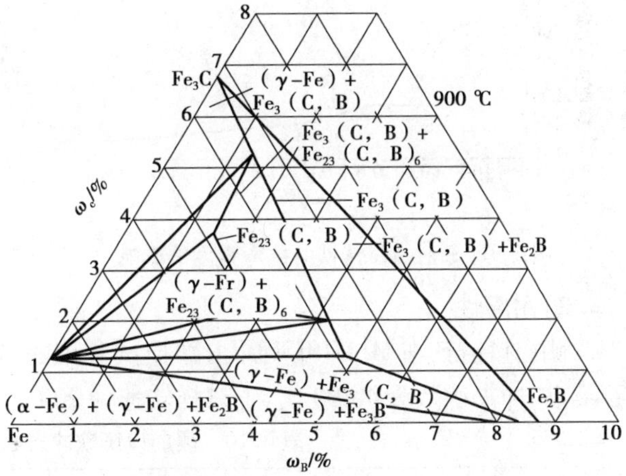

图 5.8　Fe-C-B 三元合金 900 ℃等温截面图

5.1.4　硼白口铸铁

硼白口铸铁是以硼为主要合金元素的一种低合金耐磨铸铁。图 5.8 是 Fe-C-B 三元合金 900 ℃等温截面图,从图中可以看出,在碳质量分数低于 7%,硼质量分数低于 10% 的富铁区内有两种硼碳化物,即 $Fe_3(C,B)$ 和 $Fe_{23}(C,B)_6$。硼白口铸铁的铸态组织有珠光体、马氏体、奥氏体和连续网状碳化物。通过变质处理或热处理均可将连续网状碳化物变成断续网状碳化物,金属基体组织可通过热处理予以调整。

1) 化学成分和力学性能

硼白口铁的化学成分与力学性能见表 5.8 和表 5.9。硼对白口铸铁的抗弯强度和冲击功的影响如图 5.9 和图 5.10 所示。

表 5.8　硼白口铸铁的化学成分

序号	ω_C/%	ω_{Si}/%	ω_{Mn}/%	ω_P/%	ω_S/%	ω_B/%	ω_{Cu}/%	ω_{Mo}/%	ω_{Re}/%	ω_{Al}/%
1	2.9 ~ 3.2	0.8 ~ 1.2	0.5 ~ 1.0	<0.1	<0.1	0.14 ~ 0.20	0.8 ~ 1.2	0.6 ~ 0.8		
2	2.2 ~ 2.4	0.8 ~ 1.2	0.5 ~ 1.0	<0.1	<0.1	0.4 ~ 0.55	0.8 ~ 1.2	0.6 ~ 0.8		
3	2.9 ~ 3.2	0.8 ~ 1.2	0.5 ~ 1.0	<0.1	<0.1	0.14 ~ 0.55	0.8 ~ 1.2	0.6 ~ 0.8	1.0 ~ 2.0	0.1 ~ 0.3

表 5.9　硼白口铸铁的力学性能

序号	硬度 HRC				冲击功/J			σ_b/Pa
	铸态	960 ~ 980 ℃ 退火	900 ℃ 油淬	900 ℃ 空淬	铸态	900 ℃ 油淬	900 ℃ 空淬	铸态
1	54 ~ 60	33 ~ 46			2.0 ~ 2.5			410 ~ 450
2	61 ~ 62				1.2 ~ 1.4			150 ~ 180
3	53 ~ 55	35 ~ 37	63 ~ 65	54 ~ 56	3.0 ~ 5.0	3.0 ~ 5.0	4.0 ~ 6.0	620 ~ 670

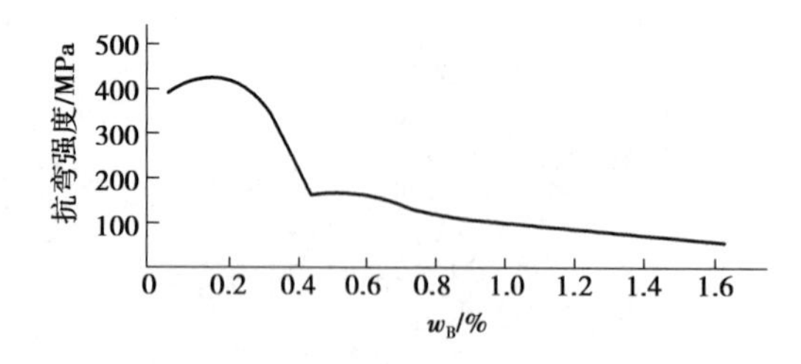

图 5.9　硼对白口铸铁的抗弯强度的影响

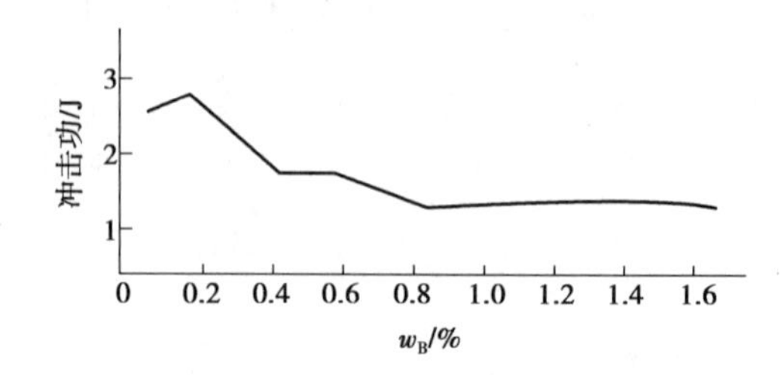

图 5.10　硼对白口铸铁冲击功的影响

2) 耐磨性

硼白口铸铁在 MLD-10 型冲击磨损试验机的试验结果见表 5.10。磨料为 2.0 ~ 3.5 mm 石英砂，冲击次数为 4 000 次，下试样转速为 200 r/min。

表 5.10　硼白口铸铁冲击磨损时的相对耐磨性

材料	冲击功/J	0.49	0.97	2.01	2.96	3.92
普通白口铸铁	（铸态）	1.0	1.0	1.0	1.0	—
镍硬铸铁	（回火）	1.60	1.55	1.78	1.90	1.0
硼白口铸铁	（油冷+回火）	6.85	5.13	3.40	3.18	1.56
	（风冷+回火）	2.78	3.29	3.79	4.11	2.08

5.1.5　钒白口铸铁

钒白口铸铁是一种强韧抗磨铸铁。钒白口铸铁的共晶组织是逆变组织，也就是说钒碳化物 VC，孤立地分布在连续的、塑性的奥氏体基体上或者分布在奥氏体转变产物上。钒白口铸铁的冲击功在多数情况下可达到 10 J 以上。

钒对共晶组织的影响是随钒质量分数变化而变化的，图 5.11 为 Fe-C-V 共晶截面图，从图上看出，随钒质量分数增加，共晶组织从奥氏体+石墨，向奥氏体+石墨+渗碳体，奥氏体+渗碳体，奥氏体+渗碳体+钒碳化物，奥氏体+钒碳化物转变。当钒质量分数高于 6.5% 时，与此对应的碳质量分数为 2.6% ~2.8%，能形成逆变组织，即奥氏体+钒碳化物。通常为了得到逆变组织，碳质量分数与钒质量分数应满足这样一个关系式

$$\omega_V\% > 4.5 \times \omega_C\% - 5.3$$

1)化学成分与力学性能

钒白口铸铁的化学成分见表5.11。钒对铸铁力学性能的影响如图5.12所示。

表5.11　钒白口铸铁的化学成分

序号	ω_C/%	ω_{Si}/%	ω_{Mn}/%	ω_V/%	ω_{Cu}/%	ω_{Mo}/%	ω_{Cr}/%	ω_W/%	ω_{Ti}/%
1	1.96 ~ 2.38		4.53 ~ 17.34	5.91 ~ 7.01					
2	1.7 ~ 3.0	0.5 ~ 2.5	<0.7	3.0 ~ 10.0	<1.5				
3	2.2 ~ 2.8	0.6 ~ 0.7	0.4 ~ 0.6	6.7	1.12 ~ 1.26				
4	2.46 ~ 3.74	0.65	0.72	9.85 ~ 10.40			0.1 ~ 1.2		
5	2.85	0.73	1.02	5.8		0.12	1.8		0.2
6	2.5 ~ 4.5	0.5 ~ 2.5	0.4 ~ 1.5	<6.0				<10	<2.0
7	2.2 ~ 2.8	0.4 ~ 0.7	0.7 ~ 0.8	6.0		0.5 ~ 1.5	2.0 ~ 4.0		
8	2.24 ~ 2.46	0.3 ~ 0.34	0.42 ~ 0.44	3.3 ~ 4.25					
9	2.48 ~ 2.51	0.33 ~ 0.37	0.29	4.2	1.0	1.0			

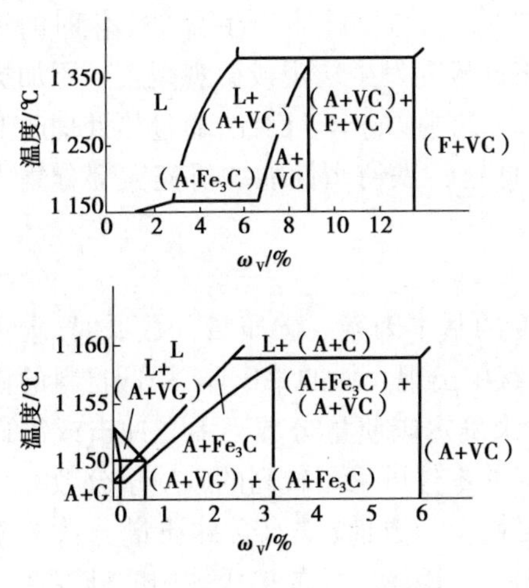

图5.11　Fe-C-V三元合金共晶截面图

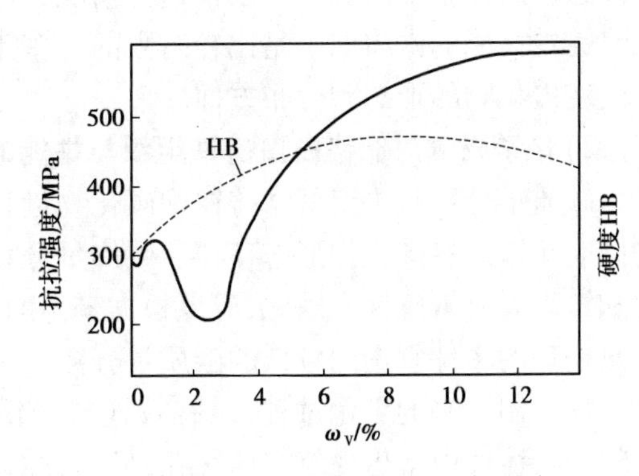

图5.12　钒对铸铁力学性能的影响

2)热处理

退火可以改善钒白口铸铁的切削加工性,对碳质量分数为2.2%的钒硅铜白口铸铁,950 ℃退火,硬度为320 ~350 HB,用硬质合金刀加工有较好的切削加工性。钒白口铸铁经950 ℃淬火,200 ~250 ℃回火,抗拉强度和硬度分别可达1 GPa和60 ~62 HRC。

3)铸造性能

钒白口铸铁(ω_V=4% ~5%)流动性较好,1 450 ℃浇注时能充满螺旋试样的全长(1 100 mm),线收缩率为1.8% ~2.2%,热裂倾向远远小于铬系白口铸铁。

4)应用实例

钒白口铸铁可用于制造离心式磨机的锤头,针织机各种零件,汽车发动机气门座等。圆形针织机的机白口铸铁销比GCr15的寿命提高3 ~7倍。

5.1.6 低铬白口铸铁

所谓低铬白口铸铁是指含有渗碳体型碳化物的铬白口铸铁。由于在生产中铸件的实际凝固速率远超过平衡转变速率,再加上铸铁中碳、硅、锰等元素的影响,含铬11%以下的白口铸铁中除M_3C型碳化物外,还有M_7C_3型碳化物。而且随含铬量的提高,M_7C_3型碳化物量增加。

在工业生产中,很多人都认为ω_{Cr}=2% ~5%的铬白口铸铁有比较好的性价比。虽然提高含铬量能改善材料的抗磨能力,但是产品价格的上升并未能从延长使用寿命方面得到合理补偿。据此,我们把含ω_{Cr}=2% ~5%的白口铸铁称为低铬白口铸铁。

1)低铬白口铸铁的化学成分

低铬白口铸铁的化学成分为:ω_C = 2.4% ~3.2%,ω_{Si} = 0.8% ~1.5%,ω_{Mn} =0.5% ~0.8%,ω_{Cr}=2.0% ~5.0%。

低铬白口铸铁的耐磨性低于具有M_7C_3型碳化物的高铬铸铁,但是在抗磨料磨损性能方面优于其他低合金钢。低铬铸铁零件在金属组织设计和制造工艺方面必须妥善解决,在保持耐磨性的同时设法降低材料脆性。也就是说,需要很好地处理韧性和耐磨性这一对矛盾。碳化物形态、类型、分布状况、数量对于低铬铸铁使用性能有显著影响。改变基体组织的性质对改善材料的抗磨能力和机械性能也有一定作用。通过增添合金元素及热处理可以提高材料的强度和硬度,但由于M_7C_3型碳化物本身存在许多晶体缺陷,它与奥氏体相在温度变化时的比容变化有显著不同,在较高冷速下奥氏体发生相变时,工件极易发生宏观或微观裂纹。添加提高淬透性的元素虽然有助于改善这种情况,但是相应提高了制造成本。因此,通过热处理改变低铬铸铁性能的潜力似乎是比较有限的。多年来,改善低铬铸铁使用性能的研究大部分集中于改变碳化物的形态和分布方面。

2)化学成分对低铬白口铸铁组织与性能的影响

碳质量分数是决定低铬铸铁中碳化物量和铸件硬度的基本因素。碳质量分数低时,碳化物倾向于以晶界碳化物形态存在。碳质量分数高时,组织中出现大块的莱氏体,降低材料的韧性和淬火裂纹敏感性。因此,应该根据零件的服役条件来确定碳质量分数。承受冲击或需进行热处理的零件宜选用较低的碳质量分数。受冲刷磨损的零件可采用较高的碳质量分数。

硅抑制铁水的氧化过程,能有效地减少铬元素的损耗。一方面,铁水含硅质量分数低于0.6%时,铸件中常出现氧化性气孔;另一方面,固溶于初生奥氏体和共晶奥氏体中的硅降低铬的溶解度,促使较多的铬进入碳化物。在低铬铸铁成分范围内,较多的铬进入碳化物对提高材料抗磨能力是有益的。铁水中的硅降低铁碳合金亚稳定共晶转变温度,增加稳定转变与亚稳定转变的过冷度差,有促进石墨析出的作用。低铬白口铸铁的一个特点是允许含有高于普通白口铸铁的硅量,但又需抑制石墨的析出。试验表明:Cr/Si 为 2.5 ~ 3.0 可有效地抑制石墨生成。硅量过高,不但难以避免石墨析出,而且会使组织脆化。

3)低铬白口铸铁中石墨对耐磨性的影响

关于抗磨白口铸铁中是否允许石墨存在的问题还有着不同的看法。石墨本身性质很软,不能抵抗磨料的破坏作用,这是不利的一面。但是,一些工业实践结果表明,少量石墨的存在能吸收外来的冲击能量,能将出现的微小裂纹的扩展限制在一定范围内,因而能减少或延缓工件的断裂或成片剥落。在冲击条件下工作的低铬铸铁零件中存在石墨可以延长使用寿命,且对抗磨能力影响并不明显。这在硅质量分数超过 1.8%,铬质量分数为 2% ~3%,并且添加少量镍的铸造磨球使用过程中已经得到证实。这种磨球的金相组织中有一些点状石墨,尺寸细小而且分布均匀。有人认为,用于有轻度冲击场合的低铬铸铁件中存在少量点状石墨并不是坏事,关键在于石墨的数量和晶体形态。片状石墨能成为裂纹源,其不利的一面大于抑制裂纹扩展的有利作用。因此,抗磨白口铸铁中不应存在片状石墨。

锰在低铬白口铸铁中分布比较均匀,溶入碳化物中的锰能提高化合物硬度。分布在基体中的锰降低奥氏体转变的临界冷却速率,有助于提高材料的淬透性,与在钢中的作用相似。低铬铸铁锰质量分数不宜超过 0.8%,这是因为锰降低马氏体转变温度,在高于临界冷速下相变时,基体组织中会出现较多的残余奥氏体。残余奥氏体在冲击载荷下发生相变导致材料成片剥落。这种现象在性质较脆的低铬铸铁中尤易发生,应给予足够重视。

4)变质处理

共晶碳化物大部分呈现莱氏体形态,一小部分存在于晶界(晶界碳化物包括二次碳化物)。从整体上看,碳化物呈连续网状,包围着索氏体基体。低铬铸铁中的合金渗碳体是硬度较高(不低于 1 100 HV)的脆性相,可作为抗磨损的骨架。但是它的连续分布状态使韧性较好的基体被分割开,削弱了材料的韧性。低铬铸铁韧性和抗磨能力的矛盾是比较突出的。解决这一矛盾的一个有效途径是设法使碳化物弥散化或孤立化,减少它们对基体连续性的破坏作用。目前普遍采用的办法是在铁液中加入一些能改变碳化物的形核条件和晶体生长机制的元素(变质剂),使碳化物弥散化并改变其形貌,这种方法称为"变质处理"。变质剂种类繁多,需要针对各种合金中需要改变形核和生长条件的物相进行筛选试验。适用于亚共晶白口铸铁的变质剂应满足以下要求:提高初生相结晶过冷度和共晶反应过冷度,使初生相和共晶相有较高的形核率;变质剂在铁水中能形成异质晶核。稀土、钒、氮、铝、硼以及碱土族金属对白口铸铁中的碳化物都有变质作用。经过变质处理,碳化物的生长核心大大增加,生长模式也有所改变。因此,碳化物变得弥散化,很大一部分莱氏体得以消除。更重要的是,网状分布的碳化物变得比较孤立,使基体组织的连续程度显著提高。采用钡、锶等碱土金属与稀土硅铁合金共同加入铁水实行复合变质效果更好。复合变质处理后外值由处理前的 4.2 N · m/cm^2 提高到 7.4 N · m/cm^2,相对弯曲韧性值由 495 N/mm 提高到 968 N/mm,分别提高了 68% 和 96%。

稀土元素降低铁碳合金亚稳系统共晶转变温度的作用。在较高过冷度下奥氏体形核率高,生长速度快,因此能在铁水中成为奥氏体的稳定异质晶核。当奥氏体表面吸附了变质剂中的活性原子后,为渗碳体提供了合适的生长台阶。这些情况都有助于使共晶渗碳体变得细小、分散、孤立,达到变质处理的目的。铬白口铸铁中的铬元素主要分布在碳化物中,小部分溶入奥氏体。由于铬的存在,碳在奥氏体中的溶解度相应减少。低铬铸铁的淬透性优于不含合金元素的普通白口铸铁。淬火时临界冷却速率不超过 50 ℃/s。较薄的零件经奥氏体化处理后空冷,硬度可提高 3 ~ 5 HRC。较厚的零件则需添加能提高淬透性的元素以获得较高的硬度。例如 2.6% C,4.0% Cr,1.2% Mo,1% Cu 的 60 mm 厚的低铬白口铸铁件经 980 ℃奥氏体化以后强制空冷可获得 53 ~ 55 HRC。

5)低铬白口铸铁的热处理

低铬铸铁淬硬时开裂倾向比较严重,较厚的成形铸件平均加热速度不宜超过 150 ℃/h,淬硬时一般应采用强制风冷,以期获得主要为屈氏体的基体组织。低铬铸铁抗冲击能力差,在冲击载荷较大的场合下使用,零件容易脆裂。具有屈氏体和索氏体基体组织的低铬铸铁可用于抵抗较软磨料的场合(如粉磨石灰石的研磨体)。

6)低铝白口铸铁的应用

水泥厂、选矿厂、火电厂已经使用了低铬铸铁研磨体。在干磨和湿磨工况下,低铬铸铁的性能价格比均优于碳钢和低合金钢,更换研磨体的费用低,易于被用户接受。

5.2 高铬合金白口铸铁

高铬合金白口铸铁是目前应用最好的耐磨材料之一,具有良好的抗磨料磨损能力,主要用于受低应力擦伤式磨损、高应力碾碎性磨损和某些冲击负荷较小的凿削式磨损的零件。

高铬白口铸铁的主要优点:

一是具有优良的耐磨性。高铬白口铸铁使用状态的显微组织一般是马氏体,少量残余奥氏体和 M_7C_3 型碳化物。当铬质量分数大于 10% 时,铸铁中的碳化物由 M_7C 型转变为 M_7C_3 型。M_3C 型碳化物的硬度只有 840 ~ 1 100 HV,而 M_7C_3 型碳化物的硬度高达 1 200 ~ 1 800 HV,因而提高了耐磨性。

二是具有较好的韧性。高铬白口铸铁由于含铬量高,形成 M_7C_3 型碳化物;这种碳化物呈孤立的块状分布,因而比碳化物呈网状连续分布的一般白口铸铁和镍硬铸铁的韧性高,但比高锰钢和低合金钢低得多。

三是淬透性高。高铬白口铸铁由于含铬量高,淬透性较好,对于厚大截面的铸件还可以加入钒、铜、镍等合金元素。

四是抗回火稳定性高。高铬白口铸铁淬火后在 450 ~ 500 ℃以下温度回火,硬度基本上保持不变,具有较高的回火稳定性,适用于耐高温磨损的零件。

五是高抗腐蚀磨损性能。高铬白口铸铁中的铬一部分溶于基体,提高基体的电极电位并增强钝化倾向。在酸性介质中有较高的耐腐蚀磨损能力,如果再加入铜,铸铁的耐腐蚀磨损性能会有更大的提高。

六是具有良好的抗高温氧化性。高铬白口铸铁还具有良好的抗高温氧化性能,在燃烧柴油的环境中,它比耐热镍铬铁合金抗氧化性还好。

七是可根据需要改变基体组织和性能。高铬白口铸铁的基体组织可以根据需要,通过控制化学成分、冷却条件和热处理工艺获得所需要的组织和性能。

高铬白口铸铁的主要缺点:

由于合金元素含量高,在高温下缺乏足够的适用性,同时需要用电炉熔炼。高铬白口铸铁由于硬度高,机加工前一般都要进行退火热处理。高铬白口铸铁的韧性虽然比普通白口铸铁和镍硬铸铁高，但比高锰钢和低合金钢却低得多，因此高铬白口铸铁不能用于受强烈冲击负荷的零件。

5.2.1　高铬白口铸铁组织与成分的关系

通常高铬白口铸铁件都是亚共晶成分，碳质量分数为2.4%～3.0%，铬质量分数为18%～22%。亚共晶合金凝固时，首先形成奥氏体枝晶，然后在一定温度范围内（1 230 ℃左右）剩余的液体发生共晶转变，形成奥氏体和M_7C_3型碳化物的共晶组织（共晶莱氏体）。

Fe-Cr-C系700 ℃等温截面图如图5.13所示。奥氏体组织在高温是稳定的，但在700～800 ℃奥氏体发生共析转变，形成铁素体和碳化物（索氏体）。因此高铬白口铸铁室温下的平衡组织是索氏体和共晶莱氏体。

由图5.13还可以看出：

高碳低铬时，形成M_7C_3型碳化物。

低碳高铬时，形成$M_{23}C_6$型碳化物。

碳与铬适当配合时，形成M_7C_3型碳化物。

然而在实际铸造生产条件下，由于冷却速度较快，不可能按平衡条件冷却。于是奥氏体被碳和铬过饱和，稳定性提高。铝、锰、铜、镍等合金元素的存在将进一步影响奥氏体转变的动力学。因此，合金在凝固初期形成的奥氏体在随后冷却过程中，是保留到室温还是转变成珠光体、贝氏体、马氏体或者形成混合组织，主要取决于合金的化学成分和冷却速度。

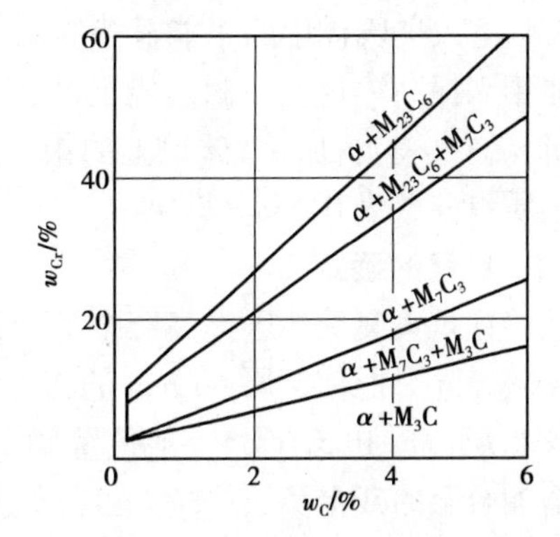

图5.13　Fe-Cr-C系700 ℃等温截面图

5.2.2　高铬白口铸铁的化学成分设计

1）碳的确定

高铬白口铸铁中的碳质量分数为2.4%～3.5%，合金中碳质量分数越高，碳化物数量越多，从而提高耐磨性，但也降低了合金的韧性和淬透性。

在高铬白口铸铁中还应注意共晶碳量，共晶碳量随铬质量分数增加而下降。例如，铬质量分数为8%时，共晶碳质量分数为3.8%；铬质量分数为15%时，共晶碳质量分数为3.6%；铬质量分数为20%时，共晶碳质量分数为3.2%；铬质量分数25%时，共晶碳质量分数为3.0%。由于过共晶成分的合金中出现粗大的初生碳化物，韧性急剧下降，所以一般高铬白口铸铁件都选择亚共晶成分。

2）铬的确定

高铬白口铸铁中希望得到M_7C_3型碳化物而不希望获得M_3C型碳化物，为了获得M_7C_3型碳化物，铬质量分数必须大于10%。铬除了形成碳化物，还溶于奥氏体中，提高合金的淬透性。碳质量分数一定时，增加铬质量分数，或铬质量分数一定时，减少碳质量分数都能提高合金的淬透性，也就是说合金的淬透性随铬碳比（Cr/C）的增加而提高。大多数高铬白口铸铁的铬质量分数为13%～20%，碳质量分数为2.4%～3.5%，铬碳比为4～8。

当铸铁中铬质量分数很高时，由于基体中的铬质量分数提高，因而铸铁的抗腐蚀性能和抗高温氧化性能也有所提高。例如，含铬质量分数为28%的高铬白口铸铁比铬质量分数为15%

的铸铁有更高的抗腐蚀磨损能力。同时,由于铬质量分数为28%的铸铁有较高的铸态淬透性,对某些耐磨铸件可以在铸态下直接使用。高铬白口铸铁依照铬质量分数分为3类。

第一类铬质量分数为15%左右,是高铬白口铸铁中铬质量分数最小、成本最低的,因而应用最广泛。这一类又按照碳质量分数分为低碳(2.4% ~2.8%)、中碳(2.8% ~3.2%)和高碳(3.2% ~3.6%)3组。

第二类铬质量分数在20%左右,淬透性最好,壁厚150 mm的铸件热处理后硬度可达650 ~720 HB,并且韧性较好。

第三类铬质量分数在28%左右,抗磨性虽非最高,但抗腐蚀性能和抗高温氧化性能好。

3)钼的确定

钼一部分进入碳化物,一部分溶于基体。奥氏体基体中的含铝量大约为合金中含钼量的1/4,溶入奥氏体中的钼能显著提高淬透性,而对Ms温度降低不大。因此厚大截面的铸件多加钼来提高淬透性。钼还能提高铸铁中碳化物的显微硬度,并使铸件的整体硬度有所提高。研究结果表明,加0.5%以上的钼,可使高铬白口铸铁的耐磨性有明显提高。高铬白口铸铁中钼质量分数为0.5% ~3.0%。

4)锰的确定

锰扩大奥氏体区提高合金的淬透性,特别是锰与钼联合使用,可显著提高淬透性。例如3.6% Mn只能使壁厚40 mm的铸件淬透,0.6% Mo只能使壁厚10 mm的铸件淬透,而同时加入0.6% Mo和3.6% Mn能使壁厚150 mm的铸件淬透。锰的最大缺点是强烈地降低Ms点,增加合金的残余奥氏体量。虽然锰基本上不影响碳化物和马氏体的硬度,但由于Ms点下降,残余奥氏体量增加,因而铸铁的耐磨性下降,并在重复冲击磨损时,造成剥落和开裂。另一方面锰使奥氏体中碳的溶解度有所增加,使碳化物数量减少。由于锰的资源丰富,价格低廉,又能显著地提高合金的淬透性,因此国内外许多学者进行以锰代钼的研究。例如,本书作者研制的高铬锰合金白口铸铁碳的质量分数为2.5% ~3.2%,铬质量分数为12% ~15%,锰质量分数为3.5% ~5.0%,钼质量分数为0.3% ~0.6%。壁厚200 mm的铸件淬火后硬度达60 ~63 HRC。

5)镍与铜的确定

镍只溶于金属基体,能提高合金的淬透性,但同时降低Ms温度,增加残余奥氏体量。铜的作用与镍相近,提高合金的淬透性并增加残余奥氏体量,但效果不如镍明显。铜还有助于形成断网的碳化物。铜的价格比镍低,所以厚大截面的高铬白口铸铁件,常加入钼、铜、镍。例如15% Cr铸铁中加入钼、镍、铜具有优异的淬透性。在高铬白口铸铁中铜质量分数小于1.5%。

6)钒

钒是强烈稳定碳化物的元素,可增加白口深度,使碳化物的形状近似球状,当钒质量分数为0.1% ~0.5%时,可使白口铸铁组织细化,并能减少粗大的柱状晶。由于钒与碳结合,铸态形成初生碳化物和二次碳化物,使基体的含碳量减少,从而使马氏体转变温度升高,因而在铸态可以得到转变完全的马氏体基体。在钼质量分数为1%时,钒质量分数只要略大于4%,便可使直径22 ~152 mm的磨球在铸态得到转变完全的马氏体组织,这种组织很硬,与15% Cr铸铁淬火及回火后的硬度相当。

7)硅

硅是非碳化物形成元素,可降低铸铁的淬透性。高铬白口铸铁有时耐磨性差往往与硅质量分数高有关。一般规定厚大截面铸件中的硅质量分数不应大于0.6%。常用高铬白口铸铁的化学成分及性能见表5.12。

表5.12　高铬白口铸铁的化学成分及性能

成分/%	15-3			15-2-1	20-2-1
	高碳	中碳	低碳		
C	3.2~3.6	2.8~3.2	2.4~2.8	2.8~3.5	2.6~2.9
Cr	14~16	14~16	14~16	14~16	18~21
Mo	2.5~3.0	2.5~3.0	2.4~2.8	1.9~2.2	1.4~2.0
Cu				0.5~1.2	0.5~1.2
Mn	0.7~1.0	0.5~0.8	0.5~0.8	0.6~0.9	0.6~0.9
Si	0.3~0.8	0.5~0.8	0.5~0.8	0.6~0.9	0.6~0.9
S	<0.05	<0.05	<0.05	<0.05	<0.05
P	<0.10	<0.10	<0.10	<0.06	<0.06
铸态硬度 HRC	51~56	50~54	44~48	50~55	50~54
淬火硬度 HRC	62~67	60~65	58~63	60~67	60~67
退火硬度 HRC	40~44	37~42	35~40	40~44	38~43

5.2.3　高铬白口铸铁的铸态组织

高铬白口铸铁的铸态组织除 M_7C_3 型碳化物外，其基体组织可以是奥氏体或奥氏体的转变产物（珠光体、贝氏体和马氏体等）。在一般情况下，实际铸件的铸态组织往往是珠光体、马氏体、奥氏体和含铬碳化物的混合组织。这是由于高铬白口铸铁在凝固时形成的奥氏体被碳铬及其他合金元素所饱和，非常稳定。在随后的冷却过程中，碳铬等以二次碳化物析出，使奥氏体中的碳及合金元素的含量降低，减少奥氏体的稳定性。这样随着冷却速度的不同，奥氏体转变为珠光体、贝氏体或马氏体。由于二次碳化物的析出过程很缓慢，铸件中往往有相当数量的过饱和奥氏体保留到室温。因此，在合金成分一定的情况下，在铸件薄壁截面处主要是奥氏体基体，而在厚大截面处主要是珠光体基体。

在 Cr/C>7.2 时，铸态组织为单一奥氏体基体，由于钼能增加奥氏体的稳定性，所以在钼质量分数为3%时，Cr/C≥4.5 即可获得单一奥氏体基体。除基体组织之外，高铬白口铸铁中的碳化物有初生碳化物、共晶碳化物和二次碳化物等几种。过共晶成分的高铬白口铸铁冷却时，自液体合金中首先结晶出初生碳化物。由于过共晶高铬白口铸铁的脆性大，所以生产中多采取亚共晶成分。亚共晶成分的高铬白口铸铁冷却时，首先结晶出初生奥氏体，当冷至共晶温度范围时，剩余的液体合金转变成共晶莱氏体组织。因此共晶碳化物存在于原奥氏体的晶界处呈不连续分布。共晶碳化物的形态有晶间碳化物、菊花瓣状碳化物和条状碳化物等几种。二次碳化物是高铬白口铸铁在固态冷却过程中由奥氏体中析出的细粒状组织，薄壁铸件由于冷速较快，二次碳化物数量不多，只有在厚壁铸件中才能析出较多的二次碳化物。高铬白口铸铁铸态组织中碳化物的含量随合金中含碳量和含铬量的增加而增加。高铬白口铸铁的铸态组织如图5.14和图5.15所示，各种组织的显微硬度值见表5.13。

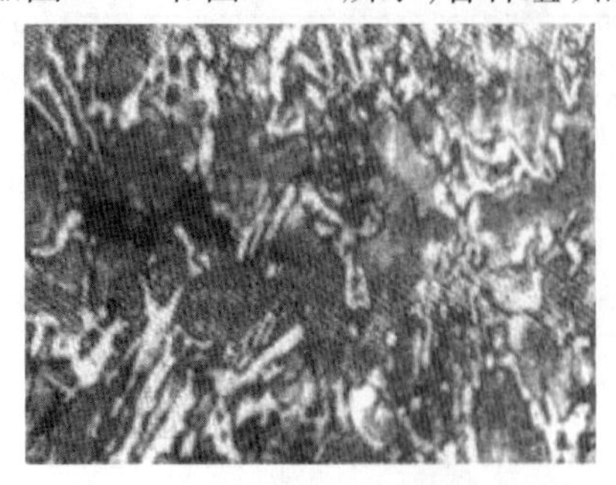

图5.14　Cr15Mo2Cu1 高铬铸铁铸态组织

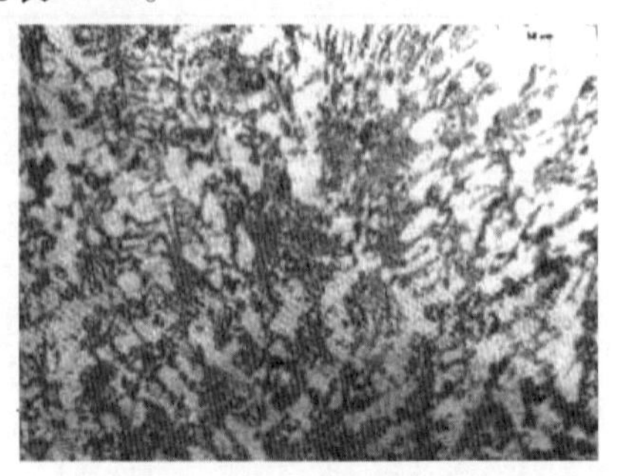

图5.15　Cr20MoCu1 高铬铸铁铸态组织

表5.13　高铬白口铸铁中显微组织的硬度

显微组织	M_7C_3 型碳化物	奥氏体	马氏体	珠光体
显微硬度值 HV	1 200 ~ 1 800	300 ~ 600	500 ~ 1 000	300 ~ 460

5.2.4　高铬白口铸铁熔炼

高铬白口铸铁作为性能优良的抗磨材料日益受到人们的重视，近20年来其应用范围不断扩大，产品品种逐年增加。熔炼是高铬白口铸铁件生产中的重要工序，这个工序的主要目的是制取合格的铁水。优质铁水应该符合以下条件：化学成分符合要求，铁水温度合适，能满足浇注及充型需要，铁水氧化轻微，氧和其他气体含量低；为了获得优质铁水，应该注意选择熔炉和合格炉料，执行合理的熔炼工艺。

1）熔炉选择

一般情况下，高铬白口铸铁熔炼用中频感应电炉和三相电弧炉。

中频感应炉装有螺旋状感应器，感应器里面是由耐火材料筑成、用以盛装炉料的坩埚。交变电流通过感应器时，炉料内产生与感应器电流方向相反的涡流。涡流的电阻热使炉料加热、熔化。炉料熔化后，涡流在铁水中产生的电磁力把靠近炉衬的铁水推向熔池中心，并使铁水在垂直方向发生搅动，搅动作用使熔池内的温度及成分趋于均匀。熔池内的搅动现象对于合金元素含量高的高铬白口铸铁熔炼过程来说是十分有益的。常用的无芯感应熔炉按供电频率可分为工频熔炉和中频熔炉两种。

工频熔炉是一种利用工业频率的电流（50或60赫兹）作为电源的感应电炉。它通常被用来熔化各种金属，如铸铁、钢、铝合金等。工频熔炉的主要优点包括：能源利用效率高、熔化速度快、加热速度快、加热均匀、无烟尘排放、操作简单等。由于其高效、环保的特点，工频熔炉已逐渐取代传统的燃煤、燃油等熔化方式，成为现代工业生产中不可或缺的设备之一。工频熔炉在制造业、建筑业、汽车制造等领域中得到广泛应用。例如，在制造业中，它可以用于生产各种高质量的铸件、钢材和铝合金件；在建筑业中，它可以用于生产高质量的混凝土；在汽车制造中，它可以用于生产各种高质量的发动机和传动系部件。

中频感应熔炉的供电频率是500～3 000 Hz。国内生产的中频炉通常采用1 000 Hz或2 500 Hz两种频率。这种炉子不需要启熔块，一般的生铁、废钢、铁合金均可入炉熔化，比较适合小规模生产、间断熔炼的车间使用。

产生中频电流的方法有二：一是采用变频发电机组；二是采用晶闸管变频装置。前者故障率低，使用可靠，但因熔化各个阶段系统的感抗不断变化，需要随时改变平衡电容器的投入量，操作比较麻烦。另外，变频发电机组需要消耗电能，使炉子的能耗增加，而且它的价格也高于晶闸管变频装置。后者变流效率较高，电能消耗少，而且能自动地把系统的功率因数保持在较高水平上。但往往受制造工艺水平及元器件可靠性的影响，国内应用的晶闸管变频装置故障率较高，用户通常需付出较高的维修费用。无芯感应炉和电弧炉熔炼的铁水都是间断出炉的，而一般大批量生产的铸造厂要求造型和浇注连续进行，以获得较高的生产率。为了解决这一矛盾，有些工厂增设了容量较大的保温炉。保温炉不但有助于调节铸造车间各工序间的生产节奏，而且可使产品的成分均匀、浇注温度一致，产品质量得以提高。

2）炉料选择

熔炼高铬白口铸铁水所需的炉料有：生铁、废钢、碳素铬铁、钼铁、锰铁、硅铁、镍锰和铜锰等。炉料质量对高铬白口铸铁水熔炼质量，特别是成分的稳定性有一定影响。采用酸性炉衬感应炉熔炼高铬白口铸铁水时，对主要炉料（生铁、废钢）的要求，除化学成分应该符合规定而且没有过大的变化外，还必须洁净、无锈、尺寸合适。洁净是指炉料（特别是回炉料）表面没有黏附的型砂、漆渍、油垢、水分和其他杂物。型砂中的石英砂、黏土在熔炼时进入熔渣，成为熔渣的主要构成物。

石英砂具有较高的熔化潜热，在熔炼过程中，石英砂的熔化要消耗能量，增加熔炼电耗和延长熔化时间。另一方面，含SiO_2较高的偏酸性炉渣易黏附于炉衬表面，增加清理炉衬的工作量。

铁水中溶解的氧化铁不但能降低铁水的含碳量，而且也能使铁水中的锰、硅、铬受到氧化而损失。使用锈蚀的炉料会使酸性炉衬感应炉熔炼的铁水成分不稳定，增加碳和其他合金元素的损耗。

根据上述原因，在感应炉中加入的炉料应该是清洁无锈的。工厂使用的炉料很难是完全干净的，因此，锈蚀和表面黏砂的炉料入炉前应该经过表面清理。比较适宜的方法是采用抛丸处理或喷丸处理。采用经过抛丸滚筒清理的炉料与采用未经清理的炉料相比，铬铁用量减少约1.2%，碳的烧损率约降低20%，炉渣生成量也显著减少。因此，炉料的预清理是十分必要的。

生铁可以采用低硅铸造生铁或炼钢生铁。高铬白口铸铁组织中含有相当数量的碳化物，即使存在少量的磷共晶，对于材料的冲击韧性影响并不十分明显。因此，用于配制高铬白口铸铁的生铁对磷、硫含量要求不高。高铬白口铸铁要求较低含硅量。如果采用铸造生铁，应选择含硅量较低的产品（例如国内生产的Z14铸造生铁）。高铬白口铸铁锰的质量分数为0.5%～1.5%。锰主要来自配料中的生铁和废钢。一般碳素钢锰质量分数为0.4%～0.8%。选择生铁时也应考虑使配料中的含锰总量达到铁水所需含锰量的范围要求。选用锰质量分数为0.50%～1.00%的生铁一般是可以满足配料要求的。

根据碳素铬铁和生铁中含碳量的不同，配料中废钢加入量占总炉料量的35%～70%。废钢最好采用低碳钢，轧制型材或钢板下脚料都可使用。这类废钢碳质量分数小于0.25%，硅质量分数为0.2%~0.4%,锰质量分数为0.4%~0.8%,磷、硫含量均很低,应该尽可能地选用成分接近的材料,并注意区分碳钢与低合金钢。铸钢件作回炉料使用前必须经过化验。回炉料的尺寸及形状对炉子的熔化效率有影响。采用一些能够密集装入炉内的废钢有利于提高炉子的熔化效率。高铬白口铸铁件的铸造工艺出品率低于灰铸铁件的工艺出品率,一般为55%~75%,因此,在生产中必须使用部分高铬白口铸铁回炉料。为了使配料计算准确,各个炉次的回炉料应该分别堆放。配料时根据各炉次的成品化验结果计算铁水化学成分。回炉料表面黏附的型砂清除干净后才能使用。

回炉料在炉料中所占比例受其中含气量的影响而有一定限制。高铬白口铸铁件中溶有来源于废钢和碳素铬铁的氢与氮。氢、氮在铁中有一定的固溶度,而铬又是促使固溶度提高的元素。氢和氮的存在会降低材料的冲击韧性,因此,应该限制回炉料的加入比例。一般来说,回炉料在炉料中所占比例不应超过30%,冒口在回炉料中所占比例不应超过60%。熔铸高铬白口铸铁需要使用大量铬铁。铬铁加入量一般占炉料总量的20%~30%。铬铁按含碳量分为碳素铬铁(碳质量分数为4%~9%)、中碳铬铁(碳质量分数为0.5%~4.0%),低碳铬铁(碳质量分数为0.16%~0.50%),微碳铬铁(碳质量分数为<0.10%)。生产高铬白口铸铁一般使用价格比较便宜的碳素铬铁。市售的碳素铬铁,铬质量分数为60%~65%,碳质量分数为4%~9%的产品都可使用。但在含碳量较高时,配料中需配入较多废钢,熔炼时间增加,熔炼能耗较高。钼常以钼铁的形式加入,钼铁价格昂贵。国产钼铁含钼量不小于55%,一般为60%左右,含硅量不大于1.5%,含碳量不大于0.25%。

3)熔炼工艺

高铬白口铸铁可以采用酸性炉衬、碱性炉衬或中性炉衬熔炼。虽然铁水中的铬对石英砂炉衬有中等程度的侵蚀作用,但由于石英砂价格低廉,从经济实用观点来说,很多车间还是愿意使用酸性炉衬。工厂使用记录表明:用于熔化高铬白口铸铁的高纯石英砂炉衬,不比镁砂炉衬寿命短,炉衬费用相对较低。

采用感应炉熔炼时,应按一定顺序加料。空炉装料时,先加入占总炉料50%~60%的料即可装满炉腔,其余炉料需待炉料熔化一部分后陆续加入。第一批加入的炉料是生铁和回炉料(一般占炉料总量30%~45%),然后陆续加入铬铁、增碳剂、废钢,待炉料熔化达80%左右时,加入钼铁和铜锰。

另一方面,首先加入熔点较低、易于熔化的炉料(生铁、回炉料)有利于缩短熔化时间、降低熔炼电耗。比较难熔化的铬铁在生铁和回炉料熔化过程中已预热到一定程度,然后沉入已熔化的铁水中,不但能加快其熔化,而且能减少在高温下暴露于空气中的氧化损失。

生铁和碳素铬铁是高铬白口铸铁中碳的主要来源。有时因生铁、硅、磷含量过高而需限制其加入量,此时可以配入较多废钢,并以增碳剂调整碳量。使用增碳剂必须掌握好碳在铁水中的回收率,否则容易使成品含碳量超出预定范围。各种增碳剂的回收率不尽相同,一般需通过试验来确定。在首批炉料中分层装入增碳剂时,碳的回收率较高。在已熔化的铁水中加入增碳剂时,其上应有足够的废钢覆盖。加入中、小型无芯感应熔炉的增碳剂尺寸一般为3~10 mm。钼铁的块度不宜过小,一般以每块0.5~1 kg为宜。

为了降低出炉铁水的残余氧量,可以在铁水出炉前加铝脱氧。微量铝对高铬白口铸铁件的健全性、抗磨能力和力学性能没有不良影响。有资料显示,为了细化奥氏体枝晶、降低残余氧量,可在熔池中加钛。

由碳素铬铁、纯净生铁和废钢组成的炉料，按正常加料顺序在感应炉中熔制的高铬白口铸铁溶液，铬的熔化损耗率为 4% ~6%。随着钢铁炉料锈蚀程度的增加或熔化时间的延长，铬的损耗逐渐增加，最高的损耗率可达 10%。高铬白口铸铁件回炉重熔时，其中的铬元素损耗较少，一般为 3% ~4%。钼铁在感应熔炼过程中熔化损耗为 5% ~8%。在有炉渣的铁水中加入小尺寸钼铁，常因钼铁黏附于渣中而降低钼回收率，损失率可达 10% 以上。

使用氧化锈蚀比较严重的炉料，硅的熔化损耗明显提高。在酸性炉中，锰的氧化物与炉衬发生强烈的炉衬反应，生成较稀的熔渣。锰将随炉渣的除去而损耗。锰的损耗一般为 10% 左右。在高温下保温的时间越长，炉衬反应越严重，铁水中的锰不断转入炉渣，它的损耗率不断增加，最高可达 15% 以上。

为了使铁水能在铸型中浇注成型，铁水应该在炉中过热至液相线以上 200 ~250 ℃。生产经验表明：浇注 15% Cr 白口铸铁厚壁铸件时，铁水出炉温度应达到 1 480 ℃；浇注薄壁件时，铁水出炉温度应达到 1 500 ~1 520 ℃。为使铸件获得细晶粒组织，浇注温度应尽可能低一些。

高铬白口铸铁水流动性良好，含碳较高，接近共晶成分的铁水流动性与充型能力接近球墨铸铁。由于铁水含铬较高，在相同温度下，高铬白口铸铁水比灰铸铁水颜色深暗、显得黏稠和温度偏低。这种情况往往给人错觉，以致铁水过度加热，这样不但徒使元素损耗增加，而且造成能源浪费。

4）浇注

高铬白口铸铁件的浇注温度对铸件内在及外观质量都有影响，浇注温度过低，铸件容易产生冷隔、缩孔以及夹渣、气孔等缺陷；浇注温度过高，不但容易产生热裂缺陷，而且会使铸件的凝固缓慢，碳化物生长得较为粗大，共晶组织粗化，导致高铬白口铸铁抗磨能力及力学性能降低。在浇注不同直径的高铬白口铸铁磨球时，应仔细而严格地按照磨球的尺寸控制出炉和浇注温度。浇注温度取决于高铬白口铸铁的成分和铸件厚度。在高铬白口铸铁常用的成分范围内，合金的液相线温度为 1 230 ~1 270 ℃。考虑铁水在型腔内流动时的温度下降以及需要保持铁水的充型能力等因素，浇注温度应保持在液相线温度以上 150 ~230 ℃，也就是说，浇注温度应为 1 380 ~1 500 ℃。近共晶成分的厚壁铸件可在 1 380 ~1 400 ℃浇注。远共晶成分的厚壁铸件可在 1 400 ~ 1 430 ℃ 浇注。20 ~ 50 mm 厚的铸件，浇注温度还应提高 20 ~ 40 ℃。15 mm 以下的薄壁件应在 1 460 ~1 480 ℃浇注。在合适温度下浇注时，近共晶成分高铬白口铸铁水的流动性接近球墨铸铁水的流动性。其充型速度无需过高，共晶度低的铁水则需以较高速度充型。如果浇注系统设计合理，浇出无缺陷铸件是不困难的。为了减少热裂的产生，当铸件在铸型中凝固后应及时松开箱卡。如果冒口阻碍铸件收缩时，铸件凝固后应使冒口周围的型砂松散些。形状复杂的高铬白口铸铁件浇注后，及时消除阻碍收缩的因素是避免热裂缺陷的主要措施。

5）高铬白口铸铁铸造性能

铸件的铸造工艺与铸件材料的铸造性能有关。为了制取没有缺陷的高铬白口铸铁件，应该了解这种合金的铸造性能。根据铸件所要求的组织和性能不同，高铬白口铸铁的成分可以在很宽的范围内变化。成分的变化使合金的铸造性质也发生了变化，这是因为成分直接影响合金凝固温度、液相线及固相线温度、共晶点位置、凝固方式、合金液停流机理以及收缩性质等。

在亚共晶与过共晶的液、固相共存区之间，存在着一个液相直接转变为 $\gamma+M_7C_3$ 共晶组织的范围,随着含铬量的提高,这个范围变宽。随着凝固温度范围的变化,合金凝固方式也随之发生变化。含碳量低、远离共晶成分的亚共晶合金以接近体积凝固方式(糊状凝固方式)凝固。先共晶相首先析出,过饱和的碳、铬等溶质元素,由初生相中排出而富集于固相周围的熔液中,使熔液的凝固温度降低。同时,溶质未扩散到达的熔液中又有一批新的先共晶相晶体出现。如此继续下去直到熔液达到共晶成分。先共晶相以树枝晶形态存在,共晶碳化物生长于奥氏体枝晶间,呈现离异共晶形态。在这样的凝固过程中,大量先共晶相晶体将未凝固的液体分割,形成许多弯弯曲曲的液体通道。凝固收缩将使铸件中产生细小分散的缩孔,通常称为缩松。对于这种细小的分散性缩孔,采用通常的补缩冒口是难以消除的,比较有效的办法是提高铸件的冷却速度和设法形成较陡的温度梯度。在生产实践中,在容易产生缩松缺陷的热节附近放置外冷铁,对于消除缩松是有效的。

远离共晶成分的合金液在铸型中流动时,温度可以降低到液固相共存的温度,即流体中既存在奥氏体枝晶,也存在未凝固的熔体。此时合金变得黏滞,流速下降。当枝晶数量达到一定程度,流动便告停止。合金的凝固范围越宽,先共晶相发育越充分,因此合金液的流动性也越差。

相反,接近共晶成分的合金,凝固温度范围窄,合金凝固方式与前一种方式明显不同。熔液首先在铸型表面散热最快的部分凝固,由于凝固温度范围窄,易于形成凝固层。随着热量由铸型向外散失,凝固层逐渐加厚,也就是说,凝固是以与散热方向相反的方向进行,直到熔体完全凝固,这就是所谓的层状凝固方式。

层状凝固方式为铸件的冒口提供了比较通畅的补缩通道,易于避免缩孔的产生。同时,由于凝固层与液体之间的界面比较平滑,对流体的流动阻力小,而且合金液是在固相大量出现于凝固层后才停止流动的,所以流动性较好。

工厂的生产实践也表明,高铬白口铸铁的铸造性能随其化学成分的变化而有很大的变化。远离共晶成分的合金其铸造性能接近高、中碳钢,浇注温度高,补缩比较困难,流动性较差,因此铸件的工艺出品率较低。相反地,近共晶成分的高铬白口铸铁则表现出良好的铸造性能。在浇注形状复杂的铸件时,选用近共晶成分的高铬白口铸铁往往可以避免许多铸造缺陷的产生。

6)造型工艺

高铬白口铸铁件凝固后的线收缩率,大于铸铁,接近碳钢。一般可选用2.0%缩尺制造模型。对于受到较大收缩阻力的部分,线收缩量可取1.8%。铸件相邻壁厚尺寸不应相差过大。厚度不同的铸壁相连处,应有合适的圆角或将薄壁部分逐渐加厚形成过渡部分。铸件上应避免出现棱角尖锐的铸孔。方孔及各种多边形的孔应作出合适的内圆角。模型应按照铸件工艺图制造,砂型铸造可采用石英砂,由于浇注温度较高,要求石英砂的 SiO_2 含量不低于90%。铸造低碳(碳含量为1.7% ~2.2%)高铬白口铸铁的原砂需耐更高的温度,其 SiO_2 含量应在95%以上。一般小型铸件在以膨润土为黏结剂的湿砂型中铸造,大型铸件可采用干砂型或水玻璃快干砂型,也可以在金属型中浇注小型高铬白口铸铁件。浇注前,金属型应预热到150 ~200 ℃并喷刷涂料。锆英粉涂料有良好的耐热性并可避免铁水与铸型的反应。因此,它能较好地保护模具,且能抑制铸件表面气孔的生成。

锆英粉与膨润土混拌均匀后加水调至稀糊状使用。合金在凝固过程中的收缩量和凝固方式是设计铸件浇注系统和补缩系统的基本依据。各种合金的凝固体积收缩量不尽相同,因此也应该选用不同的浇注系统和补缩措施。高铬白口铸铁的凝固收缩率大于灰铸铁而接近铸钢。

一般高铬白口铸铁件需用冒口补缩,冒口的设计应考虑铸件成分对凝固方式的影响。含碳量低、远离共晶成分的铸件,应该按照低碳铸钢件的工艺原则设计补缩系统;近共晶成分的铸件则应按较高的补缩效率计算冒口尺寸。高铬白口铸铁是一种耐热冲击性较差的材料。如果采用气割法切除冒口很难避免在切割区产生热裂纹。有时铸件本身也会发生断裂。一般中、小型铸件应考虑采用敲击法去除冒口。大型铸件必须用气割切除冒口时,应使铸件均匀预热到300～350 ℃。

高铬白口铸铁件一般应采用侧冒口进行补缩,侧冒口的补缩压力比顶冒口小,冒口颈直径(或厚度)一般都小于铸件的被补缩部分,比较适用于层状凝固合金的补缩。为了使侧冒口能够更充分发挥补缩作用,可以采取以下措施。

铁水通过冒口后再进入铸件型腔,这样可使冒口与铸件本身的温度差增大,延长冒口的补缩时间,提高冒口的补缩能力。生产壁厚不均匀的高铬白口铸铁件时,经常将外冷铁与侧冒口配合使用。即使是断面较均匀的厚壁铸件,也可以利用外冷铁的激冷作用加快铸件的凝固,有利于铸件的补缩。高铬白口铸铁件一般不宜采用顶冒口,必须使用时,可在冒口根部放置易割片,做成易割冒口,便于清除和修磨冒口残根。高铬白口铸铁件一般采用封闭式浇注系统,浇注一些大型铸件时,浇注系统应该有除渣措施。浇口的断面尺寸也应根据高铬白口铸铁的成分而定。按体积凝固方式凝固的高铬白口铸铁件,应选用断面尺寸较大的浇口,浇注系统的设计参数可参照铸钢件的相应工艺参数,按层状凝固方式凝固的高铬白口铸铁件,则宜选用球墨铸铁件浇注系统的设计参数。内浇口的布置也是重要的,特别是大型厚壁铸件或形状复杂的薄壁铸件,更需要慎重考虑内浇口的布置方案。应该看到,高铬白口铸铁件的凝固收缩率和凝固后的线收缩率都是比较大的,内浇口布置不当,可能导致铸件产生缩孔、热裂等缺陷,或残留过大铸造应力。高铬白口铸铁件一般应按顺序凝固原则设计浇注系统。均衡凝固原则适用于薄壁小型铸件。高铬白口铸铁件清理不当会造成废品。实践经验表明,很多铸件是因清除浇冒口不当,或因修磨铸件时产生裂纹而报废。磨削裂纹发生的缺陷主要是裂纹伸展到铸件表面以下就会造成废品。磨削裂纹与铸件的组织状态有关,基体中有大量铸态奥氏体的厚壁高铬白口铸铁件,对磨削裂纹的生成最为敏感,因为磨削时在铸件表面产生的热量足以诱发奥氏体转变。减少磨削热量的方法之一是使用软质砂轮,以锆英砂为磨料的软质砂轮与硬质砂轮相比,磨削热量大大减少,而且磨削效率也较高。使用这种砂轮磨削铸件时,即使产生裂纹也是很微小的,可以在磨削最后一层残留金属时去除掉。具有珠光体基体或大量马氏体基体组织的高铬白口铸铁件,与奥氏体高铬白口铸铁件相比,较易解决磨削裂纹的问题。这类铸件可用硬质砂轮或在较高压力下磨剥,磨裂倾向较低。具有铸态奥氏体组织的铸件,一般应在退火后或淬硬后进行修磨。虽然淬硬后铸件较难修磨,但为了避免磨削裂纹产生,这样安排生产工序也是合理的。

5.2.5　高铬白口铸铁的热处理

热处理是生产高铬白口铸铁件的必要工序。高铬白口铸铁需要强韧坚硬的基体组织,以提高零件的抗磨能力。铸造组织一般不能满足这一要求,需要通过热处理来改变基体组织的性质,充分发挥材料的抗磨潜力。

1)加热

高铬白口铸铁是热导率较低的金属材料。铸件快速加热时,表面与芯部会出现较大的温度梯度。这种材料的热膨胀系数也很高,不同部位的温度差异会使铸件内产生较高的热应力和组织应力。控制加热速度的目的就是要降低因温度梯度而产生的内应力水平,防止铸件变形、开裂。铸件的加热速率主要取决于铸件尺寸、质量及形状。一般来说,一些形状简单、厚度不大的零件,例如球磨机衬板、抛丸机叶片等可在 250 ~ 300 ℃装炉,在 750 ℃以下,加热速率应控制在 100 ℃/h,以避免热裂纹的产生。形状不规则、断面尺寸差别很大的铸件,例如重型砂浆泵外壳,应该更缓慢地加热,加热速率一般不应超过 60 ℃/h。铸态组织中含有大量奥氏体的铸件加热速率更应严格控制。

当温度超过 750 ℃后,铸件已呈红热状态,铸件自身的塑性变形可使内部应力得到释放。因此,升温超过 750 ℃后,加热速率可适当提高。当热处理炉的功率较高,热源充足,铸件温度上升过快时,可采用在不同温度下分段保温的措施以减少铸件不同部位的温差。薄壁铸件在炉中加热时,应注意避免受到不均匀的力,防止铸件变形。

2)奥氏体化

铸件加热到奥氏体化温度后,需要进行等温停留,以完成奥氏体转变,成分均匀化以及析出二次碳化物,铸件本身也达到透热的目的。奥氏体化和二次碳化物的析出都要靠碳与合金元素的扩散来完成,扩散速度决定了相变所需的时间,也决定了保温时间的长短。实践结果表明:铸态组织中含有大量残余奥氏体的铸件,需要保温 6 h 以上,二次碳化物才能比较充分地析出,而原始基体组织为珠光体的铸件,在相同的温度下完成此过程一般需要 3 h 左右,而且二次碳化物析出得比较完全。因此,奥氏体中的碳、铬含量是随加热温度而变化的。就随后进行淬火的工件而言,奥氏体碳、铬含量增加可提高淬透性,并使淬火形成的马氏体硬度增加。当硬度达到一个最大值后,如果处理温度再提高,由于奥氏体溶入的碳量更高,Ms 点下降,残余奥氏体量增加,基体硬度将由最高值开始下降。产生最高硬度的处理温度随含铬量的增加而上升,例如,铬质量分数为 15% 的高铬白口铸铁,达到最高硬度的处理温度为 940 ~ 970 ℃,而铬质量分数为 20% 的高铬白口铸铁,此温度上升到 960 ~ 1 010 ℃。几种在工业上应用比较广泛的高铬白口铸铁的淬火温度列于表 5.14。

表 5.14　常用高铬铸铁的淬火温度

高铬铸铁牌号	淬火温度/℃	冷却介质
Cr15Mo3	920 ~ 960	空气
Cr15Mo2Cu1	920 ~ 960	空气
Cr20MoCu1	950 ~ 1 000	空气

3)淬火

为使高铬白口铸铁获得高的抗磨性,必须有坚硬的马氏体基体来支撑 M_7C_3 型碳化物。高铬白口铸铁淬火的主要目的是改变基体组织成为高硬度的马氏体组织,而 M_7C_3 型碳化物基本上保持不变。

高铬白口铸铁的高温奥氏体稳定性好,在空冷过程中难以转变成马氏体组织。为了使高温奥氏体在冷却过程中转变为马氏体组织,必须在奥氏体化的过程中,使奥氏体中的碳和铬等合金元素一部分以二次碳化物的形式弥散析出,这样奥氏体的稳定性降低,Ms点升高,在随后的冷却过程中转变为马氏体组织。这种使二次碳化物析出,降低奥氏体稳定性的过程也称为"去稳定处理"。

水玻璃经水稀释后,可以作为高铬白口铸铁的淬火介质。水玻璃模数($M=SiO_2/Na_2O$)对其冷却能力有影响。提高模数有助于减弱其冷却能力。模数为2.2~2.5,用水稀释至相对密度为1.12~1.15的水玻璃溶液的冷却能力低于油而高于强制风冷。可用于中等壁厚、形状不太复杂的铸件淬火。壁厚不均匀的铸件一般应采用强制风冷。铸件较薄部分冷却到红热温度以下时的冷速不能显著高于铸件的较厚部分冷速。为了避免裂纹产生,可以采取一些措施,如铸件较薄部分冷到暗红色消失后,立即送入550 ℃的热处理炉中,使铸件各部分温度趋于均匀;或者当冷却最快的部分温度降到600 ℃以下时,停止向这些部分吹风。这些措施都可避免因冷却较快,部分温度低于塑形变形温度不能释放应力而产生裂纹。

4)回火

淬火后的马氏体高铬白口铸铁一般在200~260 ℃回火,在这个温度下回火可以改善材料的韧性,提高零件在冲击载荷下工作的可靠性。有的研究结果明,在200 ℃以上温度回火,可降低材料的抗磨能力和断裂韧性。但是此项研究只是在一定成分和金相组织范围内进行的。在重冲击载荷下应用的高铬白口铸铁件,为了消除由于残余奥氏体存在而产生的零件表面剥落现象,应在更高的温度下回火。众所周知,伴随马氏体转变而生成的残余奥氏体并非完全稳定的。如果把淬火后的工件再加热到450~550 ℃,残余奥氏体就会发生转变。硬化的机制因残余奥氏体中碳、铬含量不同而有所不同,碳、铬含量较低时,由回火温度冷却到室温过程中,残余奥氏体部分发生马氏体转变;碳、铬含量较高的残余奥氏体,在回火温度下析出高度弥散的M_7C_3型碳化物,转变成为$\alpha+M_7C_3$聚合物组织。马氏体硬度在回火过程中略有降低,但是这已被残余奥氏体转变增加的硬度所弥补,总的结果是硬度上升,称为高铬白口铸铁的二次硬化现象。

5)残余奥氏体的控制

淬火后的残余奥氏体在冲击磨损工况下,有一定加工硬化能力,有利于材料抗磨料磨损。但是,在反复冲击条件下,残余奥氏体将会大大增加工件的剥落损坏倾向。对某些受反复冲击载荷的产品,规定了残余奥氏体最高允许含量。例如,球磨机磨球的残余奥氏体含量不超过3%。残余奥氏体量主要与高铬白口铸铁化学成分和热处理工艺有关。在固溶体中熔入的铬、碳、锰、镍、铜量增加,都有增加残余奥氏体量的作用。镍或铜是作为提高淬透性的元素加入高铬白口铸铁的,有助于钼充分发挥其作用。这两个元素还能促进铸态组织中珠光体的形成,有助于在随后的热处理过程中改善奥氏体化的条件。值得注意的是,它们在提高淬透性的同时还有强烈的稳定奥氏体的作用,使淬火后的组织中残余奥氏体量增加,由于镍和铜完全熔入固溶体,热处理并不能减少它们在奥氏体中的溶解量。使含镍或铜的高铬白口铸铁中残余奥氏体量减少的办法之一,就是适当减少固溶体中的碳、铬含量。另外,含镍或含铜0.5%~1.0%的高铬白口铸铁,需要适当延长脱稳处理时间,使二次碳化物充分析出,固溶体中溶质浓度降低。含碳量低的奥氏体转变生成的马氏体含碳量也较低,残余奥氏体量虽然显著减少了,但是淬火后的硬度也低于不含铜或镍的高碳马氏体高铬白口铸铁。因此,加镍或加铜量要慎加控制。在大多数情况下,加镍或加铜量达到0.5%时,就足以配合铝元素有效地提高淬透性。加镍或加铜量超过1.0%～1.2%，将不利于抗磨性能，严格控制脱稳处理温度，也是减少残余奥氏体量的基本措施。

6）亚临界处理

具有铸态奥氏体基体组织主要为奥氏体的高铬白口铸铁，在低于珠光体转变临界点以下的温度停留时，奥氏体发生分解反应，析出高度弥散的亚显微尺寸碳化物 M_7C_3，M_7C_3 奥氏体将转变为 α 相和细微碳化物组成的聚合物组织。由于碳化物的析出强化作用和复相组织的结构特点，这种聚合物组织有类似于贝氏体的力学性能，抗磨能力接近回火马氏体，是一种良好的基体组织。产生聚合物组织的热处理方法称为亚临界处理，亚临界处理不经过淬火的急速冷却过程，可大大降低铸件开裂的危险性。处理温度远低于淬火温度，可以节约能源，提高生产效率。处理后残余奥氏体量几乎可以减少到零。因此，这种处理工艺非常适用于大型的或形状复杂的铸件。一些需要经受反复冲击载荷的铸件，采用亚临界处理工艺后，服役性能大大改善。

亚临界处理一般是在铸件清理后进行，为使凝固组织中的奥氏体一直保留到室温，人们希望奥氏体中的碳和铬在铸件冷却过程中，不要以二次碳化物的形式析出。在金属型中浇注的高铬白口铸铁件，一般能使奥氏体保留下来。砂型铸造的薄壁铸件，可在 800 ℃以上高温开箱，而厚壁大型铸件，则需在高温开箱后进行强制风冷。为了获得 $\alpha+M_7C_3$ 聚合物组织，也应当选择合适的化学成分，铬碳比应保持在 5～7 以上，较厚的铸件应有较高的铬碳比。锰含量应高于马氏体高铬白口铸铁，锰质量分数一般为 0.8%～1.6%，厚壁铸件应选用较高的锰含量，由于增加锰量，相应地减少了钼含量，锰和 0.5%～1.0% 铜（或镍）配合应用，对铸态奥氏体的产生有明显的促进作用。亚临界处理的温度范围为 480～520 ℃，亚临界处理是在能导致塑性变形的温度以下进行的，在实践中应注意缓慢加热，并需有足够的透热时间。

7）退火

高铬白口铸铁件在切削加工之前，一般都要进行退火热处理，其目的是使金属基体全部转变成珠光体组织，降低硬度，便于切削加工。高铬白口铸铁的退火工艺是，缓慢升温到 950～1 000 ℃保温一段时间（视工件截面大小，一般为 2～4 h）后，以 50 ℃/h 的速度缓慢冷却到 600 ℃，出炉空冷。也可以冷却到 700～750 ℃保温一段时间，然后炉冷，600 ℃以下出炉空冷。

有人建议退火加热时升温到 700 ℃后等温一段时间，然后再继续升温到奥氏体化温度，如图 5.16 所示。其目的是在 700 ℃等温过程中，铸件的基体组织转变为珠光体，然后在奥氏体化过程中，由珠光体转变为奥氏体。由于合金碳化物难以溶解，一部分碳化物保留下来，降低了奥氏体的稳定性，这样在退火冷却过程中，奥氏体容易分解成粒状珠光体，从而达到降低硬度的目的。

高铬白口铸铁退火后的显微组织是 M_7C_3 型碳化物和粒状珠光体。

高铬白口铸铁铸态硬度一般是较高的，难以切削加工。需要切削加工的零件，在加工前应该通过退火使铸件软化。退火后的高铬白口铸铁具有珠光体基体组织，不含或含有少量镍或铜的高铬钼铸铁，可以采用以下热处理工艺：

先将铸件升温至奥氏体化温度，保温后在炉内冷却至 820 ℃，再以不超过 50 ℃/h 的冷速降温到 600 ℃以下，最后冷却到 250 ℃出炉。在 700～750 ℃延长保温时间，也可以获得良好的软化效果，但是这种处理方法所获得的珠光体是很细的组织，硬度稍高于切削性最佳的硬度。对于淬透性高的高铬白口铸铁，需要较长的热处理过程才能得到软化效果。

含钼量较高并含有镍、铜等元素的铸件，可以采用以下的退火工艺：

在930～980 ℃进行奥氏体化，奥氏体化时间不少1 h。随后以最多降低60 ℃/h的速度使炉冷却到820 ℃，再以每小时10～15 ℃的速度使炉冷却到700～720 ℃，在此温度下保温4～20 h，最后在炉中或静止空气中冷却至室温。退火后的基体为球状珠光体组织，切削性良好。经过软化退火后的硬度为350～450 HB，这个硬度可以保证大多数机械加工工序顺利进行，甚至也能切削螺纹。

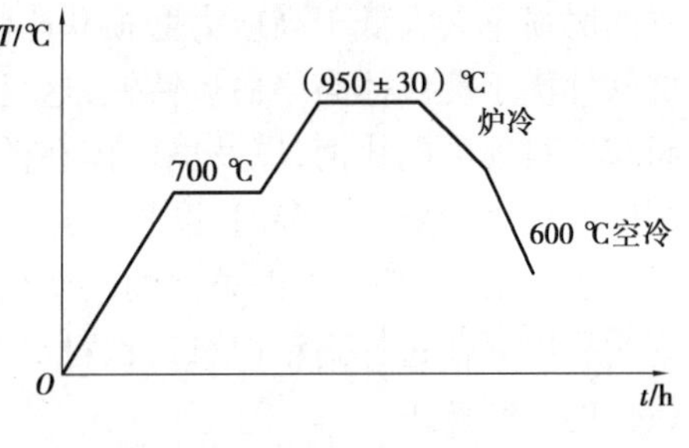

图5.16　高锰白口铸铁的退火工艺曲线

5.2.6　影响高铬白口铸铁耐磨性的主要因素

高铬白口铸铁抗磨件失效的主要原因是磨损和断裂，因此衡量高铬白口铸铁抗磨性的主要指标是抗磨料磨损能力和抗断裂能力。磨损使零件尺寸变化，断裂既包括零件的整体破碎，也包括局部宏观剥落导致的外形缺损。为使抗磨零件获得最良好的抗磨性，对材料的要求应该是，满足特定工况的需要，在有足够的抗破断能力前提下，抗磨料磨损能力优良。

材料的磨料磨损是一个比较复杂的过程，影响这一过程的因素很多，归纳起来，这些因素大体上可分为两类，一类是外部因素，一类是材料自身的因素。抗磨零件工作时的工况条件，诸如磨料作用于零件的方式，外力的大小和性质，磨料的粒度、硬度、速度和湿润程度等，都属于外部因素，这些因素是导致材料发生磨损和断裂的外部条件。材料的机械性能、金属组织状态等是决定材料本身抵抗磨损和断裂能力的因素，这些因素影响零件在某种工况下的耐用性。

1)工况条件的影响

以下讨论工况条件对高铬白口铸铁抗磨件的影响，销盘磨损试验用以测定材料的高应力切削磨损耐磨性。许多抗磨零件在服役过程中都要发生这种类型的磨料磨损。以刚玉为磨料，对铸态(奥氏体基体)和淬硬的(马氏体基体)的Cr15Mo3高铬白口铸铁进行了销盘磨损试验。在铸态奥氏体基体中切出的沟槽比较粗糙，沟边出现塑变金属，呈现犁沟形貌。淬硬的马氏体基体上沟槽较浅，塑变金属量较少，呈现切削沟槽形貌。材料失效于典型的磨料切削机制，采用软磨料时，试样的磨损率下降，淬硬试样比铸态试样的抗磨能力显著提高，两者的抗磨能力差异大大超过硬磨料试验产生的结果。高铬白口铸铁抗磨件与较软磨料作用时，马氏体基体可使材料获得较好的耐磨性。马氏体基体高铬白口铸铁在硬度很高的刚玉磨料作用下，比奥氏体基体高铬白口铸铁的抗磨能力强，但是抗磨能力的差别比使用软磨料时要小得多。主要原因是奥氏体组织在硬磨料的犁切作用下，产生应变硬化或应变诱发转变，使材料表面产生马氏体组织，硬度可由原来的300 HV左右急剧上升到900 HV以上，不过这个形变硬化层是很薄的。如果磨损过程中磨料与工件的接触应力发生变化(短时增加)，或有少数尺寸较大的磨料参与切削过程时，都可能在随后的磨料切削过程中把硬化层切削掉。在这种情况下，材料磨损量就会相应增加。

低应力划伤磨损试验是在胶轮磨损试验机上进行的，磨料采用石英砂。铸态试样(奥氏体基体)和淬硬试样(马氏体基体)磨损面上，都显示磨粒的切削沟槽。马氏体基体上的沟槽比奥氏体上的沟槽更浅。由于石英砂的硬度远低于$(FeCr)_7C_3$碳化物硬度，试样与磨料的接触应力也比较小，因此碳化物表面未发现切削沟槽，只显示出一些划伤痕迹。可以明显看出，碳化物只是稍凸出于基体表面，对基体产生了良好的保护作用，材料失效于切削机制。整个试样的磨损率大大低于高应力磨损和凿削磨损的磨损率。在此试验中,马氏体高铬白口铸铁的抗磨性优于奥氏体高铬白口铸铁,这是因为奥氏体组织硬度与磨料硬度的比值,小于马氏体组织与磨料硬度的比值,以及奥氏体在低应力下未能充分发挥加工硬化潜力。改用石榴子石和刚玉磨料进行磨损试验时,磨损率远低于前述的高应力切削磨损试验结果。

上述情况表明,外部条件的改变会导致材料磨损机制和磨损率的变化,直接影响抗磨件的耐用程度。在选择高铬白口铸铁材料时,应根据不同的工况确定材料的成分和组织,以求获得最佳的抗磨效果。

2)碳化物体积分数的影响

初生碳化物和共晶碳化物体积之和占材料总体积的百分数,称为碳化物体积分数。工业应用的高铬白口铸铁碳化物体积分数一般为20% ~40%。M_7C_3 型高硬度碳化物有助于提高材料耐磨性,但是这个脆性相的断裂和剥落起相反的作用,在两个相反的因素中,对高铬白口铸铁耐用性起重要作用的是基体金属和碳化物的相互保护作用。高应力两体磨损试验结果表明:随着亚共晶高铬白口铸铁中细小的共晶碳化物体积分数增加,抗磨能力稍有下降,其原因是碳化物受挤压、冲击而发生断裂、剥落。但在过共晶高铬白口铸铁中,抗磨能力随碳化物体积分数的增加而降低,但达到一定数量后,抗磨能力向相反方向变化。其原因是单个碳化物体积增大使其剥离倾向增加。在胶轮磨损试验中发现,共晶成分附近的高铬白口铸铁磨损失重最小,过共晶合金中由于大块碳化物剥离,导致磨损随碳化物体积分数的增加而增加。

亚(近)共晶合金(2.79% C、21.0% Cr、2.36% Mo、碳化物体积分数为30.4%)经石英砂粒磨后,共晶碳化物表面有磨损痕迹,正对磨料运动方向的边缘棱角被磨钝。基体磨损较快,碳化物凸出于基体,但未发现断裂和剥落现象。在过共晶合金的磨损面中,初生碳化物比共晶碳化物磨损轻微,前沿也有磨钝现象。

亚共晶合金中碳化物体积分数增加使抗磨能力提高的原因在于碳化物对基体起了保护作用。碳化物体积增加时,碳化物间距相应缩小,在共晶成分时碳化物间距与奥氏体枝晶厚度相当,尺寸约为50 μm,小于磨料尺寸,磨料不能顺利地切入基体,从而减轻了磨料对基体的切削损伤。看起来是碳化物对基体起了保护作用。而过于细小的碳化物可能因不能抵抗磨削力而折断,导致磨损量增加。而过共晶合金中,粗大的初生碳化物,在磨料的挤压和剥蚀作用下发生碎裂,有相当一部分从表面剥离,同时其周围的基体暴露,双重因素使磨损量增大。初生碳化物尺寸越大,在磨损过程中越难以受到基体的支撑,因而碎裂倾向增大,剥离造成的失重和基体磨损失重都相应增加,造成材料抗磨能力下降。

以上研究结果表明,过多的初生碳化物对高铬白口铸铁的抗磨性和抗断裂性都是不利的,在磨料较软,低应力摩擦条件下,要求抗断裂性能好的抗磨件,选择碳化物体积分数小的奥氏体高铬白口铸铁是有益的。如果要兼顾材料的抗磨性与抗断裂性,则宜选用共晶成分高铬白口铸铁。

3)基体组织的影响

高铬白口铸铁具有合金碳化物与基体组成的多相组织,基体组织的机械性能以及磨损机制,与合金碳化物相有很大区别,一般来说,高铬白口铸铁的总磨损率由碳化物和基体两者的磨损机制共同决定,而抗磨能力较强的硬质相的磨损率是起主导作用的因素。基体组织是抗磨弱相,但是它对抗磨骨架相的保护作用却是不可低估的,这就是我们探讨基体组织对高铬白口铸铁抗磨能力影响的意义。

在较低的接触应力下，特别是磨料较软时，基体组织磨损很轻，与碳化物的磨损量差异小，碳化物受到基体的良好支持，可免于断裂、剥落，碳化物的损耗量是轻微的。碳化物体积分数为39%的马氏体高铬白口铸铁，经过橡胶轮湿磨后试样表面，碳化物稍凸出于基体，未见基体中出现严重的沟槽和凹坑。同时，碳化物骨架也在一定限度内阻挡了磨料对基体的切削或凿削，可减轻基体磨损。在高应力状态下，特别是磨料较硬时，磨料连续切削基体与碳化物或者凿削基体而使基体与碳化物的磨损率产生较大差异，碳化物表层因失去周围金属而处于孤立状态，易发生断裂，并从磨损面上剥离。碳化物脱落后，周围金属暴露于外，必将发生较快的磨损。由此可见，碳化物与基体金属之间的保护作用是双向的。

从抗磨损的角度来说，人们希望基体组织能有助于碳化物抵抗显微范围内的机械应力，因此基体金属应该有足够的屈服强度。马氏体组织的屈服强度远高于珠光体组织，这是前者抗磨能力大大超过后者的原因之一。高碳奥氏体组织处于介稳状态，在磨料作用下发生形变诱发相变，产生形变马氏体，本身得到强化。强化程度则取决于它的热力学稳定性，稳定奥氏体的元素（如镍、锰）过多，将降低奥氏体的加工硬化性能，对奥氏体高铬白口铸铁的抗磨性能产生不利的影响。

与碳化物本身或碳化物—基体界面相比，基体组织更能使裂纹钝化。裂纹钝化能在很大程度上提高材料的断裂韧性，因为裂纹总是穿过基体而扩展的。奥氏体组织的塑性和应变能储积释放速率高于马氏体，裂纹在奥氏体中扩展比在马氏体中扩展困难，因而其断裂韧性较高。奥氏体在500 ℃回火析出细微碳化物粒子，形成 M_7C_3 聚合物组织，这种组织会降低裂纹扩展抗力，但其断裂韧性也不低于马氏体组织。

4）碳化物尺寸、间距的影响

碳化物尺寸对高铬白口铸铁抗磨性和抗断裂能力的影响，已经被一些研究实验和工业实践所证实。但是目前还难以提出可用于生产领域的衡量碳化物最佳尺寸的量化标准。这是因为各种设备中抗磨零件的磨损方式不同，基体与碳化物的相互作用、磨料尺寸、性质、形状、碳化物尺寸和分布状态，以及其他诸多因素交互地对材料耐用性产生影响，使研究试验结果还不能归纳到统一的衡量标准上来。

碳化物间距（或晶格常数）是指碳化物晶格中原子间的距离。碳化物晶格的结构对材料性能有重要影响，而碳化物晶格的稳定性与碳化物间距密切相关。碳化物间距较小，晶格中的原子排列更加紧密，材料具有更高的硬度和强度。但碳化物间距过小会导致晶格畸变，降低材料的韧性。相反，碳化物间距较大时，晶格的稳定性较低，材料的硬度和强度也会降低，但韧性较好。因此，碳化物间距是设计碳化物基材料的一个重要参数，通过调整碳化物间距可以调控材料的物理和化学性能。例如，在硬质合金制造中，通过调整 WC 碳化物的晶格常数可以提高材料的硬度和强度。在高温合金中，碳化物的晶格常数对材料的热稳定性和力学性能也有重要影响。

第6章 复合耐磨材料

6.1 双金属复合铸造耐磨材料

双金属铸造是指把两种或两种以上具有不同特征的金属材料铸造成完整的铸件,使铸件的不同部位具有不同的性能,以满足使用要求。通常一种合金具有较高的力学性能,另一种或几种合金则具有抗磨、耐蚀、耐热等特殊使用性能。

双金属铸造工艺常见的有镶铸工艺、双金属复合铸造工艺。将一种或几种合金预制成一定形状的镶块,镶铸到另一种合金液体内,得到兼有两种或多种特性的双金属铸件,即镶铸工艺。将两种不同成分、不同性能的铸造合金分别熔化后,按特定的浇注方式或浇注系统,先后浇入同一铸型内,即称双金属复合铸造工艺。

双金属铸件的使用效果除取决于铸造合金本身的性能外,更主要取决于两种合金材料结合的质量。在双金属复合铸造过程中,两种金属中的主要元素在一定温度场内可以互相扩散、互相熔融形成一层成分与组织介于两种金属之间的过渡合金层,一般厚度为 40 ~ 60 μm,即称为过渡层。控制各工艺因素以获得理想的过渡层的成分、组织、性能和厚度是制成优质双金属复合铸件的技术关键。以碳钢-高铬铸铁双金属复合铸造为例,往铸型内先注入钢液,间隔一定时间后再注入铁液,过渡层的液体在碳钢层已存在的奥氏体晶体的结晶前沿或在悬浮的夹杂物、氧化膜的界面上成核并长大。在过渡层区域内,正在生长着的奥氏体晶体边缘的前方富聚着各种杂质,引起成分过冷,促使凸部加速长大,呈树枝状连续生长。当结晶即将终了时,高铬铸铁的液体以过渡金属的结晶前沿为结晶基面,晶核长大。这种生长方式将使碳钢中的奥氏体与过渡层中的奥氏体、高铬铸铁中的初生奥氏体连接起来,构成了连续的奥氏体晶体骨架,得到了结合紧密的双金属复合铸件。镶铸双金属铸造过程,过渡层的结晶特点与金属复合铸造工艺相似,只是凝固次序不同,在固体镶块表层熔融金属的晶体前沿处形核长大、结晶,形成过渡层和母材(钢材)的晶体。

6.1.1 双金属复合铸造

1)双金属铸造材料选择

双金属铸件由衬垫层、过渡层和抗磨层组成,衬垫层由塑性和韧性高的金属材料形成,常用ZG230-450或ZG270-500铸钢以使铸件能承受较大的冲击载荷。抗磨层多用高铬白口抗磨铸铁,过渡层为两种金属的熔融体。

2)熔铸工艺特点

熔炼采用两种铸造合金各自原用的熔炼工艺,两种不同的铸造合金液体按先后次序通过各自的浇道注入同一个铸型内。两种合金液体的浇注时间需保持一定的时间间隔。熔点高、密度大的钢液先浇注,熔点低、密度小的铁液后浇注。浇注工艺的关键是严格控制两种合金液体的浇注间隔时间。一般当钢层的表面温度达900~1 400 ℃时,可浇注铁液。钢层的表面温度与钢液的浇注温度、钢层厚度、铸型散热条件等因素有关。两层合金浇注时间间隔,除取决于钢层表面温度,还与铁液的浇注温度、铁层厚度有关。浇注温度高,铁层厚度较厚,钢液、铁液浇注间隔时间可以适当长些。一般来说,抗磨层铁液含合金量越多,浇注温度越高。浇注速度应采取快浇为宜。实际生产中,均是通过冒口或铸型专设的窥测孔用肉眼判断钢层表面温度,也可用测温仪测定钢层表面温度,以便确定铁液注入型腔的最佳时间间隔。

3)造型工艺

高铬白口铸铁的凝固收缩和线收缩基本接近于碳钢,所以复合浇注双金属铸件的造型工艺与碳钢造型工艺基本相同。通常铸型均水平放置,以得到厚度均匀的钢层、铁层。如想得到不同厚度的合金层,也可按需要以不同的倾斜角放置铸型。在铸型上分别开设钢液和铁液的浇注系统。由于钢液先浇,铁液后浇,所以钢液中的浇注系统按一般铸钢的浇注系统参数设计,而铁液浇注系统则应保证有充分的补缩能力和较快的浇注速度,以免出现缩孔和冷隔缺陷。在铸型上型的型腔顶部应开设窥测孔以观察先浇注金属液的表面温度,先浇注金属液的定量方法可以采用定量浇包或者在铸型上设液面定位窥测孔的方法。为防止结合层氧化,在钢液表面覆盖保护剂。保护剂应具有防氧化、流动性好、熔点低、汽化温度高的特点。一般采用脱水硼砂,当铁液随后浇入型腔时,覆盖在钢表面上的保护剂被铁液流冲溢至铸型的溢流槽中,完成其保护结合层的作用。

4)双金属复合铸件的热处理

根据双金属复合铸件的冷却条件和铸态组织,选定合适的热处理工艺。以ZG230-450钢-高铬铸铁复合铸件为例,说明选定热处理工艺的方法。高铬白口铸铁层的期待态组织是珠光体、奥氏体和马氏体混合组织,如其中珠光体为10%,就会急剧降低铸铁层的抗磨性。为保持高的抗磨性,就应消除珠光体,获得全马氏体基体。将铸件加热至奥氏体化温度保温一定时间(铸件壁厚20~50 mm,保温2~4 h)后,空气中冷却的马氏体基体组织,空淬后回火,以消除残余应力得到回火马氏体,从而提高韧性。

5)双金属铸件的性能

抗弯试验:试样取自小型冲击板,试样尺寸为30 mm×20 mm×250 mm,跨距为220 mm,高铬铸铁面向上受载,试验结果见表6.1。双金属复合工艺提高了材料的抗弯强度,对挠度值的提高更为显著,使高铬铸铁-钢复合材料具有塑性材料的特征,使运行安全得到保证。冲击试验:冲击试样尺寸为10 mm×10 mm×55 mm,无缺口梅氏试块。双金属复合材料的一次冲击韧度比高铬铸铁高得多,为了能依据使用条件来正确选定钢层与铁层的厚度比,制成了有不同钢与铁厚度比的冲击试块。在打击铸铁面的冲击试验条件下,冲击韧度随钢层厚度占试块总厚度百分比的增加而迅速提高,见表6.2。然而,从延长使用寿命出发,高铬铸铁层越厚越好。现场使用结果证实,铁层与钢层的厚度比为2∶1较佳,其冲击韧度在20 J/cm^{2}以上,耐磨性能也较理想,见表6.3。

表6.1 双金属复合材料与单一高铬铸铁的抗弯试验

材料		挠度/mm		抗弯强度/MPa		备注
		铁断裂	钢开始裂	铁断裂	钢开始裂	
复合材料	钢层占试样总厚的30%	1.6	5	698	852	高铬铸铁处有缺陷
	钢层占试样总厚的36%	1.9	6.5	783	927	

表6.2 双金属复合材料与单一高铬铸铁的冲击试验

试验材料 / 测试项	单一高铬铸铁	复合材料					
钢层占试样总厚/%	0	13	17	20	25	28	37
冲击韧度 α_k/(J·cm^{-2})	5	19	23	37	60	53	未断
试样来源	基体模块	小冲击板			大冲击板		

注:衬垫层为ZG200-400,冲击韧度60 J/cm^2。

表6.3 两种材料的冲击板抗磨试验数据

材质	运行前重/kg	运行后重/kg	磨损量/kg		运行时间/h	磨损速度/(g·h^{-1})	磨损速率对比	状态
			本身	平均				
双金属	10.2	9.1	1.1	1.55	360	4.30	1	未磨穿
	10.2	8.2	2		360			未磨穿
高锰钢	10.5	7.5	3	3.4	360	9.44	2.2	磨穿
	10.5	6.7	3.8		360			磨穿

6)双金属复合铸件铸型工艺实例

(1)风扇磨煤机冲击板的铸型工艺

风扇磨煤机冲击板的铸型工艺如图6.1所示。

使用条件:高速旋转的冲击板撞击、粉碎煤块,煤块以一定角度撞击,磨损着冲击板。

浇注系统:钢液、铁液的浇注系统分置于砂型的两侧,考虑铸件两端冷却速度比中心部位快,故内浇道应尽量接近两端,内浇道呈分散式薄浇道,使先浇入的钢层在型腔内能均匀冷却,而后浇入的铁液也能分散注入钢层表面,得到较好的过渡层,型腔的上平面安置了补缩冒口。

浇注工艺:钢液、铁液均采用定量浇口杯。

造型材料：铸钢干砂型，铸钢层的涂料为糖浆石英粉，最好采用树脂棕色刚玉粉，铸铁层涂料用石墨粉涂料。配型时必须把铸型安放水平，保证钢层、铁层厚薄一致。

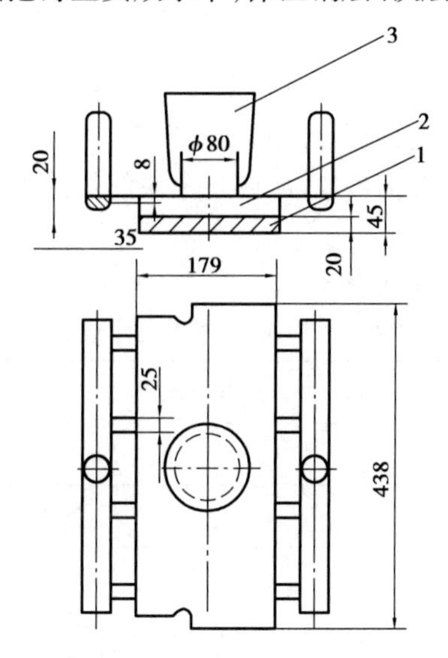

图6.1　风扇磨煤机冲击板的铸型工艺示意图

1—碳素钢；2—高铬铸铁；3—冒口兼窥测孔

(2)球磨机衬板铸型工艺

球磨机衬板铸型工艺如图6.2所示。

使用条件：转动的衬板承受下落的矿石和磨球的撞击、磨损。

浇注系统：钢液、铁液浇注系统分别安放在衬板的两端，在钢液浇口的对面设置钢液的液面观察槽，在铁液浇口的对面开设保护覆盖剂溢出槽。铁液浇口的设计应具有足够的补缩能力。

造型工艺：在上箱的型腔顶面开设观察钢层表面温度的“窥测孔”，在铁层的顶部安置外冷铁。

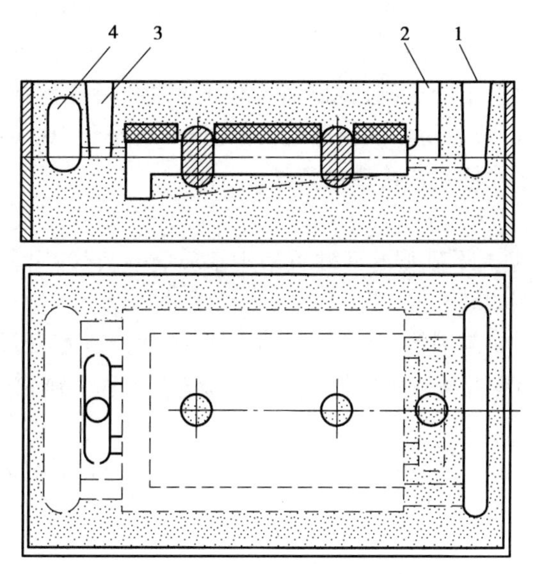

图6.2　球磨机衬板铸型工艺示意图

1—观察槽；2—铁液浇口；3—钢液浇口；4—溢出槽

6.1.2　双金属复合镶铸

1)镶铸用材的选用

镶铸用材由镶块(条)和母材组成,镶块(条)的材质要具有高的硬度,抗磨性,对其综合性能要求不高,常选用高铬白口铸铁、硬质合金(如 GT35 等)。母材的金属应有高的韧性,良好的耐磨性和流动性,与镶块的热膨胀系数接近,与镶块的热处理工艺相匹配。常用 30CrMnSiTi 铸钢和 ZG270-500 铸钢做母材。

常用的镶块、母材的化学成分见表 6.4。

表 6.4　镶块、母材的化学成分

名称	材料	质量分数/% C	Si	Mn	P	S	Cr	Mo	Cu	V	Ti
镶块	GT35	0.6	—	—	—	—	2.0	2.0	—	—	TiC35
	高铬白口铸铁	2.8 ~ 3.3	0.6 ~ 1.2	0.8 ~ 1.5	≤0.1	≤0.1	14 ~ 16	0.5 ~ 2.0	0.3 ~ 1.0	0.07 ~ 0.12	0.16 ~ 0.4
母材	30CrMnSiTi 钢	0.28 ~ 0.38	0.42 ~ 1.5	0.87 ~ 1.5	<0.04	<0.04	0.55 ~ 1.0	—	—	—	0.06 ~ 0.12
	ZG270-500 铸钢	0.40	0.50	0.8	≤0.04	≤0.04	—	—	—	—	—

2)镶块的几何尺寸与布置

应根据镶块部位的铸件形状来设计镶块的几何尺寸,同时还应考虑使其与母材能牢固地结合而又不造成母液太大的流动阻力和形成较大的应力集中现象。一般镶块的横断面多呈梯形、圆形或椭圆形,镶块应致密,表面洁净。

镶块应布置在铸件磨损最严重的部位,同时又要避免使母液流动过度受阻,以免在镶块(条)之内出现冷隔或浇不足等缺陷。

镶块(条)总重占母材总重的比例,视镶铸部位的抗磨性和韧性而定,一般母材与镶块之质量比为 10∶1。当镶铸部位有更好的抗磨性,此时比值可小于 10,对韧性要求更高的镶铸件则可大于 10。固定镶块采用固定内冷铁的方法。

3)造型工艺

铸型:干砂型或金属型。干砂型的面砂可采用水玻璃砂,背砂用黏土砂。

温度:砂型烘干温度为 250 ~ 300 ℃。

浇注系统:采取母液(如铸钢等)的浇注系统。在铸件最冷端开设溢流槽,排出最冷的母液。利用最先进入型腔的高温母液加热镶块,是得到结合牢固的镶铸件的有效工艺措施。

4)浇注温度

ZG270-500 铸钢浇注温度为 1 520 ~ 1 570 ℃,应参照母材与镶铸块质量之比合理地选择浇注温度,见表 6.5。

表6.5　镶铸(母材ZG270-500)浇注温度的选择

母材重/镶块重	浇注温度/℃
≈10	1 550
<10	>1 550
>10	<1 550

5)热处理工艺

应根据所用母材确定最合适的热处理工艺。母材选用30CrMnSiTi钢时,热处理可采用图6.3的工艺规范,淬火介质为水或者油。选用哪一种淬火介质主要视母材的含碳量而定。碳高(>0.3%)采用油淬,碳低采用水淬。经热处理后母材30CrMnSiTi钢和高铬白口铸铁镶块获得的组织和达到的性能列入表6.6。

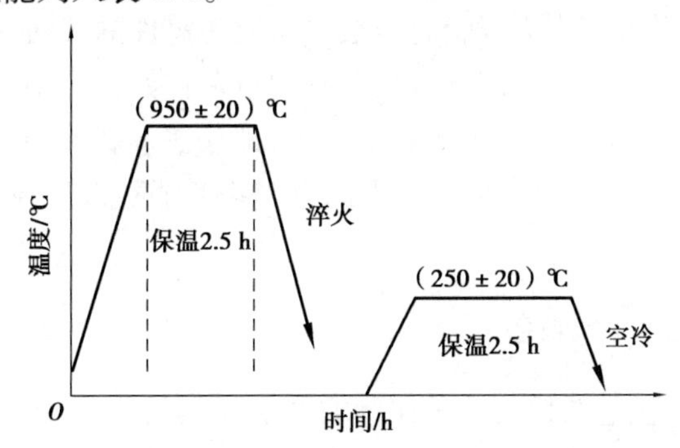

图6.3　双金属复合镶铸件热处理工艺

表6.6　热处理后镶块(高铬白口铸铁)与母材的硬度

材质	硬度HRC	显微硬度HV	
		基体	碳化物
高铬白口铸铁	60~67	673~752	1 206~1 340
30CrMnSiTi	44~50	—	—

6.2　复合铸渗耐磨材料

铸渗是将合金粉末或陶瓷颗粒等预先固定在型壁的特定位置,通过浇注使铸件表面具有特殊组织和性能的一种材料表面处理技术。这种方法与非铸造途径的表面强化方法(如化学热处理、表面堆焊、真空离子溅射等)相比,具有不需要专用的处理设备、表面处理层厚、生产周期短、成本低、零件不变形等许多优点。

6.2.1 铸渗的基本原理

铸渗法是指将一定成分的合金粉末调成涂料或预制成块,涂刷(或放)在铸型的特定部位,即需要提高表面性能的部位,通过浇注时金属液浸透涂料(或预制块)的毛细孔隙,使合金粉末熔解、融化,并与基体金属融合为一体,从而在铸件表面形成一层具有特殊组织和性能的复合层。若合金粉剂中含有一定量的B、Cr、Mn等活性原子,则这些活性原子就会利用铸件凝固过程中的余热向母材扩散,形成铸渗层。

铸渗工艺主要用于铸件的表面合金化研究,进入20世纪90年代以来,随着国内外复合材料研究不断深入,又被应用到铸件表层材料复合的研究和开发中。从铸渗过程的作用对象看,表面合金化是金属液与合金化涂层之间的相互作用,而表面材料复合是金属液与陶瓷或其他材料颗粒之间的相互作用。前者存在着金属液的渗透、合金颗粒的熔化和元素的扩散,后者只存在着金属液对复合颗粒材料的浸润、渗透,也存在一定程度的界面反应。从工艺结果看,前者形成表面合金化层,后者形成表面复合材料层。从获得铸件的表面性能及用途看,前者具有耐磨、耐热、耐蚀等性能,后者多用于耐磨领域。它们也存在如下的相同之处:都是金属液与铸型表面涂敷层内固体颗粒在铸造条件下的相互作用,都存在金属液与固体颗粒(层)之间的润湿、渗透和界面作用等物理化学和传热传质现象,并且都是通过改变铸造表层组织而达到提高其表层性能的目的。

6.2.2 合金涂层(敷层)的制备

涂层是由一种或几种合金颗粒与一定比例的黏结剂、溶剂混合而成,可以呈涂料状或做成随形膏块。敷层是仅由一定粒度的一种或几种合金颗粒组成,靠真空吸附于铸型上,涂层、敷层厚度由所要求的渗层厚度确定。从经济、实用的角度考虑,基体金属应选用强度高、塑韧性好且成本较低的常用合金。但除应具有足够的强韧性,对渗剂材料要有良好的润湿性和一定的溶解度,以保证界面呈冶金结合,提高结合强度。

1)涂层(敷层)用合金材料

合金的选用原则:①能被铁液熔化(或扩散熔解);②颗粒表面无氧化,以免出现气孔;③合金颗粒粒度均匀,粒度大小依铸件的热容量和浇注温度而定。

涂层的厚度及其常用的合金材料、粒度见表6.7。为使铸渗层具有耐磨性好的基体组织,避免珠光体的生成,在涂层或敷层中可加入少量MoFe、VFe和Cu。涂层厚度是合金铸渗层厚度的1.5~2倍,其他涂层厚度可按渗层厚度的1.2~2倍来确定。

表6.7 铸渗涂层常用的合金材料

铸渗类型	合金组成/%	合金粒度/目	涂层厚度/mm
渗铬	1.66Cr,0.5Si,5C其余为Fe 2.28Cr,4Ni,2B,4C,Si_2 其余为Fe	40/100	3~5
渗WC	铸造WC颗粒100%	40/70	2.0
渗WC+高铬白口铸铁	1.铸造WC颗粒80%,其余为高铬白口铸铁 2.铸造WC颗粒20%,其余为高铬白口铸铁	40/70	5.0 3.0

续表

铸渗类型	合金组成/%	合金粒度/目	涂层厚度/mm
渗硼	1. 100% BFe 2. 100% B4C	20/100	3 ~ 5

2)涂层用黏结剂

黏结剂选用原则：

①具有足够的黏结强度；

②黏结剂受高温作用应能气化,应具有低的渣化倾向,以增加涂层的空隙率。

几种铸渗涂层常用的黏结剂见表6.8。所有的黏结剂以及水玻璃均可改善合金颗粒的润湿性。但需控制加入量,黏结剂量过多,虽然能进一步提高涂层强度和合金颗粒的润湿性,但是会增大合金层形成气孔的可能性。

表6.8　铸渗涂层常用的黏结剂

黏结剂	加入量/%	使用效果
水玻璃	<3	膏块制作时易破损,浇注过程被铁液冲散
	3 ~ 7	能较好地形成合金层,强度适中,发气量少
	>7	不能形成合金层或合金层中存在大量空洞
桐油	3 ~ 10	能形成合金层
呋喃树脂	2 ~ 5	能形成合金层,发气量中等,渣量较多
酚醛树脂	2 ~ 4	能形成合金层

3)涂层用熔剂

熔剂选用的原则：

①提高合金渗剂的活性,易气化；

②提高涂层在铁液中的润湿能力。

熔剂一般采用硼砂、氟硼酸钾、冰晶石、氟(氯)化物(钠,铵)等。硼砂、氟硼酸钾具有较高的活性,熔点适中,并兼有提供硼的作用,但其作用时间较短;而冰晶石具有较高的熔点,作用时间长;采用氟硼酸钾和冰晶复合熔剂能具有较高的活性与稳定性,易获得预期的铸渗层厚度;以硼砂为主附加少量氟硼酸钾、氟化钙、碳酸钠的复合熔剂有利于消除铸铁合金层中的熔渣。熔剂的作用是促进与加速合金的铸渗过程,因此其种类和数量均对铸渗效果有直接的影响。表6.9列举了两种不同的熔剂对铸渗层厚度的影响。熔剂的加入量一般为合金渗剂的4% ~10%。以硼砂熔剂为例,将其不同加入量的影响列于表6.10。

表6.9　硼砂与氟化钠熔剂对铸渗层厚度的影响

合金渗剂	熔剂种类	加入量/%	合金层深度/mm
50目B-Fe	硼砂	5	1.5
50目B-Fe	氟化钠	8	2 ~ 3

表 6.10　硼砂加入量对合金渗层的影响

硼砂加入量/%	合金层厚度/mm	形成合金层能力	排渣能力
无	无明显合金层	差	差
5	2.3	较好	铸件外表有一定的黄绿色渣
10	5	良好	铸件外表有大量的黄绿色渣

4)涂层的烘干工艺

不同的黏结剂需采取不同的烘干温度,图 6.4 的黏结剂为桐油、水玻璃涂层的烘干工艺,它们的加热速度为 2.5 ~3.5 ℃/min。

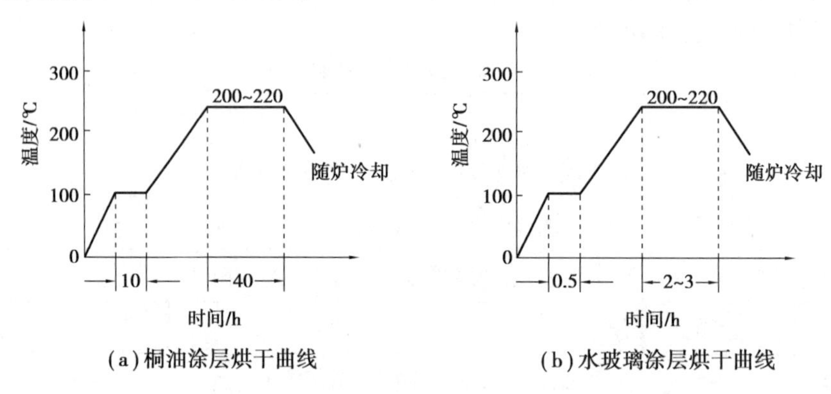

图 6.4　铸渗涂层的烘干工艺

6.2.3　铸渗机理

铸渗机理是一个非常复杂的问题,仅仅依靠毛细理论以及扩散理论很难做出满意的解释。因为在金属液与粉层相互作用的过程中还有可能出现增强颗粒重熔、溶解、再凝固等复杂情况,而对于增强相是自反应生成的铸渗过程,粉末颗粒与金属液或粉末颗粒之间还有化学反应,这就涉及自蔓延燃烧理论以及液相烧结理论,因而目前还没有形成一套完整的理论来精确地描述整个铸渗过程。现就近期国内外学者对铸渗机理的某些研究成果做出简介。

按照铸渗复合层内增强相的来源可将铸渗技术分为两种:一种是增强相直接加入预制体内,基体金属液通过渗透、烧结等综合作用与增强相形成冶金结合。铸渗复合层在形成过程中无化学反应;另一种是增强相在铸渗过程中由预制体内的粉末自反应生成,这种铸渗技术主要是利用高温金属液来激发粉末的反应体系,铸渗复合层在金属液与粉末层渗透、反应等综合作用下形成。无化学反应的铸渗机理是由合金烧结层、钎焊层和熔合层 3 个区域组成。不同区域的形成机理也不同,靠近基体的熔合层是在强烈的热作用和铸渗动力(主要为毛细作用)较强的条件下形成的,距母液越远,热作用越弱。钎焊层是由崩裂和未崩裂的铬铁小颗粒及碳化物焊合在一起形成的,最外层为烧结层,该层的形成类似于粉末冶金的液相烧结过程。

渗透过程可分为两个阶段:在第一阶段,金属液与温度较低的多孔块体接触并快速凝固。在此过程一部分金属液凝固放热来加热多孔块体,直到达到金属的熔点温度。第二阶段是一个相对较慢的过程,在此过程中主要是后续渗入的过热金属液重熔先凝固的金属,整个渗透区域分为重熔区与凝固区。

图6.5为铸渗铬层的典型组织特征。通过对铸渗试样渗铬层的观察和分析,发现典型的铸渗铬层中的内层、中间层、外层的组织和成分有明显差异,如图6.5所示。从图6.5(a)可以看出,内层的组织中既有片状石墨,又有共晶莱氏体,还有铬碳化物和马氏体基体,为一多相不平衡组织。图6.5(b)显示铸渗层中间部位的组织中有较多大小不均的块状碳化物,少量呈崩裂状的CrFe粒和屈氏体+多元共析体。图6.5(c)铸渗外层组织中有大量未熔的CrFe粒和少量即将崩裂的CrFe粒,还有少量黑渣和显微孔洞,分布在灰白色的多元共析体基体上。根据其不同的组织特征,称铸渗内层为熔合层,称铸渗Cr层中间部位为钎焊层,称渗铬层外层为液态烧结层,简称烧结层。显然,不同的组织特征,其形成机理也是不同的。

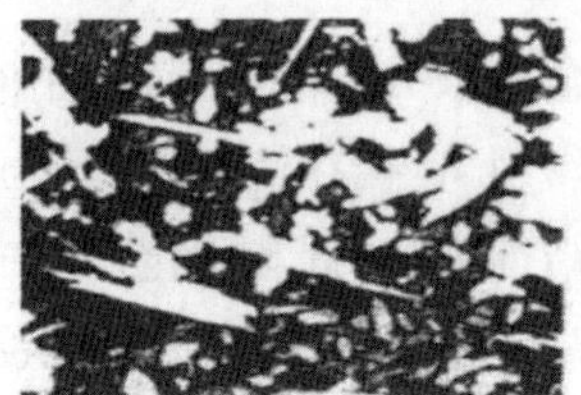

(a)融合层(内层)

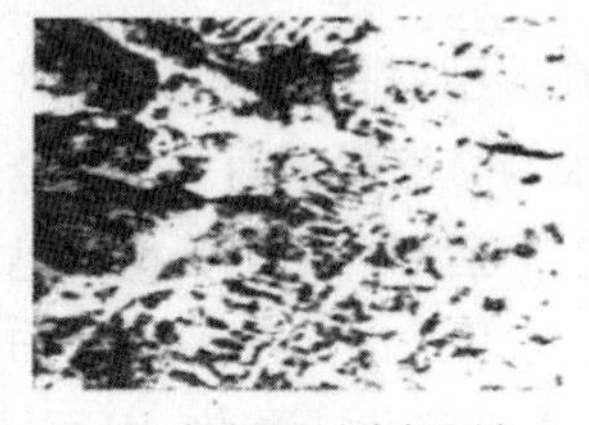

(b)钎焊层(中间层)

(c)烧结层(外层)

图6.5　铸渗铬层的典型组织特性

6.2.4　影响铸渗层形成的因素

影响铸渗层形成的因素包括渗剂性质和工艺因素,如:

(1)浸润性

浸润性直接影响渗层的形成强度,因此铸渗剂与基体金属要有一定的浸润性。

(2)熔剂

熔剂的作用是在浇注初期包裹合金颗粒使之不被氧化,受热熔化后能去除合金颗粒表面的氧化膜,清洁渗剂表面,从而增加金属液对渗剂的浸润能力。常用的熔剂有硼砂、氟化铵和氯化铵等。研究表明,熔剂的加入要适量,过少不能有效地改善金属液的浸润能力;过多则会因它所占的体积大,易在熔化后留下较大的孔洞,降低复合层的品质。

(3)黏结剂

水玻璃和有机黏结剂能不同程度地改善金属液与涂料(或膏块)之间的浸润性。黏结剂要适量加入,过多金属液不能使其及时全部分解、燃烧气化,结果残留在复合层中形成夹渣,影响强化效果;过少则黏结力低,强度差,浇注时易被金属液冲散,不能形成复合层。

(4)涂料层厚度

涂料层厚度应根据铸件渗层的具体要求确定,铸渗层的相对厚度随涂料层相对厚度(涂料层厚度与铸件厚度之比)的增加而减少。当涂料层相对于铸件厚度较薄时,合金粉末易于熔化并被金属液稀释形成相对较厚的表面铸渗层。

(5)浇注温度

浇注温度过高,渗剂元素烧损严重,基体晶粒粗大;过低则结合强度低,附着力大,渗层易脱落,扩散层薄或不形成扩散层。

(6)铸造工艺

为避免浇注时金属液将铸渗剂冲刷掉(或将预制块冲散),研究表明,立浇工艺比平浇工艺更能保证渗层品质。

(7)合金元素的收得率

合金元素的收得率是指表面复合层中合金元素成分值与涂料层中合金元素成分值之比。涂料中的合金元素被金属液浸透、熔化进入表面层后受到稀释,同时还有不同程度地氧化、烧损。因此,在配制合金涂料时要考虑合金元素的收得率。

6.2.5 铸渗工艺

1)普通铸渗工艺

在铸渗工艺发展的初期,利用在铸型型腔表面涂刷以合金粉末为主的涂料,利用液态金属的流渗能力、金属液的余热使金属液与金属粉末间发生冶金作用,直接在铸件表面形成合金化层。所以涂料以合金化的元素为主,然后添加一定比例的黏结剂、催渗剂和固化剂制成。后来出现了以膏块代替涂层的铸渗方法。但是以上两种方法均需要加入有机或无机黏结剂和熔剂,在液态金属的作用下,黏结剂或熔剂汽化或渣化,因而易产生气孔和夹渣(杂),降低材料性能。为了消除这种影响就产生了取消黏结剂和熔剂的散剂法。表 6.11 为砂型铸渗工艺参数。

表 6.11 砂型铸渗工艺参数

工艺参数	指数	备注
涂层厚度	$S=(1.2-2)B$ 式中,B 为合金厚度,mm; S 为合金涂料层(膏)厚度,mm	涂层厚度应与铸铁壁厚相适应
砂型涂层的烘干温度/℃	200 ~ 240	脱水,提高黏固强度
涂层(膏)的安放位置	在砂型的上、下、侧面均可,最好置于砂型的侧壁或底部	
浇注温度/℃	1 350 ~ 1 490	用干型时,壁厚>20 mm
浇注系统	铁液应平稳地流入型腔,内浇道的布置应有利于铸件各部分均衡冷却,且不直接冲刷涂层	
冷却速度	冷速低,凝固慢的部位渗层厚,反之,则薄	

2)消失模法铸渗工艺

消失模(V-EPC)法铸渗工艺是负压状态下浇注的一种新工艺,它可以获得精度高,质量好的铸件,还可以把工人从繁重的体力劳动和恶劣的作业环境中解放出来,被誉为“第三代造型方法”。该工艺简便实用,不必考虑涂层膏块的安放、固定,可以避免 EPC 铸渗工艺中的气孔和夹渣等缺陷,负压对 EPS 和涂胶气化产物的排出十分有效,显著改善了铸渗层的质量。增强颗粒可以采用铬铁、钼铁、钒铁颗粒和碳化钨颗粒等。

3)真空铸渗工艺

采用松散的合金粉,也可用黏结的合金材料靠真空将松散的合金粉或黏结的合金材料吸附在铸型的规定部位上。真空铸渗可以克服传统砂型铸渗工艺在渗层和过渡层内存在的气孔、夹渣缺陷,且渗层质量稳定可靠。真空铸渗工艺分为真空铸型法和真空型芯法两种。

(1)真空铸型法

在模样上覆盖塑料薄膜,将钢丝沿需铸渗区域的轮廓圈成相应的环形,将合金粉填充入环内,使合金粉的高度达到环的高度,往砂箱内填入硅砂,然后抽真空,移去模样。这样就可在上、下箱铸型上靠真空吸附合金粉粒,如图6.6所示。

(2)真空型芯法

本法可以在普通砂型内用真空型芯来实现局部铸渗敷层,无须铸型法造型的特殊设备和特殊造型技术。一个真空砂芯由一个敞开的芯腔与一个真空集排气箱相连接所构成,如图6.7所示。在通向真空排气箱的芯腔底部铺上一层丝网,往芯腔内填满干砂,将集气箱抽真空,把厚度等于所需硬化表层厚度的干砂用刮板刮掉,通常刮掉的砂层厚为3.2 mm。然后将抗磨合金粉填入,并沿真空型芯的顶面将合金粉刮平。靠真空的吸力就能把这层合金粉牢固地保持在型芯上。但是,当用粒状材料时,由于不能产生足够的压差将合金粉保持在型芯的固定位置上,此时应在合金粒表面上铺上一层塑料膜。在施加真空的条件下,把真空型芯安置在所要求的砂型位置上,然后进行浇注。铸渗最早的真空型芯盒是用石墨制造的,后来改用铸铁制造。如果采用黏结的铸渗材料,真空型芯就可在无须抽真空的条件下制造,储存和将其安装在砂型内,只需在浇注前瞬间将真空型芯与抽真空线路接通,浇注后立即释放真空。

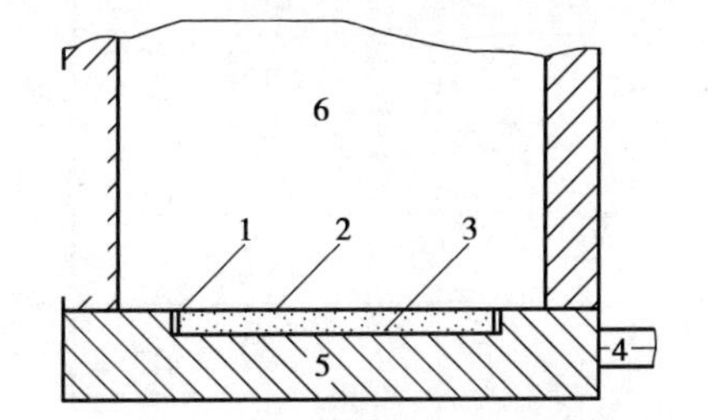

图6.6　真空铸型法铸渗工艺示意图
1—钢丝环;2—塑料薄膜;3—合金粉;
4—抽真空口;5—干砂;6—型腔

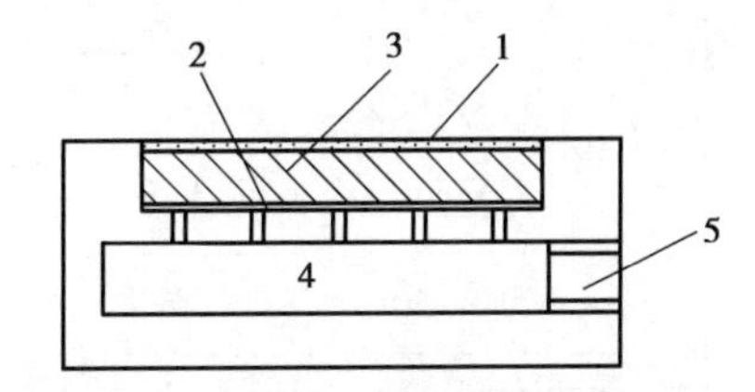

图6.7　真空型芯法铸渗工艺示意图
1—抗磨合金粉;2—丝网;3—干砂;
4—集排气箱;5—抽真空口

6.2.6　铸渗层的组织、性能及生产应用

1)铸渗层的组织结构

渗层的组织结构因铸渗层的合金种类以及铸渗工艺的不同而异。铸渗硼(渗硼剂为BFe,渗硼工艺为砂型铸渗):渗层组织是由初生含硼碳化物和共晶体组成。铸渗铬(渗铬剂为CrC,渗铬工艺为真空型芯或铸型铸渗):合金粉敷层厚3.2 mm,在20 mm厚的板状铸件上铸渗,敷层的合金几乎没有被稀释;渗层内含27% Cr。在50 mm厚的板状铸件上铸渗,3.2 mm厚的合金层被稀释,扩散成为7 mm厚的渗层;表层铬质量分数为23%;而在过渡层铬质量分数降为5%。过渡层含针状碳化物50%,铬质量分数为20% ~30%;碳化物间基体内铬质量分数为

2%。合金渗层含碳化物70%~80%,其铬质量分数为30%~40%,尚有微量未熔解的敷层合金粉粒(铬质量分数为85%~90%)。

铸渗钨(渗钨剂为WC-10%Co,铸渗工艺为真空型芯或铸型铸渗):渗层组织中含有细的多角浅灰色颗粒,系高钨碳化物;大块白色的碳化物,其 $\omega_W=65\%\sim85\%$,$\omega_C=1.64\%\sim1.99\%$。Co存在于碳化物之间的基体内,靠近过渡层,$\omega_{Co}<2\%$;在渗层表面,$\omega_{Co}\geqslant10\%$。显然,钴起到了促渗剂的作用。

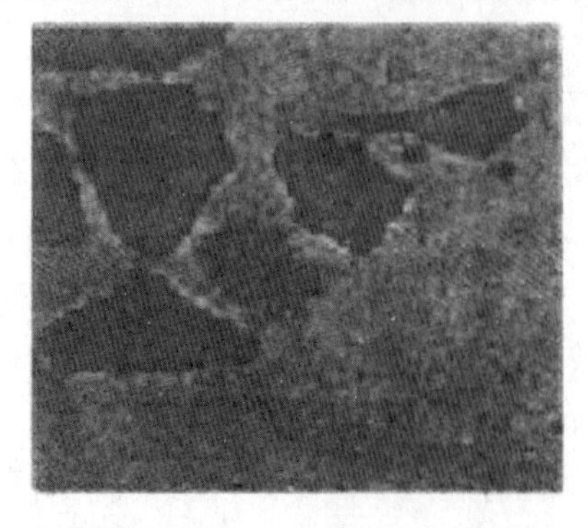

图6.8　铸渗WC复合涂层扫描照片

合金粉为WC,粒度为0.5 mm,选用4%的水玻璃作为黏结剂,选用1.5%的硼砂作熔剂,将其置入220~240 ℃的烘箱中烘烤2 h出炉冷却。HT200作基体材料,浇铸速度要快,铁液出炉温度应偏高(1 450 ℃)。图6.8所示为铸渗WC涂层。块状颗粒即是WC颗粒,四周则是HT200母材,颗粒分布均匀,界面结合良好,WC颗粒边缘部分熔解,和基体发生了冶金结合。

2)铸渗层的性能

铸渗层的硬度见表6.12。

表6.12　铸渗层硬度

铁合金配比/%	硬度值HRC		
	合金层	过渡层	母材
Cr-Fe	54	26	12
W-Fe	50	27	18
Mo-Fe	59	25	22
50B+50Cr	60	39	30
25B+25W+25V+25Vi	64	43	26
30B+40Mn+20Cr+10V	70	30	14
40V+20Mo+20Cr+20Ti	60	38	26

3)铸渗层的抗磨性

考虑铸渗层的抗磨性,采用复合合金涂层(膏剂或敷层)比单元素合金涂层能得到更高的抗磨性。表6.13是采用普通砂型铸渗的不同合金配比对抗磨性的影响。显然,渗层的复合合金化达到较高的抗磨性。铸铁件的铬系表面合金渗层,铸态的基体组织基本上是马氏体,对WC颗粒有较强的镶嵌能力,有利于发挥WC磨损抗力的骨干作用,三体磨损的抗磨相对值为1.05~6.4,随着WC粒度的增大,其抗磨性提高。当合金涂层(或敷层)中复合一部分铬铁合金时,加强了马氏体基体,在WC颗粒周围生成合金碳化物,其中铬质量分数为20%,钨质量分数为10%,显微硬度为1 480~1 800 HV。

表 6.13　不同合金配比对抗磨性的影响

合金配比/%	长度磨损/mm	体积磨损/mm	相对抗磨性
CrFe(含 63.2% Cr)	4.8	0.65	1.90
MnFe(含 70% Mn)	5.2	0.81	1.58
MoFe(含 61% Mo)	4.9	0.76	1.68
Fe(含 40.8% V)	5.1	0.75	1.49
90% CrFe+10% B4C	4.75	0.68	1.86
90% CrFe+10% VFe	4.6	0.68	1.86
70% CrFe+16% MnFe+4% MoFe	4.6	0.62	2.04
82% CrFe+15% MoFe+3% B4C	4.6	0.62	2.04

第 7 章

超常工况耐磨材料设计实例——MEMS 中的纳米耐磨材料

超常工况又称特殊工况或极端苛刻工况,通常是指摩擦副运行的环境和条件超出了常规润滑材料性能极限的摩擦工况。鉴于摩擦学系统的复杂性,长期以来,对于究竟什么样的摩擦工况属于超常工况一直没有明确的标准,也就是说,常规工况和超常工况之间没有明确的界线,人们很难在二者之间设定具体的速度、负载、温度和环境条件等指标。广义而言,一切超出常规工业润滑材料服役性能极限的摩擦工况都可以被视为超常工况。由这个定义可以看出,超常工况是一个时间动态概念,它是与对应时期润滑材料和机械工程技术的发展水平密切相关的,对于一个特定的摩擦工况,也许在 10 年前还属于超常工况,而在今天已经是常规工况了。

典型的超常工况即所谓的“三高、一特殊”工况。“三高”是指以高速、高低温、高载荷为代表的摩擦副的苛刻运行条件;“一特殊”是指摩擦副所处的特殊环境或介质情况,如空间环境、核辐射环境、特殊气氛、强场或强粒子流环境、特殊液体介质和多相流介质环境等。这种典型超常工况是现代机械尤其是航空、航天、兵器、船舶、核技术等高技术机械装备所经常遇到的摩擦工况。在超常工况条件下,材料的摩擦、磨损呈现出与常规工况完全不同的特点,常规润滑材料(如润滑油脂)寿命急剧缩短,已不适于解决超常工况条件下的摩擦学问题,摩擦副精度保持和稳定运行能力急剧下降,非正常润滑和磨损失效问题严重,并可能导致严重的后果。如空间技术关键运动部件在空间原子氧、宇宙射线和超高真空环境下的润滑失效已成为制约空间装备寿命和可靠性的瓶颈;航空发动机和飞机关键运动部件在高温、高速、高负载条件下的润滑和磨损失效会导致各类等级事故,直接影响飞行的安全;水介质环境中的润滑问题已成为水基液压传动技术发展的技术关键;核电技术反应堆机械急需发展安全、可靠的高温抗强辐射、耐特殊气氛或介质的润滑材料等。随着现代高技术装备的运行工况越来越苛刻、条件越来越复杂及高精度、高可靠性和长寿命方面的要求的不断提升,对突破原有润滑材料性能极限的高性能润滑材料和技术的需求也越来越迫切。因此,有必要强化超常工况条件下的材料摩擦学问题研究,在共性问题突破的基础上,发展适用于超常工况的高性能润滑和耐磨材料,其作用和意义主要体现在如下几个方面:

①超常工况摩擦学问题的研究对象大多涉及国家重要军事领域或国家重大尖端科技前沿相关技术,如航空航天领域、重大军事装备、高速铁路等。鉴于极其敏感的应用背景,发达国家

对相关研究成果和技术都采取了极其严格的保密措施，属于重点封锁技术，借鉴或引进的可能性极小。而相关技术又为国家所急需，因此研究成果对国家贡献大。

②超常工况摩擦学所研究的工况的苛刻程度远超过了常规工况，现有的常规工况摩擦学理论已不能指导解决超常工况条件下的摩擦学问题，其中许多科学问题从理论到技术都还不清楚，研究工作极具挑战性，易产生一批原创性的、具有自主知识产权的成果，研究工作具有不可替代性。

③为超常工况摩擦学设计奠定技术基础。"先进机械"的设计如果没有高性能的润滑材料和技术作为保障而往往无法付诸实施，如各类发动机等高温机械的设计离不开高温润滑材料、航天技术不能没有空间润滑材料等。随着新型武器装备设计工况的越来越苛刻和对其可靠性和寿命要求的不断提升，超常工况摩擦学研究和相关润滑材料在技术上的突破往往能够给高技术武器装备设计带来革命性的变化，使一些过去依靠旧材料难以实现的先进设计成为现实。

④解决制约重要装备可靠性和寿命的关键技术问题。超常工况摩擦部位往往也是现代高技术装备系统失效故障的多发地点，局部的润滑和磨损失效问题常常成为控制装备系统寿命和可靠性的技术"瓶颈"，一些重要的装备甚至可能因润滑和磨损失效而导致灾难性的事故。因此，开展超常工况材料摩擦学行为的研究，发展适应于特定工况的长寿命、高可靠性润滑耐磨材料，将对提高装备整体的寿命和可靠性具有十分重要的意义。

鉴于超常工况摩擦学研究在科学性和高技术应用方面的重要意义，近年来，相关研究受到了国内外的广泛重视。从目前的发展情况来看，研究工作主要分两个方面：①材料和部件在特定超常工况下的摩擦学行为和失效损失机理的研究；②适用于超常工况的摩擦学新材料研究。需要说明的是这两方面的研究既有明显的区别，又互相联系，前者突出的是科学问题，后者注重的是应用效果。本章介绍典型超常工况条件下的材料摩擦行为与耐磨材料设计案例，MEMS中的纳米摩擦学。

20世纪80年代中期，随着大规模集成电路和微纳制造技术的发展，制造毫米以下尺寸的机电一体化系统成为可能，微机电系统（Micro Electro Mechanical System，MEMS）应运而生。MEMS泛指从微/纳米到毫米量级大小的电子机械装置，它将微型机构、微驱动器、微电源、微传感器和控制电路等集于一体，具有体积小、能耗低、集成度和智能化高等一系列优点，在生物学、医学、环境控制、航空航天、数字通信、传感技术等现代高科技领域展现出巨大的应用前景。美国国家科学基金会预测，未来15～20年全球纳米技术市场规模将达到每年万亿美元。2022年全球纳米纤维素市场规模达21.07亿元（人民币），据贝哲斯咨询预测，2028年全球纳米纤维素市场规模将增长至66.59亿元（人民币），预测期间复合年均增长率将达到21.14%。

然而，由于表面和尺寸效应的影响，当器件尺度从毫米减小到微米量级时，以黏着力和摩擦力为代表的表面力相对体积力增大近千倍，导致微机电系统产生严重的黏着、摩擦与磨损问题，这已经成为导致MEMS零部件损坏以及限制其长期可靠服役的关键影响因素之一。因此，以下将主要讨论微机电系统的摩擦和磨损问题以及相关的减摩耐磨设计。

7.1 MEMS 中的纳米摩擦学

7.1.1 摩擦问题

在宏观条件下摩擦行为可用阿蒙东法则来描述:摩擦力与载荷成正比,摩擦系数与载荷和接触面积的大小无关。近年来随着纳米摩擦学的迅速发展,包括 MEMS 中摩擦力测试实验在内的大量微观尺度的摩擦实验表明,阿蒙东法则在微观尺度下已经不再适用。在微观条件下,黏着力的大小可能与外加载荷在一个量级,成为载荷中的重要组成部分。余家欣等发现半径为 1 μm 的 SiO_2 微球在单晶硅表面的黏着力能达到微牛量级,占到外加载荷的 20% 以上。阿昌达等研究微观尺度下钢球与钢板的摩擦行为发现,当接触载荷不考虑黏着力时,摩擦系数随载荷的增加表现为先降低而后平稳;当接触载荷为外加载荷和黏着力之和时,摩擦系数随载荷增加保持不变。如图 7.1 所示,低载下黏着力引起的摩擦系数部分占到总摩擦系数的 80% 以上。因此,微观条件下由表面力引起的黏着效应将对接触表面之间的摩擦行为产生很大影响。

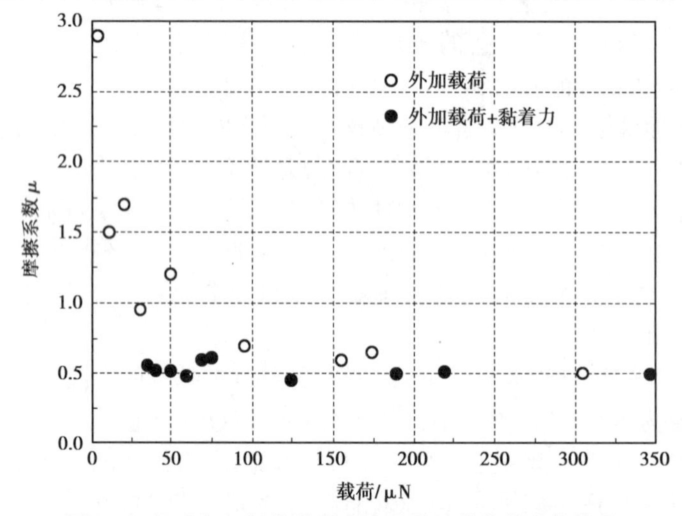

图 7.1　钢球与钢板的微观摩擦系数随载荷的变化情况

由于尺寸小且结构复杂,微机电系统器件间的摩擦力很难检测,为此发展了两种 MEMS 原位摩擦测试方法,即板式摩擦力测试法(In-Plane Friction Measurement)和侧壁摩擦力测试法(Sidewall Friction Measurement)。

美国桑迪亚国家实验室制造了纳米牵引器用于测试 MEMS 器件间板式摩擦力的变化情况,结构如图 7.2(a)所示。纳米牵引器通过锚点连接在基体上,并且可以与基体发生相对运动。为了实现移动,一个较大的电压将施加在图 7.2(a)所示左边的夹具头上,促使加载弹簧弯曲推动轨道夹具向右移动,进而造成驱动板向基体弯曲,同时也推动定位夹具向右滑动。当滑移停止后,取消施加在夹具头上的电压。此时存储的非线性弹性形变能将对纳米驱动器施加载荷,使其向回滑动。因此,通过施加和释放电压,纳米驱动器可以完成往复循环移动。同时,测量夹具与驱动板之间电压的变化就可以获得轨道夹具和定位夹具在滑动过程中与基体产生的摩擦系数。实验结果如图 7.2(b)所示。摩擦系数随循环次数的增加从 0.2 先增加到 3,随后降低至 0.45 左右并保持平衡。

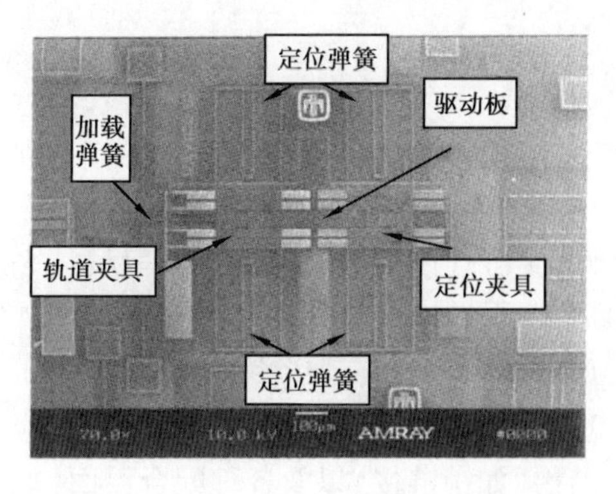

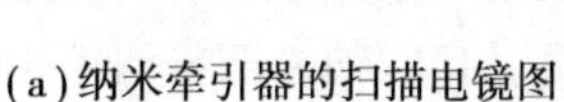
(a)纳米牵引器的扫描电镜图

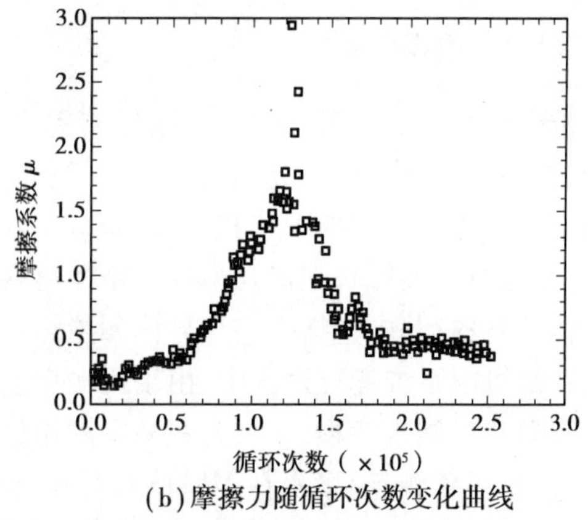

(b)摩擦力随循环次数变化曲线

图 7.2　板式摩擦力测试系统

另外，桑迪亚实验室还测试了 MEMS 中的侧壁摩擦问题，如图 7.3 所示。侧壁摩擦力测试系统由两个梳状执行元件组成，它们相互垂直并通过活动的横梁结构连接在一起。在图 7.3 中间图片中，在右边梳状执行元件上施加电压使连接的横梁移动且靠在基体表面的柱子上，同时在下方梳状执行元件上施加电压使其发生往复移动，导致横梁与基体表面上的小柱子发生侧壁摩擦。余宏博等也在他们自制的 MEMS 中检测了润滑前后侧壁摩擦力的变化情况，侧壁摩擦力检测系统的原理图和实物图如图 7.4 所示。与桑迪亚制造的测试系统不同，此侧壁摩擦力测试系统是通过连接轴的转动使运动元件完成往复移动。研究结果表明，未使用润滑剂时微器件的侧壁静摩擦系数高达 1.85，使用后摩擦系数可降至 1.23。

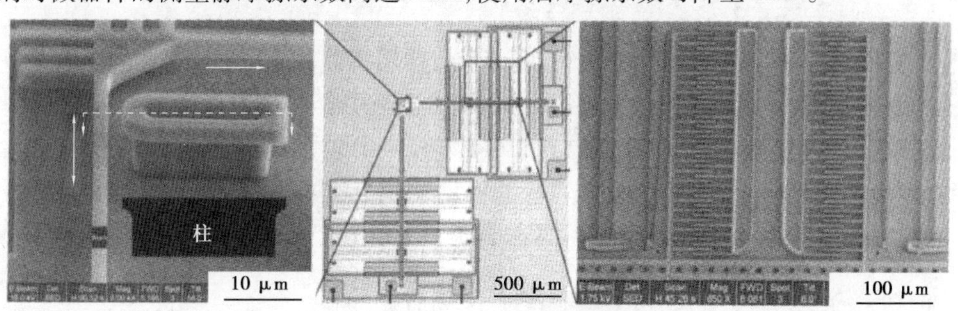

图 7.3　硅基侧壁摩擦力测试微器件

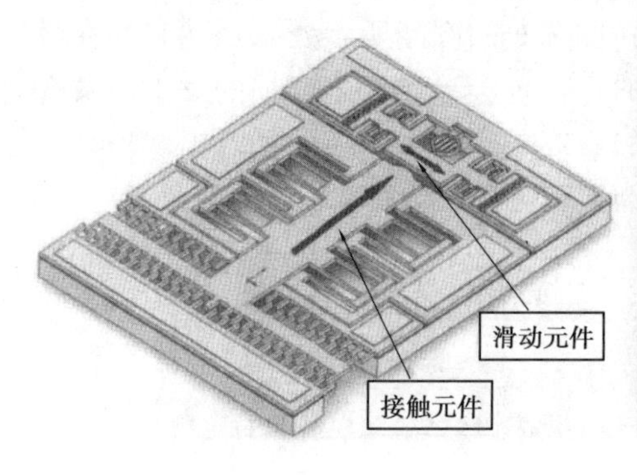

(a)三维示意图

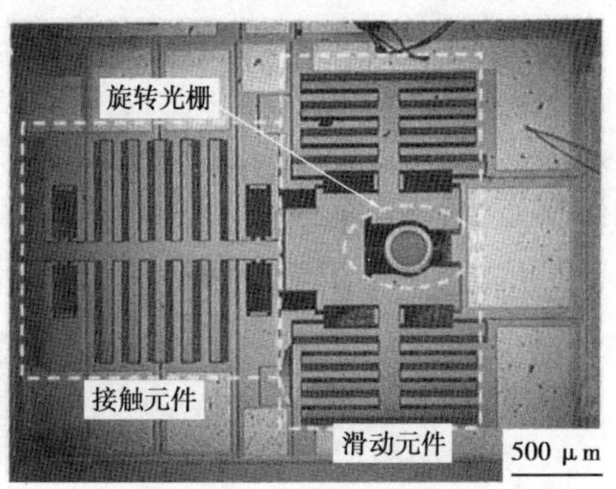

(b)二维实物图

图 7.4　侧壁摩擦力测试系统

7.1.2 磨损问题

微机电系统的材料是MEMS技术的重要组成部分。MEMS的材料按照用途的不同可划分为功能材料和结构材料。功能材料主要是指在MEMS中具备一定功能性的材料,是一类有能量变换能力并可以实现敏感和驱动(actuation,也称为执行)功能的材料,如高分子材料、光敏材料、电敏材料及形状记忆合金等。结构材料是指具备一定机械强度,用于构建微机械器件结构基体的材料,其中包括一些半导体和绝缘体材料,如硅、石英、玻璃、陶瓷等。

在微机电系统运行过程中,由于机械振动和环境温度变化,零部件配合面会因为交变应力的存在而产生纳米磨损。例如,各种紧固结构、定位结构(如销链接)以及各种配合界面(如轮轴配合、光开关触点)极易在MEMS运行中出现因界面力而引起的纳米磨损,使MEMS零部件失效,进而缩短整个系统的使用寿命。如图7.5所示,硅基微齿轮系统经过高速运转后,在齿轮与轴、轴与销以及齿轮与齿轮配合面都出现了严重的疲劳和纳米磨损问题。

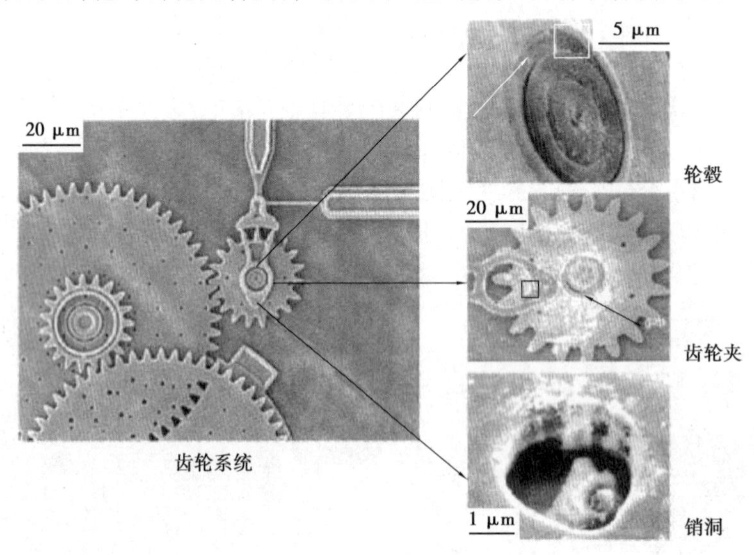

图7.5 微电机齿轮组的纳米磨损

图7.6所示为微齿轮系统中销连接和轮毂固定配合连接结构的剖面图。从图中可知,齿轮与销键之间以及轮毂之间都存在大量配合面(图7.6的圆圈所示处),虽然它们在微齿轮系统运行时并不出现相对移动,但由于机械振动的存在也会导致纳米磨损的发生。微观磨损的出现会使这些配合面处发生材料的变形和去除,最终导致整个微齿轮系统出现松动。轻微的微观损伤会降低发动机的效率,而严重的微观磨损则会导致整个微齿轮系统失效。

图7.6 驱动齿轮的纵剖面形貌

另外,微电机在运行过程中也存在大量的微观磨损问题。图7.7(a)所示为1989年研制出的世界上第一台静电微电机,其材料为多晶硅,由12个定子和4个磁性转子组成。转子的直径为120 μm,转子和定子之间的空隙仅有2 μm。微电机的设计时速能够达到每分钟10万次,因此在转子和轮毂以及转子和定子之间都出现了严重的黏着和微观磨损问题。图7.7(b)为另一种涡轮微电机,其设计工作环境为高温环境,转子直径为4～6 mm。由于转子的速度极高,每分钟可达到数百万次,流体会不可避免地对叶片造成冲蚀磨损。

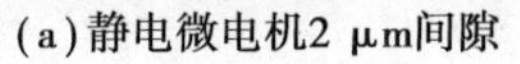
(a)静电微电机2 μm间隙

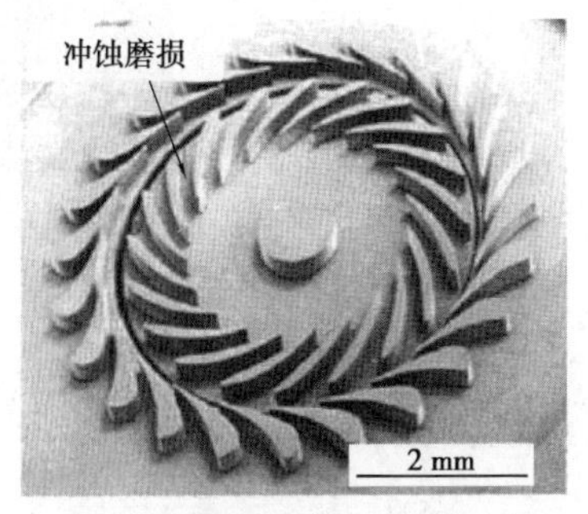

(b)涡轮微电机（10^6 r/min）

图7.7　微电机中的微观磨损问题

通过透射电镜(TEM)和能量色散X射线光谱仪(EDX)分析,阿尔塞姆等进一步研究了硅基微机电系统运行中的磨损机制。在环境湿度为40%～50%的潮湿空气中,由于在微米尺度下黏着和摩擦等表面效应的增强,微机电系统在运行数千次以后会在接触表面或是相邻表面之间形成大量磨屑。图7.8的透射电镜分析结果表明,硅基微机电系统运行中产生的磨屑主要由直径为50～500 nm的颗粒构成,如图7.8(a)、(c)所示。图7.8(b)、(d)的衍射花样显示磨屑的主要成分已经从构件的多晶硅结构转化成为非晶硅结构。

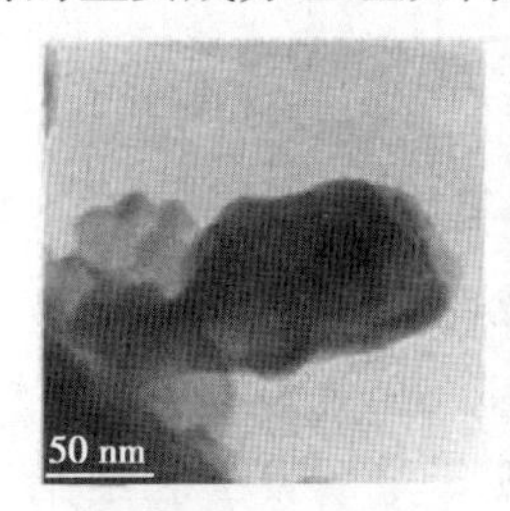

(a)磨屑透射电镜图片1

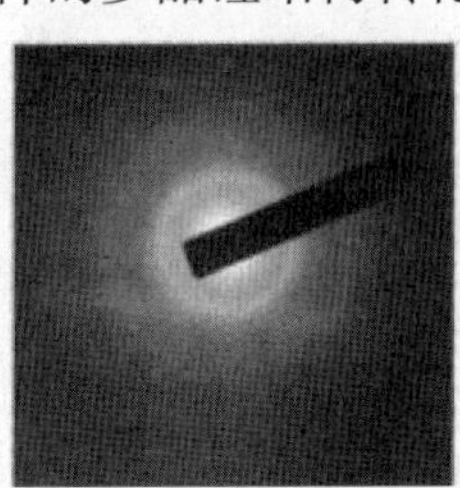

(b)电子衍射花样1

(c)磨屑透射电镜图片2

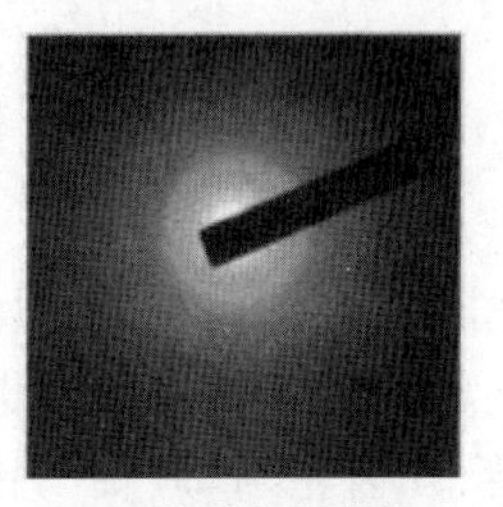

(d)电子衍射花样2

图7.8　磨屑TEM分析

此外,其结果进一步表明磨屑的最小组成单元为直径为50 nm的颗粒,而这些颗粒不能够再分,表明微机电系统中多晶硅构件的磨损是以最小颗粒形式去除,而非原子尺度材料去除。分析认为是硅基构件表面间较高的黏着导致了硅颗粒的断裂,进而导致了多晶硅构件的持续磨损。

同时,阿尔塞姆等也利用EDX对磨屑和多晶硅基体进行了对比分析,结果如图7.9所示。多晶硅基体内部基本未出现氧元素的特征峰,而磨屑中氧的含量则明显要远远高于基体内部。另外,他们对磨屑中心和边缘域进行比较发现。磨屑中心区域的氧硅原子含量比大约为1∶2,而磨屑边缘的原子含量比大约为1∶1。此结果进一步说明磨屑的主要成分为非晶硅材料,而氧化作用仅仅发生在磨屑组成颗粒的外部。因此,他们指出黏着磨损和摩擦化学的共同作用导致了硅基微机电系统构件间严重的微观磨损。

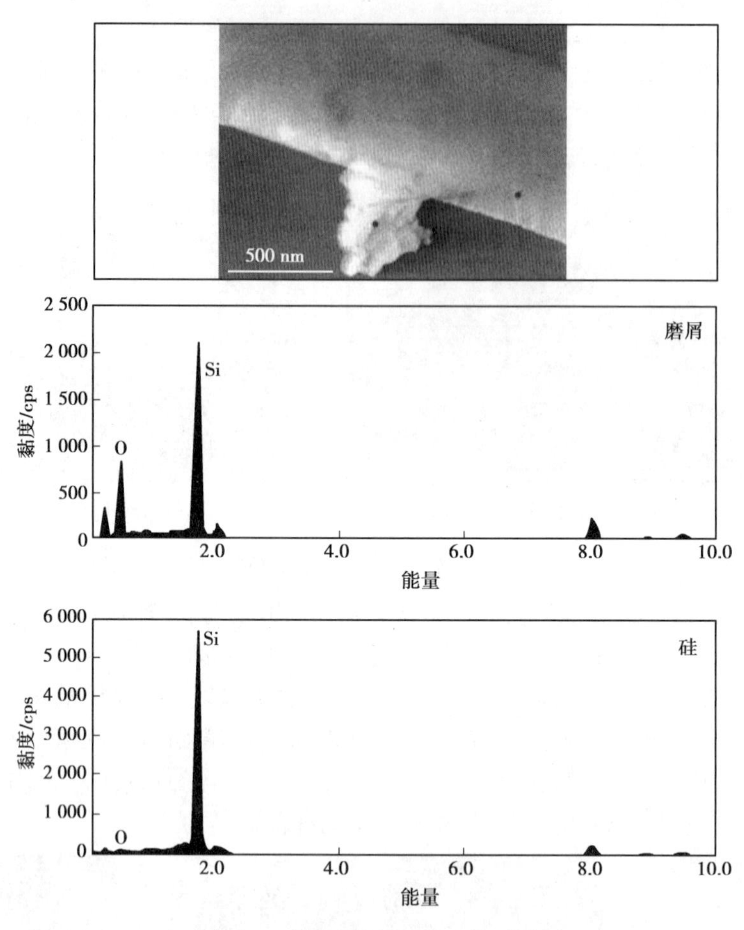

图 7.9　磨屑和基体 EDX 对比分析

除硅基微齿轮系统外,其他材料的微齿轮系统的配合面之间也存在大量的疲劳和微观磨损问题。图 7.10 所示为电镀的 Ni-Fe 金属材料制作的微齿轮系统,由于转速也高达每分钟 10 万转,在齿轮与轴、轴与销以及齿轮与齿配合面之间同样也会出现严重的疲劳和纳米磨损问题。

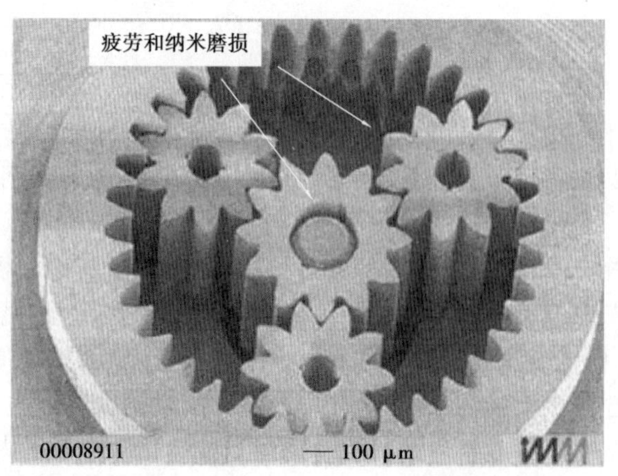

图 7.10　其他材料微齿轮系统中的微观磨损问题

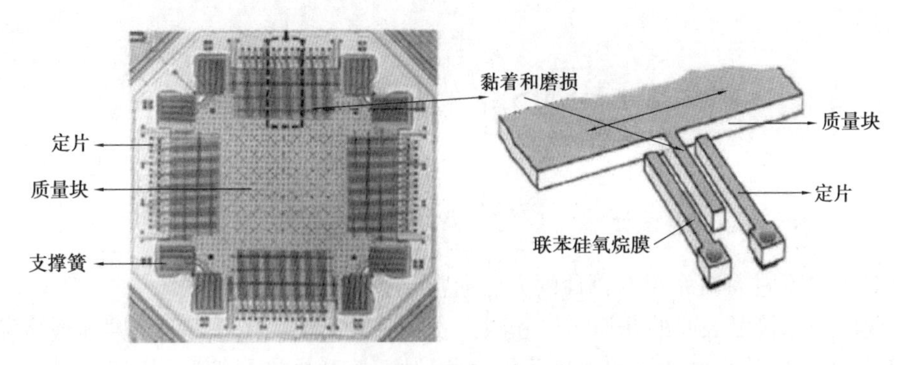

图7.11　加速度传感器中的磨损问题

微观磨损问题不仅存在于以上处于研发阶段的微机电系统中，在已经成功商业化应用的微机电系统中也同样存在。图7.11所示为利用表面微机械加工技术制作的硅基集成静电容加速度计，目前已经广泛应用于汽车领域作为安全气囊的触发装置。微加速度计是通过振动时中心的悬臂梁发生偏移造成两个电极之间电容的变化，进而起到加速的功能。但是相邻的电极以及电极与基板之间会在微观条件下发生相互黏着，不利于传感器的正常工作。另外，传感器上的单晶硅片也会受到微观磨损的影响而使传感器失效。为解决这些问题，一层联苯硅氧烷膜被制备到界面上用于减少黏着以及降低微观磨损。图7.12所示为一种硅基微压力传感器的横剖面示意图。这种压力传感器应用广泛，如用于汽车胎压检测，歧管绝对压力以及一次性血液压力检测等。当压力传感器用于液体压力测试时，温度的变化、热量的传递及机械振动的存在都会造成对传感器的腐蚀磨损和侵蚀磨损。喷墨打印头的喷孔直径大约为70 μm，也是一种典型的微机电系统，如图7.13所示。其工作原理是通过热电偶加热使孔下方产生一个气泡，进而挤出墨滴来实现打印。气泡破裂时会不可避免地产生气蚀磨损，而加热与打印过程中交变热应力也会使打印头材料产生疲劳磨损。除此之外，打印时纸张的移动也会对表面造成滑动磨损。为降低这些磨损，目前最常用也是最成功的方法是在压力槽壁内制备一层厚度为200 nm左右的碳硅薄膜。

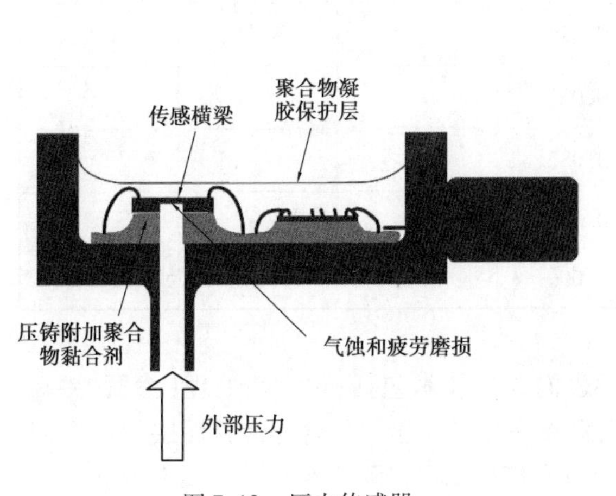

图7.12　压力传感器

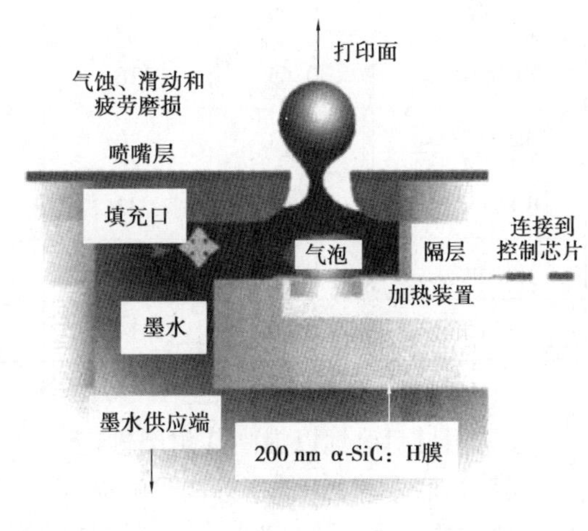

图7.13　喷墨打印头

7.2 MEMS 中的抗磨减摩设计

7.2.1 MEMS 减摩耐磨设计

目前对 MEMS 进行减摩耐磨设计的方法通常有如下几种：

①改变磨损区接触表面的几何结构和减少表面接触面积。接触表面是磨损最易发生的区域，通过改变该区域的表面结构和接触面积，可以对摩擦磨损进行抑制，从而达到减摩耐磨的目的。

②减少冲击力作用。冲击力对 MEMS 的磨损也有着重要的影响，帕尔姆格伦通过实验发现，MEMS 中载荷减小会使其使用寿命得到提高。

③采用 LB 膜及自组装单分子膜等超薄膜润滑。薄膜润滑可以有效地降低 MEMS 中的摩擦磨损，表 7.1 为布尚等对 Si 等基体及其自组装膜的摩擦磨损实验得出的各项数据，由表可知自组装膜有着很好的减摩耐磨性能。

表 7.1 Si 等基体及其自组装膜的摩擦磨损特性

材料	粗糙度/nm	黏着力/nN	摩擦系数		(抗磨)临界载荷	
			微观	宏观	微观/μN	宏观/mN
Si	0.20	33	0.070	0.26	N/A	N/A
PFTS/Si	0.13	19	0.024	0.12	56	100 ~ 120
ODMS/Si	0.09	26	0.017	0.14	17	40 ~ 60
ODDMS/Si	0.08	29	0.018	0.13	20	40 ~ 60
SiO_2	0.66	35	0.087			
PFTS/SiO_2	0.65	16	0.043			
ODMS/SiO_2	0.73	30	0.031			
ODDMS/SiO_2	0.55	33	0.032			
Au	0.37	47	0.032			
HDT/Au	0.92	14	0.006	0.26	6	10 ~ 20

④采用材料改性以提高其耐磨性能。材料表面改性技术包括：化学热处理（渗氮、渗碳、渗金属等）；表面涂层（低压等离子喷涂、低压电弧喷涂）；激光重熔复合等薄膜镀层（物理气相沉积、化学气相沉积等）和非金属涂层技术等。布尚借助 AFM/FFM 对经过渗碳处理的 Si 基体进行了摩擦磨损测试，研究发现硅基体进行碳离子注入后可以提高其耐磨性能，如图 7.14 所示。

⑤使 MEMS 器件在适当的湿度环境下工作。环境湿度对单晶硅的摩擦磨损也有着重要

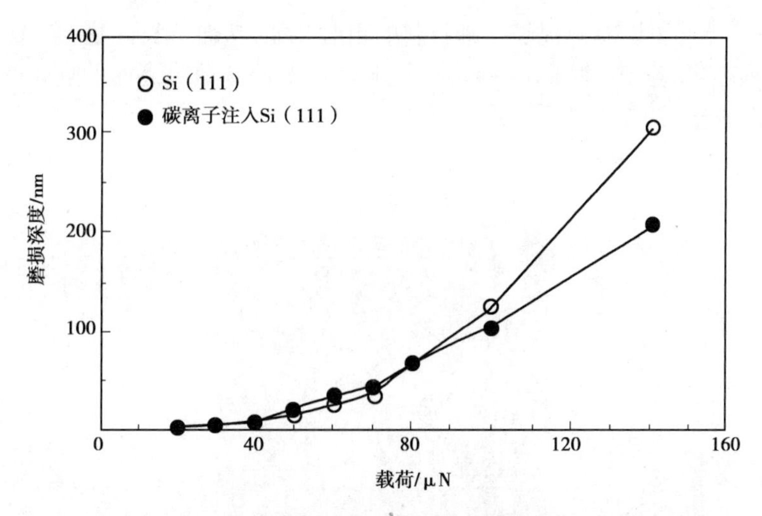

图7.14　Si(Ⅲ)及其碳离子注入处理后在不同载荷下的磨损深度

的影响。余家欣等借助AFM对 Si/SiO_2 摩擦副在不同环境湿度下进行了摩擦磨损实验，结果表明，摩擦力磨损会随着环境相对湿度的增大（1%～50%）而增大。阿塞等通过控制环境气氛，研究了MEMS在不同湿空气和醇类蒸气环境下的磨损失效。研究表明，戊醇蒸气可有效抑制MEMS的磨损并延长其使用寿命。

⑥对磨损的部位进行加固处理，及时清除磨损碎片。磨损部位的加固可以防止MEMS中“纳动”的发生，而清除磨损碎片则可以减少磨屑的进一步产生。

7.2.2　MEMS减摩耐磨进展

传统的化学气相沉积（CVD）方法在处理高纵横比（High Aspect Ratio，HAR）或具有遮蔽结构（Shadowed Structures）的三维MEMS时遇到了沉积不均匀等问题，为此，梅尔等在CVD的基础上采用了原子层沉积法（Atomic-Layer Deposition，ALD）。该方法是采用一种可自我限制的表面反应来实现可控的原子层增长。他利用这种方法成功地在3 μm厚的多晶硅MEMS微电机上沉积了 Al_2O_3 涂层（图7.15），并通过高分辨率透射电镜（HRTEM）对图中①、②、③处的 Al_2O_3 涂层厚度进行了表征，结果显示 Al_2O_3 的厚度分别为10 nm、10 nm、10.5 nm。通过前期的Ball（Si_3N_4）-On-Disk（Si基，10 nmAl_2O_3）实验表明，经过ALD处理后，该摩擦副的摩擦系数为0.3，并且相比不经ALD处理的硅基摩擦副其磨屑要少很多。因此，采用ALD技术对MEMS进行表面处理可有效地提高其耐磨性以及延长其使用寿命。

陈磊等通过原子力显微镜模拟研究了类金刚石（Diamond-Like Carbon，DLC）薄膜对MEMS纳米磨损的防护。实验以原始单晶硅(100)和通过物理气相沉积法在单晶硅表面沉积的2 nm DLC薄膜为样品，分别在真空和大气环境下实现了 SiO_2/Si(100)和 SiO_2/DLC纳米磨损。研究表明，在真空环境下，单晶硅表面出现隆起状的纳米磨损而DLC薄膜的磨损却很微弱。在大气环境下，单晶硅的纳米磨损较真空更为严重，其磨损由隆起状转变为沟槽状。然而DLC薄膜的纳米磨损与真空环境下相接近，依然很微弱。其机理被解释为：在真空条件下，由于DLC薄膜的硬度较高和化学稳定性好，其磨损较弱，而单晶硅硬度相对较低，在摩擦剪切作用下形成了隆起；在大气环境下，由于摩擦化学反应的发生，单晶硅表面的磨损加剧从而形成沟槽，而DLC薄膜却有效地抑制了该摩擦副的摩擦化学反应的发生，保护了单晶硅基体不被磨损。因此,DLC 薄膜可以有效提高硅基材料的耐磨性能,从而延长硅基 MEMS 的使用寿命。而马力诺等发现在环境空气中通入乙醇蒸气,能够屏蔽 DLC 薄膜表面的氧化磨损,起到进一步降低表面损伤的作用。

离子液体是熔点低于 100 ℃的盐类合成物,具有与共价键相当的强烈静电结合力、很好的润滑性及热稳定性等优点,因此是一种潜在的润滑剂。

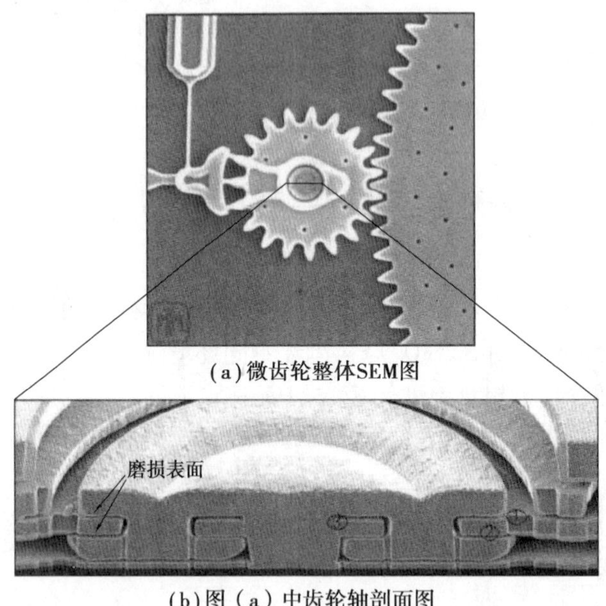

(a)微齿轮整体SEM图

(b)图(a)中齿轮轴剖面图

图 7.15　用 ALD 法对微齿轮系统表面制作 Al_2O_3 涂层来提高耐磨性

帕拉西奥等为了研究离子液体在 MEMS 中可能存在的减摩耐磨效果,借助原子力显微镜对在不同离子液体环境下(Z-TETRAOL,BMIM-PF_6,BMIM-$OcSO_4$)处理后的硅基体进行了摩擦磨损实验,如图 7.16 所示。在每种离子液体处理硅基体的过程中又控制了不同程度的化学键处理(未经处理、部分键合、完全键合)。研究表明,经过离子液体处理过的硅基使 Si_3N_4(针尖)/Si(样品)摩擦副的摩擦系数有明显下降,并且部分键合的减摩效果最好,如图 7.16 所示。另外硅基的面磨损实验也证明,经过离子液体处理过的硅基耐磨性得到了明显的提高,并且与减摩效果类似,还是部分键合的耐磨效果最好。由此表明离子液体可以对硅基材料起到明显的减摩耐磨作用,有可能成为特殊工况下 MEMS 的一种良好润滑剂。

环境气氛是影响材料磨损的一个重要因素。巴尼特等为了研究醇类气氛环境对二氧化硅的减摩作用,在销/盘(Pin-on-Disk)实验机上进行了二氧化硅的摩擦磨损实验。实验摩擦副为直径 3 mm 的二氧化硅球和含有 2 nm 自然氧化层的单晶硅(100)。环境气氛分别为高纯氩气、含水蒸气的潮湿氩气以及含有正戊醇蒸气的氩气 3 种不同的气氛环境。研究表明,在保持其他参数不变,仅改变环境气氛时,二氧化硅/单晶硅(100)摩擦副在干燥氩气和潮湿氩气环境下有着明显的磨损,并且在潮湿氩气下磨损更为严重。

而当该摩擦副在正戊醇蒸气下时其磨损却十分轻微,如图 7.17 所示。这种磨损结果被密度泛函理论(DFT)解释为在摩擦化学作用下,环境气氛促使二氧化硅发生磨损时“Si—O—Si”键断裂的能量阈值发生了改变。在干燥氩气和潮湿氩气环境下二氧化硅表面是以羟基终止的,这种羟基会随着环境湿度增加促使形成"Si—O—Si"键,并在摩擦化学作用下使其断裂;在正戊醇蒸气下时二氧化硅表面则以醇盐形式终止,这种醇盐提高了"Si—O—Si"键断裂的能量阈值,从而抑制了二氧化硅的磨损,并起到了减摩的作用。

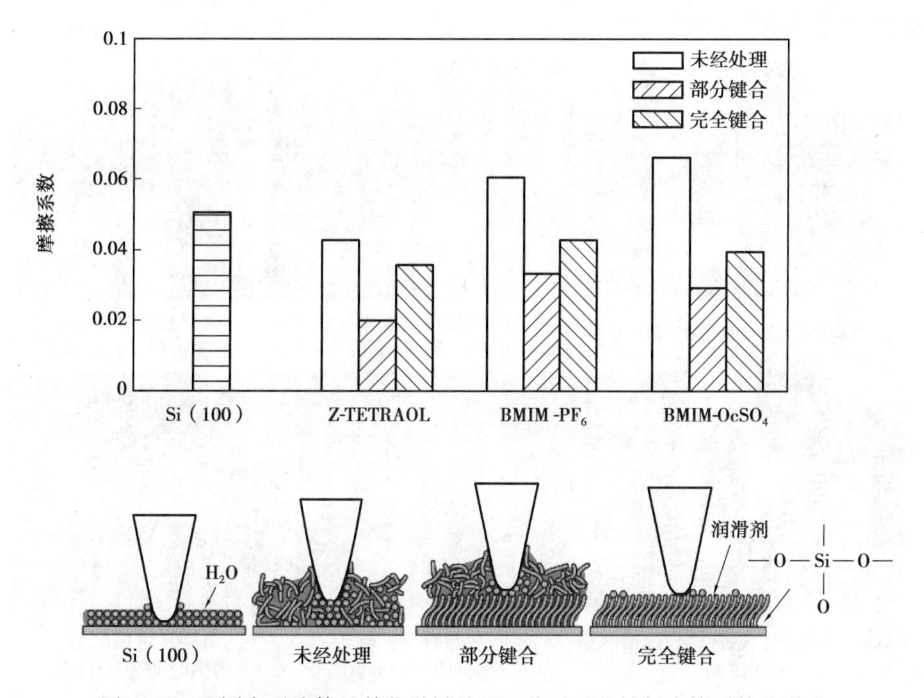

图7.16　不同离子液体及其化学键处理工艺对硅基材料摩擦系数的影响

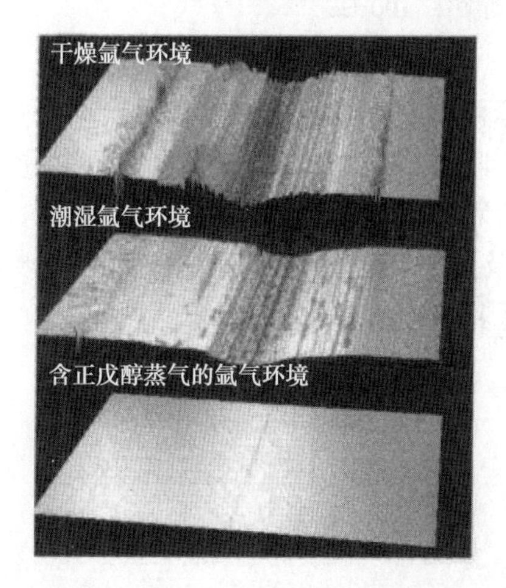

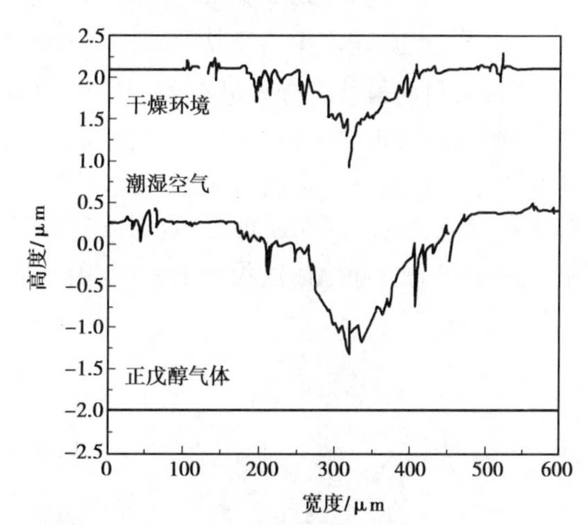

图7.17　摩擦化学作用在不同环境气氛下对单晶硅磨损的影响

此外,对MEMS进行合适的磨合处理也会提高MEMS的耐磨性能。沈思涵等为了研究磨合(running-in)处理对MEMS中摩擦副耐磨性能的影响,在不同气氛环境下对MEMS进行了摩擦磨损实验。研究提出了一种新型的磨合处理方法,即"轻敲处理"(Tappingtreatment)。该方法分为两步:第一步,在图7.18(a)中用悬臂梁轻敲滑块,此时滑块固定不动;第二步,在第一步的基础上使滑块进行横向运动,如图7.18(b)所示。研究表明,经过这种磨合处理的硅基MEMS系统在氮气环境下寿命会提高到100 min以上。图7.18表明了这种磨合处理对不同

MEMS 摩擦副的寿命延长。其原因是经过这种磨合处理,滑块的表面会形成一些“承压点”(Bearingspot),这些承压点会抑制摩擦副的磨损。另一方面,这种磨合处理方法能有效地解决了 MEMS 在乙醇蒸气气相润滑中的“截止”(Cut-Off)问题。实验表明,经过这种磨合处理的 MEMS 摩擦副在乙醇蒸气环境下其耐磨性能得到了明显提高,有效地解决了截止问题。

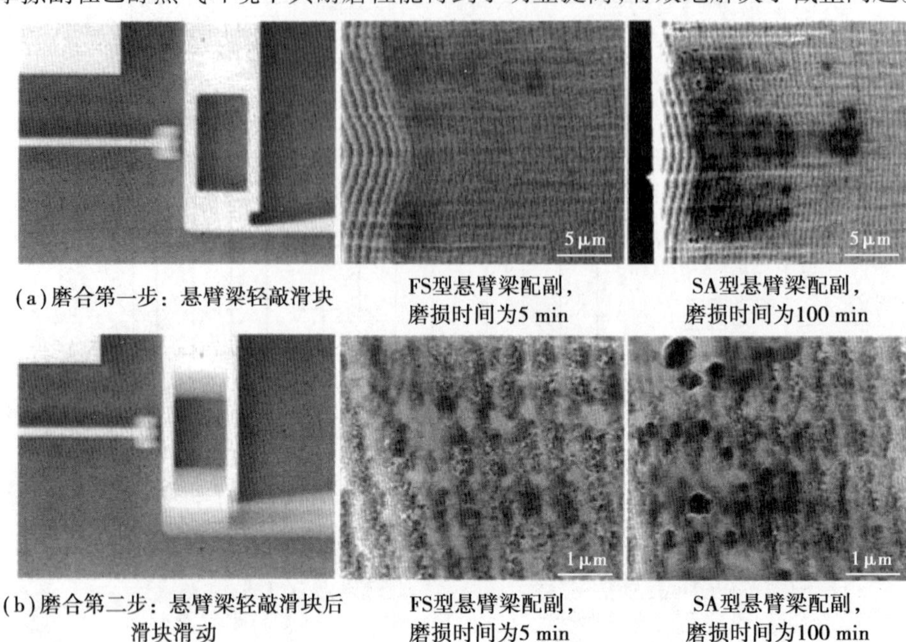

载荷:80 pN;运动范围;20 μm;振动频率:100 Hz

图 7.18　经磨合处理后 MEMS 摩擦副中滑块表面的磨损

综上所述,目前虽然已有大量有关 MEMS 材料减摩耐磨的研究工作,但是由于摩擦磨损现象本身的复杂性,再加上新材料、新工艺、新情况的不断出现,对 MEMS 摩擦磨损的研究仍将是未来研究工作的一个难点与热点。此外,尽管现在 MEMS 微尺度的摩擦磨损已有许多科技工作者在研究,然而,对 MEMS 摩擦磨损机理的研究及预测模型的建立工作还几乎未涉及。这不利于 MEMS 材料减摩耐磨设计的发展,因此需要更多的人参与此项工作。

参考文献

[1] 温诗铸,黄平,田煜,等.摩擦学原理[M].5版.北京:清华大学出版社,2018.
[2] 刘家浚.材料磨损原理及其耐磨性[M].北京:清华大学出版社,1993.
[3] A.D.萨凯.金属磨损原理[M].邵荷生,译.北京:煤炭工业出版社,1980.
[4] 袁兴栋,郭晓斐,杨晓洁.金属材料磨损原理[M].北京:化学工业出版社,2014.
[5] 王振廷,孟君晟.摩擦磨损与耐磨材料[M].哈尔滨:哈尔滨工业大学出版社,2013.
[6] 周仲荣.摩擦学发展前沿[M].北京:科学出版社,2006.
[7] 钱林茂,田煜,温诗铸.纳米摩擦学[M].北京:科学出版社,2013.
[8] 王国彪.纳米制造前沿综述.[M].北京:科学出版社.2009.
[9] 张文明,孟光.微机电系统磨损特性研究进展[J].摩擦学学报,2005(5):489-494.
[10] 刘政军,冯丽峰,成明华,等.材料表面改性技术原理简析[J].现代焊接,2008(8):21-25.
[11] 邓忠民,谢季佳,周承恩,等.材料磨损与微电子机械系统中的磨损现象[J].机械强度,2001,23(4):511-515.